Dortmunder Beiträge zur Entwicklung und Erforschung des Mathematikunterrichts

Band 53

Reihe herausgegeben von

Stephan Hußmann, Fakultät für Mathematik, Technische Universität Dortmund, Dortmund, Deutschland

Marcus Nührenbörger, Fakultät für Mathematik, Technische Universität Dortmund, Dortmund, Deutschland

Susanne Prediger, Fakultät für Mathematik, IEEM, Technische Universität Dortmund, Dortmund, Deutschland

Christoph Selter, Fakultät für Mathematik, IEEM, Technische Universität Dortmund, Dortmund, Deutschland

Eines der zentralen Anliegen der Entwicklung und Erforschung des Mathematikunterrichts stellt die Verbindung von konstruktiven Entwicklungsarbeiten und rekonstruktiven empirischen Analysen der Besonderheiten, Voraussetzungen und Strukturen von Lehr- und Lernprozessen dar. Dieses Wechselspiel findet Ausdruck in der sorgsamen Konzeption von mathematischen Aufgabenformaten und Unterrichtsszenarien und der genauen Analyse dadurch initiierter Lernprozesse. Die Reihe „Dortmunder Beiträge zur Entwicklung und Erforschung des Mathematikunterrichts" trägt dazu bei, ausgewählte Themen und Charakteristika des Lehrens und Lernens von Mathematik – von der Kita bis zur Hochschule – unter theoretisch vielfältigen Perspektiven besser zu verstehen.

Reihe herausgegeben von
Prof. Dr. Stephan Hußmann,
Prof. Dr. Marcus Nührenbörger,
Prof. Dr. Susanne Prediger,
Prof. Dr. Christoph Selter,
Technische Universität Dortmund, Deutschland

Ángela Uribe

Mehrsprachigkeit im sprachbildenden Mathematikunterricht

Gelingensbedingungen und didaktische Potenziale in sprachlich heterogenen Klassen

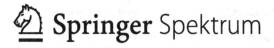 Springer Spektrum

Ángela Uribe
Pädagogische Hochschule St.Gallen
St.Gallen, Schweiz

ISSN 2512-0506   ISSN 2512-1162 (electronic)
Dortmunder Beiträge zur Entwicklung und Erforschung des Mathematikunterrichts
ISBN 978-3-658-46053-2   ISBN 978-3-658-46054-9 (eBook)
https://doi.org/10.1007/978-3-658-46054-9

Die Deutsche Nationalbibliothek verzeichnet diese Publikation in der Deutschen Nationalbiblio-
grafie; detaillierte bibliografische Daten sind im Internet über https://portal.dnb.de abrufbar.

Planung/Lektorat: Karina Kowatsch
Springer Spektrum ist ein Imprint der eingetragenen Gesellschaft Springer Fachmedien Wiesbaden
GmbH und ist ein Teil von Springer Nature.
Die Anschrift der Gesellschaft ist: Abraham-Lincoln-Str. 46, 65189 Wiesbaden, Germany

Wenn Sie dieses Produkt entsorgen, geben Sie das Papier bitte zum Recycling.

Geleitwort

Auch wenn eine zunehmende Zahl mehrsprachiger Lernender an deutschen Schulen unterrichtet wird, werden deren mehrsprachige Ressourcen bislang kaum für fachliches Lernen genutzt. Zwar liegen substantielle Forschungsergebnisse zu kommunikativen und epistemischen Potentialen von mehrsprachigkeitseinbeziehendem Mathematikunterricht in Konstellationen geteilter Zweisprachigkeit vor, nicht jedoch für sprachlich heterogene Klassen, in denen viele Familiensprachen vertreten sind, aber nicht von allen geteilt werden.

Daher untersucht die vorliegende Arbeit am Beispiel des Verständnisaufbaus für Brüche und Proportionalität, wie der Einbezug mehrsprachiger Ressourcen auch dann fachdidaktisch fruchtbar gemacht werden kann, wenn in den Klassen neben Deutsch weitere nicht-geteilte Sprachen gesprochen werden. Die Arbeit beschreitet damit innovatives Neuland.

Die Dissertation ist entstanden im Kontext der BMBF-Projekte MuM-Multi 1 und 2 (BMBF-Förderkennzeichen 01JM14/1703A an S. Prediger und A. Redder), in denen von 2014 bis 2017 zunächst zweisprachiger Unterricht und von 2017 bis 2022 mehrsprachigkeitseinbeziehender Unterricht in sprachlich heterogenen Klassen gezielt gestaltet und qualitativ untersucht wurde (Prediger et al. 2019; Kuzu 2019, Wagner et al. 2021). Die vorliegende Dissertation hat durch zwei interessante Teilstudien einen maßgeblichen Beitrag dazu geleistet.

Im Theorieteil der Arbeit (Kapitel 2–4) werden die theoretischen und empirischen Ausgangspunkte dargestellt. Nach einer kurzen Erläuterung zur Mehrsprachigkeit in Deutschland werden verschiedene Ansätze zum sprachbildenden, zweisprachigen und mehrsprachigkeitseinbeziehenden Mathematikunterricht in

ihren jeweiligen Eigenheiten thematisiert und aufeinander bezogen. Herausgearbeitet wird insbesondere, dass sich mehrsprachigkeitseinbeziehenden Elemente
stärker auf bedeutungsbezogene Denksprache als auf formale Sprache beziehen sollten. Dabei werden Argumente verschiedener Disziplinen miteinander
verschränkt und auch die relevanten Spezifizierungen des adressierten Lerngge-
genstands Proportionalität bereitgestellt.

Der Methodenteil der Arbeit (Kapitel 5) umfasst die Darstellung des For-
schungskontexts und eine grobe Einordnung der zwei Studien, deren Methoden
dann in den studienspezifischen Kapiteln 6 und 9 jeweils detaillierter ausgeführt
werden. Erläutert wird, inwiefern die Lernprozessstudie zu sprachhomogenen zweisprachigen Kleingruppen eine relevante Vorarbeit für die eigentliche
Design-Research-Studie darstellt, da sich der sprachlich heterogene Unterricht
phasenweise in sprachlich homogene Kleingruppen aufsplitten und dort die Nutzung der Familiensprachen aktiviert werden kann. Der eigenständige Kern der
Arbeit bezieht sich auf die Entwicklung und Beforschung der mehrsprachigkeitseinbeziehenden Designprinzipien und Designelemente in Studie 2.

Der Empirieteil (Kapitel 7/8 und 10/11) liefert ausgesprochen interessante und
einige sehr tiefgehende Einsichten in die kommunikativen und epistemischen
Potentiale der Verknüpfung verschiedener Darstellungen und Sprachen. Dabei
zeigt sich die große Heterogenität, worin genau die mitgebrachten Ressourcen der
Lernenden bestehen, und wie diese jeweils empirisch für den Verständnisaufbau
genutzt werden können.

In den unbegleiteten sprachhomogenen Kleingruppen lassen sich immer
wieder epistemische Potentiale identifizieren für die Verknüpfung von sprachgebundenen Konzeptfacetten, insbesondere wenn Lernende zwischen den Sprachen
unbewusst wechseln, gezielt übersetzen oder sogar die Sprachen mit expliziter
Reflexion vernetzen. Doch scheint es oft der Moderation durch die Lehrkraft
zu bedürfen, um diese Potentiale tatsächlich in explizite Lerngelegenheiten zu
verwandeln, was nur manchmal gelingt. So zeichnen die qualitativen Analysen nicht nur ein Bild von Potentialen, sondern auch von verpassten Chancen.
Die Analysen differenzieren dieses Bild aus in spezifische mögliche Wirkungen von Sprachenvernetzung für wohl überlegte Designelemente (mehrsprachige
Erklaufträge und Übersetzungsaufträge für bedeutungsbezogene Sprachmittel).
Identifiziert werden auch Gelingensbedingungen, die notwendig sind, damit sich
diese Wirkungen entfalten können.

In den Abschlusskapiteln werden die didaktischen Konsequenzen für Unterrichtsplanung und -gestaltung gezogen, in denen die entwickelten Designelemente
und ihre gegenstandsspezifische Ausgestaltung herausgearbeitet werden. Es ergibt

sich so ein tiefgehendes Bild mit einem sehr unterrichtstauglichen und innovativen Ansatz für mehrsprachigkeitseinbeziehenden Designelemente.

Insgesamt liegt damit eine Dissertation vor, die den Forschungsstand zu sprachbildendem und mehrsprachigkeitseinbeziehendem Mathematikunterricht in innovativer Weise verknüpft und vertieft. Sie liefert sowohl praktische Ergebnisse zu mehrsprachigkeitseinbeziehenden Ansätzen als auch theoriegenerierende Ergebnisse zu mehrsprachigen Repertoires-in-Use.

Da die fachdidaktische Aufgabe, Mehrsprachigkeit für das fachliche Lernen fruchtbar zu machen, mit den zunehmenden Zahlen mehrsprachiger Lernender mit jedem Jahr relevanter wird, wünsche ich der Arbeit viele Lesende und weiteres Aufgreifen in Anschlussprojekten!

Susanne Prediger

Danksagung

An dieser Stelle möchte ich von Herzen allen danken, die mich auf dem Weg meiner Dissertation begleitet und unterstützt haben. Diese Arbeit spiegelt nicht nur meine Forschung wider, sondern auch eine tiefe persönliche und intellektuelle Entwicklung.

Mein besonderer Dank gilt meiner Doktormutter, Prof. Dr. Susanne Prediger. Die Gespräche mit ihr waren immer voller Einsichten, Inspiration und Begeisterung. Ihre Fähigkeit, komplexe Ideen klar zu vermitteln und den Blick für das Detail zu bewahren, hat mich tief beeindruckt und geprägt.

Ein herzlicher Dank geht auch an Prof. Dr. Lars Holzäpfel, der durch seine Unterstützung und seine Empfehlung entscheidend dazu beigetragen hat, dass ich meine Promotion unter der Betreuung von Susanne Prediger beginnen und durchführen konnte.

Ich danke auch meinem Zweitbetreuer, Prof. Dr. Alexander Schüler-Meyer, herzlich für seine wertvollen Rückmeldungen und die Unterstützung in der letzten Phase meiner Promotion. Seine Anregungen haben meine Arbeit wesentlich vorangebracht.

Jun.-Prof. Dr. Taha Kuzu, Prof. Dr. Frau Angelika Redder, Prof. Dr. Jonas Wagner-Thombansen, Dr. Meryem Çelikkol, deren Andenken ich ehre, und Dr. Arne Krause danke ich für die Zusammenarbeit im Projekt MuM-Multi. Ihre unterschiedlichen Perspektiven haben mir geholfen, meine eigenen Ideen weiterzuentwickeln und zu verfeinern.

Ich danke auch den Mitgliedern des IEEM und besonders der AG-Susi für ihre Unterstützung und die anregenden Diskussionen, die sowohl bei formellen

Treffen als auch bei informellen Kaffeepausen stattfanden. Ein besonders herzlicher Dank geht an Dilan Sahin-Gür, deren freundschaftliche Begleitung weit über die fachliche Zusammenarbeit hinaus ging und mir stets eine wertvolle Quelle des Rückhalts war. Auch Dr. Kerstin Hein und Dr. Jenny Dröse danke ich für ihre konstruktiven Rückmeldungen und ihre Begleitung in verschiedenen Phasen meiner Arbeit und meines Lebens.

Ein weiterer besonderer Dank geht an Sor Sara Sierra, frühere Direktorin meiner Schule Escuela Normal Maria Auxiliadora in Copacabana (Kolumbien), die mir den Glauben an die Demokratisierung von Bildung vorgelebt und meine persönliche Entwicklung seit der Schulzeit gefördert hat.

Ganz besonders danke ich meiner Freundin Ute von Kahlden, die mich seit unserem Kennenlernen in meiner Begeisterung für die deutsche Sprache und mein akademisches Engagement bestärkt hat.

Abschließend danke ich meiner Familie, die so lange auf mich verzichten musste und die mit so viel Freude und Leichtigkeit mein Leben bereichert. Ganz besonders dankbar bin ich meinem Mann Samuel für seine unermüdliche Unterstützung, seine emotionale und liebevolle Bestärkung und seine Fähigkeit, mich immer wieder zum großen Ganzen zurückzubringen. Mein Dank gilt auch meinem Sohn Gabo, der mir nach Abschluss der Dissertation das einfache Glück des Lebens neu vor Augen geführt hat.

Ángela Uribe

Inhaltsverzeichnis

Einleitung

1

Sprachbildung als Aufgabe aller Unterrichtsfächer

Die Relevanz von Sprache bzw. von Sprachbildung als Aufgabe aller Unterrichtsfächer wird mittlerweile anerkannt und breit erforscht (Becker-Mrotzek et al. 2021). Das gilt insbesondere für die mathematikdidaktische Forschung, welche sich in den letzten Jahren intensiv mit dem Gegenstand der Sprache im mathematischen Lernen beschäftigt hat (Erath et al. 2021; Morgan et al. 2014; Planas et al. 2018). Dabei versuchen Forschende, die Forderung nach Sprachbildung in allen Fächern zu bedienen, sowie der Frage nachzugehen, wie Sprachbildung dem fachlichen Lernen zugutekommt bzw. „was" genau an Sprache „wie" im Mathematikunterricht gelernt werden sollte (Prediger 2019c).

Die Forschungsergebnisse deuten darauf hin, dass sprachbildender Mathematikunterricht nicht nur die Förderung „sprachlicher Schwächen" umfasst, sondern, dass gerade in der Sprache der Schlüssel zum Verständnisaufbau liegt (Moschkovich 1999; Prediger 2020a). Verständnis aufzubauen ist das Ziel guten Mathematikunterrichts (Hiebert & Carpenter 1992; Prediger 2009). Diese Arbeit ist also situiert in den mathematikdidaktischen Bemühungen, nicht nur Rechenfertigkeiten zu lehren, sondern Lerngelegenheiten zu entwickeln, damit Lernende die Bedeutung mathematischer Konzepte und Operationen verstehen können. Ein so verstandener verstehensorientierter sprachbildender Mathematikunterricht wirkt also nicht nur kompensatorisch auf die Sprachkompetenzen, sondern ermöglicht allen Lernenden ein tiefgehendes Lernen und Verstehen von Mathematik (Moschkovich 2015; Prediger 2019b, 2022).

Mehrsprachigkeitseinbezug als Teil eines ganzheitlichen sprachbildenden Ansatzes
In den hier verfolgten Ansätzen zum sprachbildenden Mathematikunterricht wird
Sprache als Denkwerkzeug und somit als Schlüssel zum konzeptuellen Verständnis verstanden (Pimm 1987; Prediger 2022). Dabei ergibt sich die Frage,
welche Rolle andere Sprachen neben der Unterrichtssprache im Unterricht bzw.
im Lehr-Lern-Prozess spielen können. Gerade in einer mehrsprachigen Gesellschaft – wie in Deutschland – treffen im Unterricht viele verschiedene Sprachen
aufeinander und Lernende verfügen über vielfältige sprachliche Mittel, die über
die Unterrichtssprache hinausgehen (Barwell 2009; Gogolin 2019). Diese Ressourcen werden in den letzten Jahren immer konsequenter als Bestandteil eines
ganzheitlichen sprachlichen Repertoires begriffen, definiert als das Zusammenspiel aller sprachlichen Mittel, die eine Person zur Verfügung hat, um Bedeutung
zu generieren (Barwell 2018a; Busch 2017; Lüdi 2016, Abschnitt 2.2.1) und
auch tatsächlich aktivieren kann. Daher wird in der Arbeit das Konstrukt der
Repertoires-in-Use (Uribe & Prediger 2021) fokussiert, das später genauer zu
erläutern sein wird.

Aufgrund vorhandener Vorarbeiten (Adler 2001; Barwell 2018a; Moschkovich 2008; Prediger, Kuzu et al. 2019) ist davon auszugehen, dass mehrsprachige Repertoires von Lernenden gerade für die Bedeutungskonstruktion beim
Aufbau von konzeptuellem Verständnis eine wertvolle epistemische Ressource
darstellen können. Ungeachtet dessen müssen viele Lernenden in zahlreichen
mehrsprachigen Gesellschaften der Welt, ohne Berücksichtigung ihrer ganzheitlichen sprachlichen Repertoires, Mathematik ausschließlich in einer vorgegebenen
Unterrichtssprache lernen, die nicht ihrer Familiensprache entspricht. Dies kann
zu einem erheblichen Verlust an Ressourcen führen. Diese Situation hat die
Entwicklung und Erforschung von Unterrichtsansätzen angestoßen, die auf den
Familiensprachen der Lernenden als Ressource für das Mathematiklernen aufbauen (Adler 2001; Barwell 2009; Kuzu 2019; Prediger, Kuzu et al. 2019; Setati
2005). Die Ansätze knüpften an frühe politische Diskurse an, in denen der Wan-
del von *Sprache als Problem* über *Sprache als Recht* zu *Sprache als Ressource*
bereits von Ruíz (1984) artikuliert wurde (Planas 2018; Ruíz 1984). Heute wird
die Berücksichtigung der Familiensprachen bzw. der Mehrsprachigkeit im Unterricht zunehmend bildungspolitisch relevant anerkannt (z. B. im Europarat, Beacco
et al. 2016 oder der KMK 2019), jedoch in den deutschsprachigen Ländern noch
immer wenig realisiert (Gogolin 2019; Prediger & Özdil 2011).

Bedarf der Konkretisierung einer fachspezifischen Mehrsprachigkeitsdidaktik
Ein mehrsprachigkeitsdidaktisches Ansetzen an den Möglichkeiten der Bedeutungskonstruktion durch Aktivierung mehrerer Sprachen erfordert nicht nur eine

allgemeine, sondern ebenfalls eine fachspezifische Mehrsprachigkeitsdidaktik. Im Sinne einer mathematikspezifischen Mehrsprachigkeitsdidaktik hat das Projekt MuM-Multi I (Prediger, Kuzu et al. 2019; Schüler-Meyer, Prediger, Kuzu et al. 2019) für den deutschsprachigen Raum bedeutende Erkenntnisse in Bezug auf sprachenvernetzende Lehr-Lern-Prozesse geliefert.

Die vorliegende Arbeit ist entstanden im Fortsetzungsprojekt MuM-Multi II (Wagner, Krause, Uribe et al. 2022) und will zur Weiterentwicklung einer fachspezifischen Mehrsprachigkeitsdidaktik beitragen.

Der Mehrsprachigkeitseinbezug wird in dieser Arbeit nicht als weiterer unabhängiger Forschungsstrang der Mathematikdidaktik weiterentwickelt, sondern als Bestandteil eines ganzheitlichen fachspezifischen sprachbildenden Ansatzes (Prediger 2020a).

Entwicklungs- und Forschungsinteresse sowie Aufbau der Arbeit
Die vorliegende Arbeit, eingebettet im großangelegten Projekt MuM-Multi, trägt zur Weiterentwicklung einer fachspezifischen Mehrsprachigkeitsdidaktik durch zwei Studien bei: Studie 1, eine rekonstruktive Lernprozessstudie, mit dem Titel: „Lehr-Lern-Prozesse in Kleingruppen mit geteilter Mehrsprachigkeit", legt den Grundstein in der Analyse von *Repertoires-in-Use* in verschiedenen Sprachkonstellationen. Darauf baut die Entwicklungsforschungsstudie, Studie 2 auf, die den Titel: „Lehr-Lern-Prozesse in superdiversen Regelklassen mit nicht-geteilter Mehrsprachigkeit" trägt. Beide Studien sind im Diskurs zum Mehrsprachigkeitseinbezug beim fachlichen Lernen verankert und setzen eine gemeinsame theoretische Grundlage zu Mehrsprachigkeit voraus. Diese Grundlage wird in den ersten beiden Kapiteln der Dissertation bereitgestellt.

In Kapitel 2 werden die theoretischen und empirischen Ausgangspunkte präsentiert. Es wird theoretisch fundiert und präzisiert, wie die Aktivierung mehrerer Sprachen potenziell den Prozess der Bedeutungskonstruktion fördern kann. In Kapitel 3 werden Prinzipien eines sprachbildenden Unterrichts vorgestellt, da in der Arbeit postuliert wird, dass der Mehrsprachigkeitseinbezug für das fachliche Lernen insbesondere im Rahmen eines sprachbildenden Unterrichts sinnvoll umgesetzt werden kann. Darüber hinaus wird in Kapitel 4 der Lerngegenstand „proportionale Zusammenhänge" fachlich und sprachlich spezifiziert, der hauptsächlich in Studie 2 behandelt wird. Der Lerngegenstand der „Brüche", der in Studie 1 behandelt wird, wurde bereits in früheren Arbeiten im Rahmen des Projektes gründlich spezifiziert (Kuzu 2019; Wessel 2015), auf diese Grundlage wird aufgebaut.

Basierend auf der gemeinsamen theoretischen Grundlage nutzen beide Studien den gleichen methodologischen Rahmen, der in Kapitel 5 dargestellt wird.

In diesem Kapitel wird das Forschungsprogramm der fachdidaktischen Entwicklungsforschung sowie der Zusammenhang der zwei Studien erläutert, um den methodologischen Rahmen der Dissertation zu umreißen. Kapitel 6 bis 8 sind der Studie 1 gewidmet. Die Studie verfolgt das Forschungsinteresse, die Lehr-Lern-Prozesse in Kleingruppen unter Laborbedingungen der geteilten Mehrsprachigkeit (Lehrkraft und Lernende teilen die Unterrichtssprache und mindestens eine weitere Sprache) in möglichst homogenen Sprachkonstellationen in den Blick zu nehmen. Dabei soll herausgefunden werden, welche sprachlichen Ressourcen die untersuchten Lernende mobilisieren und wie sie diese beim Lernen einbeziehen. Die adressierte übergreifende (später zu präzisierende) Forschungsfrage lautet:

(F1)   Wie unterscheiden sich die *Repertoires-in-Use* verschiedener Sprachenkonstellationen im Prozess der Bedeutungskonstruktion?

Die methodologische Herangehensweise an diese Forschungsfrage wird in Kapitel 6 konkretisiert, wobei der mathematische Kontext, die Methoden der Datenerhebung und die Methoden der Datenauswertung ausführlich präsentiert werden. Kapitel 7 bildet das Herzstück der Studie 1, in dem die empirischen Analysen präsentiert werden. In Kapitel 8 erfolgt der Übergang zur Studie 2, indem die Konsequenzen aus Studie 1 für die Gestaltung eines mehrsprachigkeitseinbeziehenden Mathematikunterrichts und deren Erforschung abgeleitet und zusammengeführt werden.

Studie 2 wird in der Regelklasse unter regulären Bedingungen der nichtgeteilten Mehrsprachigkeit angesiedelt (d. h. Lehrkraft und Lernende haben sicher „nur" die Unterrichtssprache als gemeinsame Sprache). Das Forschungsinteresse der Studie 2 wird durch folgende Forschungsfrage verfolgt:

(F2.1)   Inwiefern lässt sich die Mehrsprachigkeit in sprachlich heterogenen Klassen für das fachliche Lernen nutzen?

Die methodologischen Details, wie dies realisiert wird, werden in Kapitel 9 dargelegt. Dieses allgemeine Forschungsinteresse wird durch eine weitere Forschungsfrage in Bezug auf mögliche Unterrichtsdesigns präzisiert:

(F2.2)   Durch welche Designelemente können die mehrsprachigen Repertoires der Lernenden in den mathematischen Lehr-Lern-Prozessen sprachlich heterogener Klassen möglichst lernförderlich einbezogen werden?

Um diese Frage zu bearbeiten, wird in Kapitel 10 der Fokus auf die Entwicklungsprodukte der Dissertation gelenkt. Hier werden das Lehr-Lern-Arrangement, die adaptierten Designprinzipien und die Entwicklung der Designelemente präsentiert. Die empirische Bearbeitung der zuvor gestellten Fragen erfolgt durch eine genaue Analyse der empirischen Daten in Kapitel 11. Aus den Analysen werden didaktische Konsequenzen gezogen, die in Kapitel 12 dargestellt werden. Das abschließende Kapitel 13 umfasst die Diskussion und den Ausblick.

Teil I
Theoretische und empirische
Ausgangspunkte

Begriffliche und konzeptionelle Grundlagen zu Mehrsprachigkeit

2

Im vorliegenden Kapitel 2 wird zunächst in Abschnitt 2.1 auf die Charakteristika der gesellschaftlichen Mehrsprachigkeit im deutschsprachigen Kontext eingegangen, um in diesem Kontext die Arbeit zu verorten. Es wird die sprachliche Vielfalt im deutschen Schulkontext skizziert und auf die Existenz verschiedener Ausprägungen von Mehrsprachigkeit eingegangen. Der Abschnitt 2.1 schließt mit der Konkretisierung der politischen Forderung zum Einbezug der Mehrsprachigkeit für das Lernen. In Abschnitt 2.2 wird gezielt die Bedeutung dieser Forderung für den Mathematikunterricht erläutert und dazu die mathematikdidaktische Forschung zu Mehrsprachigkeit und ihren Einbezug für das fachliche Lernen dargelegt. Im abschließenden Abschnitt 2.3 werden die Rolle der Sprache und die Potenziale der Mehrsprachigkeit für den Verständnisaufbau konkretisiert.

2.1 Zur Lage der Mehrsprachigkeit in Deutschland

Die Geschichte Deutschlands ist stark von Einwanderung geprägt. Wiederkehrende Einwanderungswellen haben nicht nur für wachsende Multikulturalität, sondern auch für die Anreicherung der sprachlichen Landschaft des Landes gesorgt (Krüger-Potratz 2020). Der Abschnitt 2.1 gibt einen knappen historischen Überblick (Abschnitt 2.1.1) und charakterisiert den aktuellen Sprachenkontext in den Schulen (Abschnitt 2.1.2) sowie die sprach(en)bildungspolitischen Konsequenzen (Abschnitt 2.1.3). Anschließend skizziert das Kapitel 2 die bildungspolitische Antwort auf die angerissene Sprachenvielfalt (Abschnitt 2.1.4).

© Der/die Autor(en), exklusiv lizenziert an Springer Fachmedien Wiesbaden GmbH, ein Teil von Springer Nature 2024
Á. Uribe, *Mehrsprachigkeit im sprachbildenden Mathematikunterricht*,
Dortmunder Beiträge zur Entwicklung und Erforschung des
Mathematikunterrichts 53, https://doi.org/10.1007/978-3-658-46054-9_2

2.1.1 Migrationsbedingte Mehrsprachigkeit im Nachkriegsdeutschland

Während es in Deutschland außer Sorbisch und Dänisch keine nativen Min-
derheitensprachen gibt, ist die migrationsbedingte Mehrsprachigkeit seit den
1960er Jahren erheblich gewachsen. Die einzelnen Herkunftsländer und so die
sprachliche (Neu-)Zusammensetzung Deutschlands haben sich seit den 1960er
Jahren dynamisch entwickelt und variierten über die Jahrzehnte. So kamen
Migrantinnen und Migranten in den 1960ern vornehmlich aus Italien, Spanien
und Griechenland, in den späten 1960ern und 1970ern aus der Türkei, in den
1990ern aus den Nachfolgestaaten der Sowjetunion sowie dem ehemaligen Jugoslawien, und in den 2010ern aus verschiedenen Ländern, z. B. Syrien, mit
jeweils unterschiedlichen Hintergründen und Bedingungen, d. h. z. B. jeweils
verschiedenen Motivationen, Migrationshintergründen oder Bildungsaspirationen
der Einwandernden (Hahn 2017).

Der Arbeitskräftemangel, welcher durch das Wachstum der Wirtschaft Mitte
der 1950er-Jahre entstanden war, führte zu einem vermehrten Anwerben von
Arbeitskräften aus dem Ausland. Der erste Anwerbevertrag wurde im Jahr 1955
mit Italien geschlossen. Es folgten weitere Abkommen mit Spanien und Griechenland (1960), Türkei (1961), Marokko (1963), Portugal (1964), Tunesien (1965)
und Jugoslawien (1967). Zwischen 1960 und dem Anwerbestopp im Jahr 1973
sind knapp 4 Millionen angeworbenen Menschen nach Deutschland zugezogen,
zunächst aber für eine beschränkte Zeit aufgrund befristeter Verträge. Zwischen
dem Anwerbestopp im Jahr 1973 und den 1990er Jahren ging die Zuwanderung
nach Deutschland zurück. Anfang der 1990er Jahre stieg sie wieder an, u. a.
durch deutschstämmige, meist russischsprachige Aussiedlerinnen und Aussied-
ler oder Kontingentflüchtlinge aus den Staaten der ehemaligen Sowjetunion. Zu
neuen Migrationsbewegungen haben auch die Jugoslawienkriege und zugespitzten
politische Lagen beigetragen, z. B. für kurdische Minderheiten in der Türkei, Irak,
Afghanistan und schließlich in den 2010er Jahren in Syrien. Im Laufe der Zeit
hat sich das Spektrum der Herkunftsländer erheblich erweitert und diversifiziert
(Bundeszentrale für politische Bildung 2018).

Die zugewanderten Menschen und ihre nachfolgenden Generationen tragen
heute zu einem mehrsprachigen Deutschland bei. Neben der Sprachenvielfalt, die
oft in den Familien weitergegeben wird, haben die Migrantinnen und Migranten auch komplexe soziale Netzwerke, Gemeinschaften und eigene kulturelle
Ausdrucksformen entwickelt, in Deutschland etabliert und mit der Mehrheitsge-
sellschaft verwoben, so dass heute Deutschland als Einwanderungsgesellschaft

multikulturell und mit vielfältigen Milieus charakterisiert wird. Die Diversität und Komplexität der Einwanderungsgesellschaft haben somit nicht nur eine sprachliche, sondern auch soziokulturelle Dimensionen.

2.1.2 Superdiverser Sprachkontext in Schulklassen deutscher Großstädte

Aufgrund der vielfältigen Migration entwickelte sich Deutschland zu einem Land mit über 200 Sprachen (Krüger-Potratz 2013). In den letzten Jahren ist zudem der Anteil mehrsprachiger Lernenden stark gestiegen: Allein 2015 sind 640.000 neuzugewanderte Kinder und Jugendliche in deutschen Schulen in sogenannten Willkommensklassen aufgenommen worden – mehr als doppelt so viele wie in den Vorjahren (Dewitz et al. 2016). Ab dem Jahr 2017 gingen diese Lernenden von den Willkommensklassen (für ausschließlich neuzugewanderte Lernende) in die Regelklassen über. Im Jahr 2016 hatten Deutschlandweit 33,6 % der Kinder in Klasse 4 einen Migrationshintergrund (d. h. sie selbst oder mindestens ein Elternteil wurden außerhalb Deutschlands geboren), darunter 3,6 % mit eigenen Migrationserfahrungen, im Jahr 2021 waren diese Zahlen gestiegen auf 38,3 % bzw. 10,7 % mit eigenen Migrationserfahrungen (Stanat et al. 2022).

Die deutschen Großstädte und somit deren Schulen sind also durch *„Superdiversität"* (Vertovec 2007, S. 1024) geprägt: In vielen Großstädten sind in einer Schulklasse sechs bis acht Sprachen vertreten, die nur teilweise oder gar nicht von den Lernenden untereinander und/oder mit den Lehrkräften geteilt werden (nicht-geteilte Mehrsprachigkeit). Trotz der Vielfältigkeit der mehrsprachigen Ressourcen (siehe Abschnitt 2.1.2) werden diese in vielen deutschen Klassen zugunsten des *monolingualen Habitus* (Gogolin 2008) oft vernachlässigt. Die mehrsprachigen Lernenden werden also wie monolinguale Lernende behandelt, so dass ihre Ressourcen ungenutzt bleiben.

2.1.3 Vielfalt von Sprachenkonstellationen in den Schulen

Mehrsprachig ist nicht gleich mehrsprachig, denn alle Lernenden verfügen jeweils über einzigartige sprachliche Repertoires (Barwell 2018b). Daher ist es für didaktisches Handeln im Unterricht wichtig, die *Sprachenkonstellationen* im Unterricht genauer zu bestimmen (Rehbein 2001), d. h. die Frage, welche Lernendengruppen mit welchen Sprachkompetenzen sich welche Sprachen teilen (Wagner, Krause, Uribe et al. 2022). Drei (in sich höchst heterogene) Lernendengruppen (i–iii) werden in der Klassifizierung von Krause et al. (2021) unterschieden:

(i)   (einsprachige) Bildungsinländer:innen
(ii)   mehrsprachige Bildungsinländer:innen
(iii)   mehrsprachige Neuzugewanderte
(iv)   mehrsprachige Bildungsinländer:innen an deutschen Auslandsschulen

Die erste und zweite Gruppe bilden die (einsprachigen) sowie mehrsprachigen Bildungsinländer:innen. Gemäß der Definition von Krause et al. (2021) zählen als Bildungsinländer:innen alle Lernenden an deutschen Schulen, die ihre komplette Schullaufbahn in Deutschland durchlaufen haben, unabhängig von ihrer Staatsangehörigkeit. Darunter sind sowohl die (i) einsprachigen Lernenden zu verstehen, die in ihrer Schullaufbahn einer oder mehreren Fremdsprachen erlernen und so den Einsprachigkeitsstatus verlieren (daher wird „einsprachig" eingeklammert), als auch die (ii) Lernenden, die nach voriger Zuwanderung von Vorfahren (ggf. in Deutschland geboren) in Deutschland aufgewachsen sind. Mehrsprachige Bildungsinländer:innen, weisen meistens Sprachkompetenzen im Deutschen und in ihren Familiensprachen auf, allerdings je nach Sprachlerngelegenheiten in sehr unterschiedlichem Ausmaß. Für diese zweite Gruppe wurde gezeigt, dass Mehrsprachigkeit für Bildungsinländer:innen nicht per se ein benachteiligendes Merkmal ist, sondern die oft dokumentierten migrationsbedingten Leistungsdisparitäten (z. B. Stanat et al. 2022) sich auf die bildungssprachlichen Kompetenzen im Deutschen zurückführen lassen (Paetsch et al. 2016; Prediger, Wilhelm et al. 2015). Nicht das Mehrsprachigsein ist also entscheidend für den weiteren Schulerfolg, sondern die bildungssprachlichen Kompetenzen im Deutschen.

Eine dritte Gruppe bilden die (iii) neuzugewanderten Lernenden, die aus gesellschaftlichen, politischen, wirtschaftlichen, privaten bzw. aus anderen Gründen nach Deutschland zuwandern. Diese Lernenden erwerben meistens erst nach Ankunft in Deutschland die deutsche Sprache als Zweitsprache. Aufgrund ihrer Schulbiografie in den Herkunftsländern kann die Herkunftssprache, meistens auch Familiensprache, als Unterrichtssprache stark ausgebildet sein. Der Zusammenhang von Sprachkompetenz in Deutschen und Fachleistungen ist daher entkoppelter als für die Bildungsinländer:innen.

Diese drei Gruppen prägen deutsche Schulrealitäten und werden in der vorliegenden Arbeit differenziert berücksichtigt.

Eine vierte Gruppe wird in die vorliegende Arbeit einbezogen, nämlich die (iv) Lernende an deutschen Schulen im Ausland, die basierend auf der folgenden Definition von (ausländischen) Bildungsinländer:innen als solche gelten:

> „[es] handelt es sich bei Bildungsinländern um Personen, die sich in vielen Fällen bereits längerfristig in Deutschland aufhalten und überwiegend auch in Deutschland geboren sind. Außerdem kommen ausländische Staatsangehörige hinzu, die auf deutschen Auslandsschulen ihre Hochschulzugangsberechtigung erlangt haben" (Mayer et al. 2012, S. 14).

Die Tabelle 2.1 wurde aus Krause et al. (2022) adaptiert. Sie fasst die vier Gruppen zusammen und ermöglicht einen Vergleich der Sprachennutzung, auch wenn die Grenzen zwischen den Lernendengruppen sehr fließend sein können.

Jede dieser Lernendengruppen ist in sich höchst heterogen, sowohl in ihren kulturellen Erfahrungen als auch in ihren Sprachkompetenzen in den jeweils involvierten Sprachen. Im Projekt MuM-Multi, in dem die vorliegende Dissertation entstanden ist, wurden mit folgenden Lernenden gearbeitet und die folgenden Sprachenkonstellationen für den Kleingruppenunterricht der Studie 1 geschaffen:

(ii) Mehrsprachige Bildungsinländer:innen, am Beispiel einer (mit der Lehrkraft und untereinander) geteilten zweisprachigen deutsch-türkischsprachigen Sprachenkonstellation mit Lernenden, die zum ersten Mal Mathematik in zwei Sprachen betreiben. Im Folgenden kurz:
„Kleingruppen mit deutsch-türkischsprachigen Bildungsinländer:innen"

(iii) mehrsprachige Neuzugewanderte, am Beispiel einer geteilten zweisprachigen arabisch-deutschsprachigen Sprachenkonstellation mit Lernenden, die erst seit kurzem Deutsch lernen. Im Folgenden kurz:
„Kleingruppen mit arabischsprachigen deutschlernenden Neuzugewanderten"

(iv) mehrsprachige Bildungsinländer:innen im Ausland, am Beispiel einer geteilten zweisprachigen spanisch-deutschsprachigen Sprachenkonstellation an einer deutschen Auslandsschule in Kolumbien, die das zweisprachige Arbeiten gewohnt sind. Im Folgenden kurz:
„Kleingruppen mit spanischsprachigen deutschlernenden Bildungsinländer:innen im Ausland"

Tabelle 2.1 Sprachennutzung im Alltag und im Unterricht bei Lernendengruppen für den deutschen Kontext (adaptiert aus Krause et al. 2022, S. 46)

		Sprachennutzung im Alltag	Sprachennutzung im Unterricht
(i)	(einsprachige) Bildungsinländer:innen	• Deutsch	• Deutsch • (Fremdsprachenunterricht und rezeptiv mehrsprachige Erfahrung)
(ii)	mehrsprachige Bildungsinländer:innen	• Deutsch • Familiensprache	• Deutsch als (starke) eingeführte Unterrichtssprache • Familiensprache als Unterrichtssprache ungewohnt
(iii)	mehrsprachige Neuzugewanderte	• Familiensprache • Deutsch (in der Aneignung)	• Familien-/Herkunftssprache (starke/gewohnte Unterrichtssprache) • Deutsch als neu zu lernende und oft einzige mit der Lehrkraft geteilte Sprache
(iv)	mehrsprachige Bildungsinländer:innen an deutschen Auslandsschulen	• Familiensprache	• Familiensprache als (starke) Unterrichtssprache, je nach Schulprofil • Deutsch als Fremdsprache (DaF) und Unterrichtssprache in einzelnen Fächern

Die Sprachenkonstellationen, das heißt, die vertretenen Sprachen und ihre Rolle bzw. Sprachstärke in jeder Gruppe wird in den Abschnitten 6.2.2 und 6.2.3 detailliert ausgeführt. Diese Sprachenkonstellationen mit geteilter Zweisprachigkeit bieten Laborsituationen, die mit der superdiversen Realität deutscher Schulklassen wenig zu tun haben, aber zunächst die genaue Untersuchung von komplexitätsreduzierten zweisprachigen Denk- und Lernprozessen ermöglichen. Die superdiverse Sprachenkonstellation typischer ganzer Klassen ist dagegen davon geprägt, dass Lernenden der Gruppen i)-iii) mit ganz unterschiedlichen Sprachen und Sprachkompetenzen gleichzeitig unterrichtet werden. Mehrsprachendidaktische Ansätze für diese didaktisch weit komplexer Sprachenkonstellation werden in dieser Arbeit in Studie 2 untersucht. Sie baut jedoch auf den Untersuchungen der komplexitätsreduzierten Sprachenkonstellationen aus Studie 1 auf.

2.1.4 Bildungspolitische Antwort auf die Sprachenvielfalt

Schon seit über 25 Jahren zeigen Leistungsstudien Disparitäten in den Mathematikleistungen zwischen ein- und mehrsprachigen Lernenden (Secada 1992; Stanat et al. 2019). In Deutschland sind diese Disparitäten größer als in vergleichbaren Einwanderungsländern (OECD 2007). Im Rahmen dieser festgestellten Diskrepanz zwischen den Leistungen einsprachiger und mehrsprachiger Lernenden sowie der weiter steigenden migrationsbedingten Mehrsprachigkeit wurde die Forderung wiederholt ausgesprochen, Bildungsdisparitäten zu vermindern und gleiche Bildungschancen für mehrsprachige Lernende zu schaffen. Das deutsche Schulsystem hat diesbezüglich bislang allerdings nur geringe Erfolge erzielt (Henschel et al. 2019). Auch für das Fach Mathematik sind die migrationsbedingten Leistungsdisparitäten in den letzten Jahren sogar angestiegen (Stanat et al. 2022).

Bei einer differenzierteren Betrachtung der Ergebnisse für den Mathematikunterricht stellt sich jedoch heraus, dass nicht der Migrationshintergrund oder die Mehrsprachigkeit das Problem darstellen, sondern die nicht ausreichende Beherrschung der Unterrichtssprache Deutsch auf bildungssprachlichem Niveau, was für den konzeptuellen Aufbau im Rahmen mathematischer Lehr-Lern-Prozesse unabdingbar ist (Paetsch et al. 2016; Prediger, Wilhelm et al. 2015). So können auch sprachlich schwache Einsprachige von den sprachlichen Einschränkungen für das Mathematiklernen betroffen sein und dafür Mehrsprachige mit guten Deutschkenntnisse hohe Mathematikleistungen zeigen.

In Reaktion auf sprachbedingte Disparitäten werden zwei konkrete Forderungen an den Unterricht gestellt:

(1) Förderung der deutschen Bildungssprache als Querschnittsaufgabe aller Fächer (MSWWF 1999)
(2) Zulassen oder sogar gezielter Einbezug mehrsprachiger Ressourcen (Beacco et al. 2016) als weitere Stärkung von (1)

So werden im Rahmen der ersten Forderung sowohl ein- als auch mehrsprachige Lernende adressiert. Die zweite Forderung zielt neben (nicht statt!) der Förderung der Bildungssprache auf das spezifische Potenzial der Mehrsprachigkeit der Lernenden für die Förderung interkultureller Kommunikation. Hinzuzufügen wäre zudem die Förderung fachlichen Lernens unter Einbezug dieser verschiedenen Sprachen (Redder, Krause et al. 2022).

In Deutschland wird die Forderung nach einer didaktisch gezielten Nutzung von Mehrsprachigkeit als Ressource für das Fachlernen bislang allenfalls in

Modellprojekten umgesetzt (z. B. Berlins Europaschulen, siehe Möller et al. 2017). Weit verbreitet ist die Nutzung von Familiensprachen lediglich in Willkommensklassen und informellen Settings, z. B. in Gruppenarbeiten, weniger jedoch in Regelklassen und bei systematischem Einbezug durch die Lehrkräfte. Zwei Bedenken scheinen ausschlaggebend für die fehlende Umsetzung des mehrsprachigkeitseinbeziehenden didaktischen Ansatzes:

• Die Time-on-Task-Hypothese, die vor zweisprachigem Unterricht wegen der möglichen Reduktion der Lernzeit für das Deutsche warnt, ohne dies allerdings empirisch nachweisen zu können (Reljić et al. 2015).

• Die Sorge einiger Lehrkräfte vor Kontrollverlust im Unterricht, weil aufgrund der Superdiversität eine Vielzahl unterschiedlicher Sprachen gesprochen werden, die nicht von allen Beteiligten geteilt werden. Lehrkräfte äußern, dass sie nur limitierten Einblick in die Gruppengespräche haben, wenn sie die Sprachen der Lernenden nicht beherrschen, da es nicht kontrollierbar ist, ob der stattfindende Diskurs sich auf die Inhalte des Unterrichts bezieht. Einer Untersuchung zufolge schweifen die anderssprachigen Gespräche jedoch nicht häufiger vom fachlichen Thema ab als deutschsprachige (Duarte 2011).

Es ist also bildungspolitisch weitgehend anerkannt, dass mehrsprachige Lernende über sprachliche Ressourcen verfügen, die im regulären Unterricht oft ungenutzt bleiben. Ein Aspekt, der bisher nur begrenzt erforscht wurde, aber relevant für deutsche Schulklassen erscheint, ist jedoch die Frage, wie die organisatorische und praktische Realisierung beider Forderungen im regulären Unterricht unter Kontextbedingungen nicht-geteilter Mehrsprachigkeit zu gestalten sind. In anderen Worten, wie der Einbezug mehrsprachiger Ressourcen konkret realisiert werden kann, ohne dabei Lernzeit für das Fach und die Unterrichtssprache zu opfern (Meyer et al. 2016). Benötigt werden also Ansätze für sprachlich heterogene Klassen mit *nicht-geteilter Mehrsprachigkeit*. Diese Arbeit hat das Ziel zur Schließung dieser Forschungslücke beizutragen und gleichzeitig das Potenzial dieser sprachlichen Ressourcen für das fachliche Lernen und die Bedeutungskonstruktion zu beleuchten. Um diesem Desiderat nachzugehen, knüpft diese Arbeit an sprachbildende Ansätze an, die Sprache(n) in ihrer epistemischen Funktion konzeptualisieren und didaktisch berücksichtigen (Prediger 2019c).

Um Ansätze zu finden, mit denen die Forderung realisiert werden kann, alle sprachlichen Ressourcen mehrsprachiger Lernenden einzubeziehen und diese für das fachliche Lernen zu mobilisieren, muss zunächst die Funktion der Familiensprachen genauer ausdifferenziert werden. Dazu wird in Abschnitt 2.2 die Rolle von Mehrsprachigkeit als Ressource im Mathematikunterricht genauer betrachtet und auf die epistemische Funktion von Sprache bzw. der ganzheitlichen Repertoires fokussiert.

2.2 Mehrsprachigkeit als Ressource im Mathematikunterricht

2.2.1 Zum Konstrukt der mehrsprachigen Repertoires

Die heutige ressourcenorientierte Sicht auf Mehrsprachigkeit im Mathematikunterricht geht von einer holistischen und dynamischen Konzeption von Sprachen und ihren Sprechenden aus. Lange Zeit wurde die gegenteilige Ansicht vertreten, dass die Beherrschung von mehr als einer Sprache sich nachteilig auf die kognitive, sprachbezogene und schulische Entwicklung auswirken könnte (Reynold 1928; Saer 1923). Erst im Jahr 1962 berichteten Peal und Lambert (1962) von Zweisprachigkeit als einem Vorteil für zweisprachige Kinder durch größere mentale Flexibilität. Darauffolgende Studien unterstützten diese Ansicht und stellten zudem fest, dass zweisprachige Kinder sich intensiver mit Sprache auseinandersetzen (Ben-Zeev 1977; Ianco-Worrall 1972).

In der mathematikdidaktischen Forschung dauerte es länger, bis Mehrsprachigkeit zum Thema wurde. Erste englischsprachige Veröffentlichungen zum Thema Mathematikunterricht und sprachliche Diversität stammten von Austin & Howson (1979) und wurde durch Arbeiten von Clarkson (1992) und Adler (2001) breiter verankert.

Inzwischen ist die Sicht auf Mehrsprachigkeit auch in der Mathematikdidaktik weniger defizitorientiert und zeichnet sich durch die Anerkennung der Lernendensprachen als wertvolle Ressourcen aus (Adler 2001; Barwell et al. 2016; Planas 2018). Dabei wird Mehrsprachigkeit nicht additiv als Summe von Einzelteilen, sondern als ganzheitliches System verstanden, d. h., die verschiedenen verfügbaren Sprachen sind so keine getrennten Entitäten, sondern sind als Bestandteile eines zusammenhängenden Repertoires zu verstehen, nämlich das sprachliche Repertoire, welches sich vom Individuum zu Individuum unterscheidet (Busch 2017; Lüdi 2016).

Der Begriff des *sprachlichen Repertoires* wird bei John Gumperz (1964) das erste Mal erwähnt. Der Autor definiert den Begriff aus einer interaktionalen Perspektive: Das sprachliche Repertoire umfasst jene Sprachen, Dialekte, Stile, Register und Codes, die die Interaktion im Alltag charakterisieren. Gumperz

(1964) eröffnete damit eine neue, ganzheitlichere Perspektive auf Sprachlich-keit, auch wenn er das Repertoire als eine Art Werkzeugkiste ansah, auf die das Individuum zugreifen kann. Das Repertoire erhält so einen instrumentalen Charakter, der teilweise noch heute in der Bezeichnung „Ressource" zu stecken scheint. Autoren wie Barwell (2018a) sehen in der Bezeichnung die Gefahr, eine statische Sicht von Sprache (als eine feste Ressource) bzw. eine einseitige Sicht auf die Lernenden (als Nutzenden der Ressourcen) zu stützen. Barwell (2018a) schlägt stattdessen den Begriff *sources of meaning* (Bedeutungsquellen) vor, der aus seiner Sicht die epistemische Funktion von Sprachen bzw. ihrer Vernetzung stärker hervorhebt. Ähnlich hebt auch Busch (2012b) heraus, dass sprachliches Handeln zu charakterisieren ist als

„[…] multifunktional und multimodal; das Verbale tritt in Verbindungen mit anderen Modi auf. In jedem Sprechakt werden nicht nur Inhalte vermittelt, sondern bringen die Sprecherinnen immer auch etwas von sich zum Ausdruck" (Busch 2012b, S. 10).

Das Zitat hebt hervor, dass das Verbale nicht der einzige Modus im Repertoire ist, sondern dass auch andere Modi sowie mögliche Rahmungen des Sprechen-den dazu gehören. Dies verdeutlicht, dass die *Repertoires* auch Ausdruck und Konstruktion von Kultur und Identität des Sprechenden sind.

Die vorliegende Arbeit bezieht diese dynamischen Sichten auf Mehrsprachig-keit von Barwell (2018a) und Busch (2012b) in einen breiteren, ganzheitlichen und auch dynamischen Begriff von „Ressource" ein, fokussiert aber wie Bar-well (2018a) ebenfalls auf die Ressourcen in ihrer epistemischen Funktion für individuelle und gemeinschaftliche Prozesse der Bedeutungskonstruktion in unter-richtlichen Phasen des Verständnisaufbaus, wie in Abschnitt 2.3 zu erläutern sein wird.

2.2.2 Verschiedene Forschungskontexte zu Mehrsprachigkeit im Mathematikunterricht

Mehrsprachigkeit im Mathematikunterricht bedeutet je nach Sprachkontext und sprachenpolitischem Kontext in verschiedenen Ländern sehr unterschiedliches. Dies muss bei der Rezeption von internationalen Forschungsansätzen und For-schungsergebnissen stets berücksichtigt werden (Barwell et al. 2016). Setati Phakeng (2016, S. 11) nutzt den Begriff *„sprachliche Diversität"*, um sich auf Kontexte zu beziehen, in denen jeder der Beteiligten (Lernende, Lehrkräfte, usw.) potenziell in der Lage ist, mehr als eine Sprache zu verwenden. Geht man dagegen von einer Charakterisierung von Mehrsprachigkeit als die aktive oder passive Ko-Existenz von zwei oder mehr Sprachen im Unterricht aus, lassen sich verschiedene Kontexte und Merkmale sowie Relevanzsetzungen der mehrsprachigen Sprachennutzung festlegen. Diese Kontextbedingungen prägen die mathematikdidaktische Forschung zum mehrsprachigen Mathematikunterricht in den verschiedenen Kontexten.

Die im Rahmen dieser Dissertation rezipierten Studien stammen aus unterschiedlichen Sprachkontexten mit drei Bedingungen der Mehrsprachigkeit: (1) der migrationsbedingten Mehrsprachigkeit, (2) der autochthonen sprachlichen Vielfalt im Zusammenspiel mit den sprachlichen kolonialen Erben und (3) der regionalen Mehrsprachigkeit. Einen weiteren Fall bilden die Kontexte, in denen (4) die Unterrichtssprache eine „Fremdsprache" für die Lernenden darstellt, im Rahmen von Ansätzen zum sprach- und fachintegrierten Lernen:

(1) Studien in Sprachkontexten der migrationsbedingten Mehrsprachigkeit beziehen sich hauptsächlich auf die offizielle Landessprache und die Migrationssprachen, z. B. Englisch und Spanisch in den USA (Moschkovich 2012), Englisch und Farsi in Großbritannien (Farsani 2016) und Australien (Parvanehnezhad & Clarkson 2008); Schwedisch und Arabisch in Schweden, (Norén 2015); Französisch und Arabisch in Frankreich (Hache & Mendonça Dias 2022). Dabei ist stets auch ein Gefälle im Ansehen der Sprachen Teil der Dynamik, welches sich konkret darin zeigt, dass die offizielle Landessprache einen höheren Stellenwert hat als bestimmte Migrationssprachen, die weniger Anerkennung erfahren.

(2) Zu den Studien in Sprachkontexten der autochthonen Sprachenvielfalt mit sprachlich kolonialem Erbe zählen z. B. Studien aus Afrika, die die Spannungsfelder zwischen der Kolonialsprache (z. B. Englisch in Malawi, Französisch in Burkina Faso, Portugiesisch in Mosambik) und der afrikanischen Sprachen tiefgehend betrachten (Adler 2001; Setati 2008; Setati et al. 2008). Die Forschung in diesem Kontext ist stark auf die englische Sprache bezogen.

(3) Studien in Sprachkontexten regionaler Mehrsprachigkeit stammen z. B. aus Katalonien, wo Katalanisch und Spanisch als „konkurrierende" Unterrichtssprachen betrachtet werden (Planas 2014) oder aus Quebec mit Französisch und Englisch (Barwell 2020).

(4) Studien aus CLIL-Kontexten (Content and Language Integrated Learning) untersuchen z. B. den fremdsprachigen Fachunterricht an internationalen Schulen (Surmont et al. 2016).

Die meisten Studien in den ausgeführten Szenarien stammen aus Kontexten, in denen die Unterrichtssprache nicht mit den Familiensprachen aller oder einiger Lernenden übereinstimmt, jedoch teilen dabei Lehrkräfte und Lernenden mehr als eine Sprache. In diesem Fall wird von Meyer et al. (2016, S. 53) von Konstellationen der *„geteilten Zweisprachigkeit (shared bilingualism)"*gesprochen.

Ein weiterer Kontext, der bisher weniger untersucht wurde, bilden *superdiverse* Schulkontexte, die in Europa zunehmend an Verbreitung gewinnen (Meyer et al. 2016; Vertovec 2007, siehe Abschnitt 2.1.2). In diesem Fall ist der Unterrichtskontext geprägt von einer größeren Anzahl unterschiedlicher Sprachen, welche manchmal von einigen Lernenden unter sich geteilt werden, aber nur in Ausnahmefällen auch mit der Lehrkraft. Solche Sprachkontexten bedürfen eine Mehrsprachigkeitsdidaktik, die nur einige Teilaspekte aus den Kontexten geteilter Zweisprachigkeit übernehmen kann. Daher forderten Meyer et al. (2016) weitere Forschung zur Untersuchung der Übertragung bestehender Ansätze auf superdiverse Klassen mit *nicht-geteilter Mehrsprachigkeit*.

2.2.3 Empirische Befunde zu Wirkungen des Einbezugs mehrsprachiger Ressourcen im Mathematikunterricht

Die empirischen Befunde zu Wirkungen des Einbezugs mehrsprachiger Ressourcen werden im Folgenden entlang von Cummins (2015) Modell für *Literacy Engagement* erläutert. Darin beschreibt er das Zusammenspiel von etablierten Ansätzen zur Förderung der Literalität von Lernenden:

(1) Scaffolding der Sprachrezeption und der Sprachproduktion
(2) Aktivierung des Vorwissens der Lernenden
(3) Explizites Erlernen der Bildungssprache
(4) Nutzung der Familiensprachen der Lernenden als epistemische Ressource

Cummins (2015) betont, dass gerade die Öffnung des Unterrichts für den Einbezug der Familiensprachen der Lernenden als epistemische Ressource (4) eine Grundlage schafft, um die drei anderen Ansätze (1), (2) und (3) zu realisieren, da der Einbezug mehrsprachiger Ressourcen diese direkt beeinflusst. Während diese Wirkungen auch in anderen Forschungssynthesen herausgearbeitet wurden, ergänzt Cummins (2015) insbesondere auch zwei affektive Aspekte, die für die Literalitätsentwicklung mehrsprachiger Lernende entscheidend sind:

(5) Identitätsanerkennung (Agency)
(6) Literacy Engagement

Cummins Arbeit bezieht sich zwar nicht direkt auf das Mathematiklernen, sein Literalitätsmodell kann dennoch als strukturelles Gerüst für die Darstellung der konkreten mathedidaktischen Forschung zum mehrsprachigen Lernen herangezogen werden. Das Gerüst wurde für diesen Zweck in Prediger & Uribe (2021) für die Mathematik erweitert, wie in Abbildung 2.1 visualisiert.

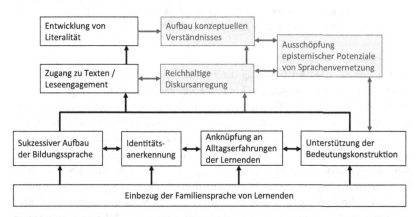

Abbildung 2.1 Zusammenspiel von Ansätzen und Wirkungen im Literalitätsmodell von Cummins (2015), in grauen Kästen erweitert um Aspekte fachlichen Lernens in Prediger & Uribe (2021)

Entlang dieses erweiterten Literalitätsmodells lassen sich mathematikdidaktische Forschungsergebnisse zu Wirkungen des Einbezugs von Mehrsprachigkeit im Folgenden strukturieren.

Sukzessiver Aufbau der Bildungssprache
Die fachunabhängige Spracherwerbsforschung liefert empirische Befunde, die darauf hindeuten, dass der Einbezug der Familiensprache den sukzessiven Aufbau von Bildungssprache unterstützen kann. Diese Befunde wurden von Cummins (2015) in seiner Publikation zusammenfasst. Qualitative Studien weisen darauf hin, dass dies auch für den sprachbildenden Mathematikunterricht gilt, wenn Sprache explizit adressiert wird (Barwell 2020).

Identitätsanerkennung (Agency)
Die Studie von Norén und Andersson (2016), die im Kontext der migrationsbedingten Mehrsprachigkeit in Schweden stattfand, verdeutlicht, wie der Einbezug
von Mehrsprachigkeit zur Stärkung von Identitäten bzw. Agency beitragen kann.
Aus einer soziokulturellen Perspektive untersuchten die schwedischen Forsche-
rinnen diskursive Praktiken im mehrsprachigen Mathematikunterricht, um dabei
zu verstehen, wie Lernende unterschiedlich handeln und sich positionieren. Die
Analysen der Interaktionen zeigen auf, dass zweisprachige Lernende, die in ihren
Familiensprache Aufgaben lösen und Mathematik lernen, stärkere *Agency* zeigen, als wenn sie nur Schwedisch verwenden. Ähnliche Befunde werden auch
aus anderen Kontexten berichtet (Barwell et al. 2016).

Anknüpfung an Alltagserfahrungen der Lernenden
Studien zeigen, dass der Einbezug der Familiensprachen das Anknüpfen an Alltagserfahrungen mehrsprachiger Lernende stärken kann. Dies zeigt z. B. die
Studie von Domínguez (2011) aus dem Sprachkontext migrationsbedingter Mehrsprachigkeit. Der Autor fokussiert die diskursive Problemlösetätigkeiten, die
spanisch- und englischsprachiger Lernende generieren beim Lösen von (a) Problemen über bekannte Erfahrungen in Spanisch, (b) mathematisch ähnlichen Problemen über unbekannte Erfahrungen in Spanisch (c) Problemen über bekannte
Erfahrungen in Englisch und (d) mathematisch ähnlichen Problemen über unbekannte Erfahrungen auch in Englisch. Im Vergleich wird herausgearbeitet, dass
bei Nutzung der Familiensprachen eine Aktivierung der Alltagserfahrungen in
den diskursiven Praktiken besser gelingt und dies produktivere Beteiligung an der
Problemlösung fördert. Diese Befunde zeigen die doppelten Potenziale der Nutzung der Familiensprache, weil sie Alltagserfahrungen mehrsprachiger Lernenden
als kognitive Ressourcen erschließen.

Unterstützung der Bedeutungskonstruktion
Die Rolle des Einbezugs der Mehrsprachigkeit für die Unterstützung der Bedeutungskonstruktion *(Meaning-Making)* wurde etwa von Planas (2018), Barwell
(2018a) und Prediger et al. (2019) aufgezeigt. Diese Rolle steht im Zentrum
dieser Arbeit und wird in Abschnitt 2.3 ausführlicher erläutert. Dies bietet die
Grundlage dafür, in den Folgekapiteln einen konkreten Ansatz zu entwickeln,
wie die Mehrsprachigkeit für das fachliche Lernen auch in migrationsbedingten
Sprachkontexten *nicht-geteilter Mehrsprachigkeit* aktiviert werden kann.

Reichhaltige Diskursanregung
In das erweiterte Literalitätsmodell in Abbildung 2.1 (Prediger & Uribe 2021)
wurde der Ansatz der reichhaltigen Diskursanregung als fachbezogenes Pendant
zu Cummins (2015) *literacy engagement* integriert. Damit wurde zahlreichen qualitativen Befunden Rechnung getragen, dass sich Mathematiklernen stets auch im
Diskurs vollzieht (Erath et al. 2018; Moschkovich 2015).

Der Einzug der Familiensprachen der Lernenden kann maßgeblich dazu beitragen, dass mehrsprachige Lernende an reichhaltige Diskurspraktiken teilhaben
können, dies zeigen bereits die frühen Arbeiten von Adler (2001) im südafrikani-
schen Sprachkontext der autochthonen Mehrsprachigkeit und Clarkson (2007) im
australischen Sprachkontext migrationsbedingter Mehrsprachigkeit. In diesen und
weiteren Arbeiten (Barwell et al. 2016) wurde somit die kommunikative Funktion
des Einbezugs von Familiensprachen herausgearbeitet.

2.3 Mehrsprachigkeit als Ressource in Prozessen des Verständnisaufbaues

Ein wichtiges fachliches Lernziel des Mathematikunterrichts ist der Aufbau
von konzeptuellem Verständnis für mathematische Konzepte, kurz Konzeptverständnis (Malle 2004; Prediger 2009). Da bezüglich dieses Lernziels größere
sprachbedingte Leistungsdisparitäten vorherrschen als für den Aufbau von
Rechenfertigkeiten (Prediger, Wilhelm et al. 2015), sollten Ansätze des Mehrsprachigkeitseinbezugs also fachdidaktisch darauf untersucht werden, wie sie zu
diesem zentralen Lernziel beitragen können.

Um diese Frage bearbeiten zu können, ist zunächst zu erläutern, was
genau unter Konzeptverständnis erfasst wird und welche Rollen dabei Sprache
(Abschnitt 2.3.1) und Mehrsprachigkeit (Abschnitte 2.3.2 und 2.3.3) spielen. Wie
diese theoretischen Erläuterungen in der Arbeit konkret realisiert werden, wird in
Abschnitt 2.3.4 präzisiert.

2.3.1 Sprache zum Aufbau konzeptuellen Verständnisses

Konzeptbedeutungen (Freudenthal 1991) bzw. *konzeptuelles Verständnis* ist charakterisiert durch reichhaltige Zusammenhänge, die zu einem Netz aus Wis-
senselementen verwoben werden (Hiebert & Carpenter 1992). Dieses Netz
entsteht im Prozess der *Bedeutungskonstruktion*, in welchem relevante *Verstehenselemente* (und zuweilen Kalküelemente, siehe Korntreff & Prediger 2022)

mental konstruiert und vernetzt werden. Diese *Verstehenselemente* werden in Drollinger-Vetter (2011) definiert als „Teilkonzepte eines Konzepts, die man verstanden haben muss, um das Konzept als Ganzes zu verstehen" (Drollinger-Vetter 2011, S. 201). Kalkülelemente beziehen sich auf Teilaspekte von mathematischen Verfahren, die ebenfalls durch Verknüpfung mit Verstehenselementen inhaltlich verankert und begründet werden sollten (Korntreff & Prediger 2022).

Ein verstehensorientierter Mathematikunterricht setzt auf den Aufbau konzeptuellen Verständnisses. Gerade um konzeptuelles Verständnis zu erzielen, ist die sprachliche Kompetenz entscheidend (Prediger, Wilhelm et al. 2015; Stanat 2006). Sprache prägt die Vorstellungsentwicklungsprozesse, über welche sprachlich agiert und gehandelt wird.

> „Verstehen ist ein dynamischer, mentaler Prozess im Umgang mit sprachlich vermitteltem, kurz: mit versprachlichtem Wissen, und aus der Perspektive eines Rezipienten zu begreifen" (Redder et al. 2018, S. 23).

Sprache als Ressource im Prozess der Bedeutungskonstruktion zu betrachten, bedeutet dementsprechend, dass ihr neben einer kommunikativen Funktion im Lehr-Lern-Prozess als Medium zur Verständigung und Wissensvermittlung (Maier & Schweiger 1999; Morek & Heller 2012) auch und vornehmlich eine epistemische Funktion als Werkzeug des Denkens zugeordnet wird (Maier & Schweiger 1999; Morek & Heller 2012; Prediger 2022). Sprache ist somit nicht nur das Medium (Schleppegrell 2004, 2007), durch welches, gesellschaftliches Wissen weitergegeben wird, sondern auch das Medium, in dem gedacht wird und dadurch unterschiedliche Denkweisen und Zugänge zu Bedeutungen ermöglicht werden.

Konzeptverständnis durch Sprache zu unterstützen, erfordert die lerngegenstandspezifische Identifizierung der relevanten sprachlichen Anforderungen auf diskursiver, lexikalischer und syntaktischer Ebene, die für den mentalen Aufbau konzeptuellen Verständnisses notwendig sind (Bailey 2007; Prediger & Zindel 2017). Eine solche stoffdidaktische und empirisch fundierte Spezifizierung ist ein wesentlicher Teil der Forschungsarbeit der Dortmunder MuM-Forschungsgruppe (Prediger 2022). Sprachliche Anforderungen auf diskursiver Ebene werden dabei in Sprachhandlungen wie Erläutern von Rechenwegen, Erklären von Bedeutungen, Begründen von Zusammenhängen gefasst. Die Sprachmittel fassen die lexikalischen und grammatischen Mittel, um die Sprachhandlungen auszudrücken.

Für den Aufbau von Konzeptverständnis hat sich die *bedeutungsbezogene Denksprache* als fachdidaktisch zentral herausgestellt, dabei wird der Schwerpunkt auf die Sprachhandlung des Erklärens von Bedeutungen gelegt und auf alle dafür notwendigen Sprachmittel (Prediger 2022): Während viele Schulbücher als klassische Fachsprache vor allem *formalbezogene Sprachmittel* fokussieren (Zähler, Nenner, Kürzen, erweitern), die dem Erläutern von Rechenwegen dienen, umfasst die bedeutungsbezogene Denksprache „all die Sprachmittel, die zum Erklären von Bedeutungen mathematischer Konzepte und Zusammenhänge benötigt werden, zum Beispiel Teil vom Ganzen, gleich große Anteile u.ä." (Prediger 2020a, S. 198). Bedeutungsbezogene Sprachmittel unterstützen, formal-abstrakte mathematische Konzepte inhaltlich zu deuten sowie formale Vorgehensweisen verstehensorientiert zu versprachlichen (Prediger 2017). Zur Vertiefung siehe Abschnitt 3.2.1 zum Prinzip der Darstellungs- und Sprachenvernetzung.

Ein breit vertretener Einwand gegen den Einbezug der Mehrsprachigkeit im Unterricht, der jedoch in Schüler-Meyer et al. (2019) diskutiert und widerlegt wird, besteht darin, dass Bildungsinländer:innen in der Regel kaum eine formalbezogene Sprache in der Familiensprache aufbauen. Dies liegt daran, dass der Mathematikunterricht ausschließlich in der offiziellen Landessprache stattfindet, was eine Verständigung über Mathematik in den Familiensprachen erschwert. Dieser Einwand gewichtet jedoch die formalbezogene Sprache zu stark, wichtiger scheint die Mobilisierung der mehrsprachigen Repertoires für die Bedeutungskonstruktion zu sein (Prediger, Kuzu et al. 2019). Dabei ist die bedeutungsbezogene Denksprache entscheidender, wie im Weiteren erläutert wird.

2.3.2 Vom einsprachigen zum mehrsprachigen Verständnisaufbau

Wie in Abschnitt 2.1.4 kurz skizziert, schneiden Lernende der ersten und zweiten Migrationsgeneration signifikant schwächer ab in ihren Mathematikleistungen als Lernende der dritten oder späterer Migrationsgenerationen (Stanat et al. 2022). Allerdings zeigen andere Studien, dass diese migrationsbedingten Disparitäten nicht auf die vorliegende Mehrsprachigkeit, sondern auf die fehlenden bildungssprachlichen Kompetenzen im Deutschen zurückzuführen sind (Paetsch et al. 2016; Prediger, Wilhelm et al. 2015). Mehrsprachige Lernende mit hoher deutscher Sprachkompetenz können bessere Ergebnisse erzielen als sprachlich schwache Einsprachige. Diese Befunde unterstreichen die hohe Bedeutung des bildungssprachlichen Repertoires, insbesondere für den Aufbau von konzeptuellem Verständnis (Prediger, Wilhelm et al. 2015; Ufer et al. 2013). Diese

Studien liefern jedoch keine Befunde zur Rolle mehrsprachiger Ressourcen für die Bedeutungskonstruktion

Aus der Perspektive des Unterrichts als wissensprozessierender *Lehr-Lern-Diskurs* (Redder 2012) bzw. als verstehensanregender Ort, können andere Sprachen und die weiteren damit verbundenen Ressourcen zusätzliche Denkwerkzeuge bieten, die einer weiteren und zentralen epistemischen Funktion dienen (Barwell 2018a; Planas 2018). Im Rahmen dieser Arbeit ist das langfristige Ziel der Mobilisierung weiterer Sprachen, gerade ihren epistemischen Mehrwert zu nutzen, d. h. diese gezielt dort einzubeziehen, wo das ganzheitliche sprachliche Repertoire die Begriffsbildungsprozesse unterstützen kann. Mehrsprachige Lernende bringen also neben weiteren verbalen Darstellungen andere Modi als Teil ihrer Repertoires mit, die über die verbale Ebene hinausgehen. Alternative Darstellungen, Gesten, syntaktische Besonderheiten einer Sprache, sprachgebundene konzeptuelle Facetten zählen dazu (Barwell 2005, 2014; Kuzu 2019; Moschkovich 2008).

In der Betrachtung der Mehrsprachigkeit als Ressource im Prozess der Bedeutungskonstruktion scheint eine weitere Ausdifferenzierung der zu konkretisierenden Ressourcen über die verbalen Ressourcen hinaus wichtig zu sein. In der vorliegenden Arbeit werden die verbale Sprachebene und die Sprachregister sowie die symbolische, graphische und kontextuelle Darstellung fokussiert.

2.3.3 Mehrsprachiges Handeln zur Bedeutungskonstruktion

Die in Abschnitt 2.2 bereits dargelegten Ausführungen zur Definition von Mehrsprachigkeit akzentuieren die Relevanz des sprachlichen Repertoires für die Bedeutungskonstruktion bzw. ihre epistemische Funktion und heben die integrative statt additiver Natur der sprachlichen Ressourcen hervor. Dementsprechend wird Mehrsprachigkeit in der vorliegenden Arbeit nicht als Summe unterschiedlicher Sprachen verstanden, sondern der Zusammenhang dieser Sprachen untereinander im Rahmen einer sprachlichen Ganzheitlichkeit betrachtet (Grosjean 2013).

Die Aktivität der Verknüpfung der Ressourcen im sprachlichen Repertoire für die Bedeutungskonstruktion ist somit das wichtigste Unterscheidungsmerkmal zwischen einsprachigen und mehrsprachigen Lernenden.

Eine der frühesten Arbeiten, die diese Perspektive einnimmt, bildet die Interlanguage-Hypothese von Selinker (1972). Laut Selinker agieren Lernende mit einer Zweitsprache konstruktiv und kreieren ein separates *„linguistic system"* (Selinker 1972, S. 214), das Elemente der Erst-, der Zweitsprache und selbstbestimmte kreative Merkmale beinhaltet.

Auch der weit rezipierte Zweitsprachenforscher Cummins (1980) entwickelte ein Modell der *Common Underlying Profiency*, demgemäß die Literalitätsmerkmale mehrsprachiger Individuen in einem sprachenübergreifenden gemeinsamen Kompetenzbereich zusammenkommen, als zugrundeliegende Kompetenz unabhängig von den Einzelsprachen. Auf diesem reziproken Zusammenhang zwischen Sprachen basiert das *Prinzip der Interdependenz* (Cummins 1991, 2000). Die Interdependenzhypothese geht von der Annahme aus, dass sich die situationsgebundenen alltagssprachliche Basiskompetenzen (*basic interpersonal communicative skills*, BICS) in Erst- und Zweitsprache unabhängig voneinander entwickeln. In Hinblick auf die Entfaltung bildungssprachlicher Kompetenzen (*cognitive academic language proficiency*, CALP) sind jedoch beide Sprachen verknüpft. Dies bedeutet, dass Zweit- oder Fremdsprachenlernende von ihren Fähigkeiten und Wissen in der Erstsprache profitieren, weil CALP sich auf weitere Sprachen überträgt. Hier ist kritisch anzumerken, dass soziale und biographische Faktoren außer Acht gelassen werden, deren zentrale Bedeutung erst später herausgearbeitet wurden (Verhoeven 1994).

In eine ähnliche Richtung, aber mit einem anderen Schwerpunkt, geht die Arbeit von Grosjean (1982) über die Theorie der Sprachmodi. Während Selinker und Cummins auf die kognitive Struktur und Kompetenz mehrsprachiger Individuen konzentrierten, rückt Grosjean auf die pragmatische Nutzung von Sprachen in den Vordergrund. Er unterscheidet zwischen dem monolingualen und dem bilingualen Sprachmodus. Im bilingualen Sprachmodus aktivieren Sprechende die mit dem Kommunikationspartner:innen geteilten Sprachen und wechseln zwischen diesen. Im monolingualen Modus wird dagegen nur die eine geteilte Sprache aktiviert. Grosjean (2001, 2013) verortet die Nutzung der Erst- und Zweitsprache an den zwei Enden eines Kontinuums, entlang dessen die Lernenden sich fließend bewegen können. Welcher Modus der Sprachen aktiviert wird, ist von der interaktionalen Situation und Funktion abhängig. Dieser domänenspezifischen Nutzung von Sprachen liegt ein komplementärer Modus zugrunde.

Kuzu & Prediger (2017) verfeinern dieses Modell, indem sie zwischen einer funktional-differenzierenden Komplementarität der Sprachen und einer Vernetzung der Sprachen unterscheiden.

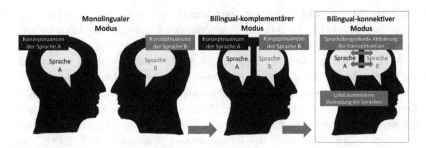

Abbildung 2.2   Sprachmodi (Prediger, Kuzu et al. 2019)

Der linke Teil der Abbildung 2.2 veranschaulicht den monolingualen Modus unabhängig der aktivierten Sprache. Der mittlere Teil veranschaulicht die domänenspezifische Nutzung komplementärer Sprachen je nach Zweck, Situation oder beteiligte Sprechende (Grosjean 2013). Sprachen werden nicht defizitär betrachtet, denn es wird betont, dass mehrsprachige Lernende über unterschiedliche Ressourcen verfügen, die im Prozess des Verständnisaufbaus Bedeutungen tragen können. Dennoch werden diese Ressourcen nicht integrativ, sondern komplementär genutzt. Die gesprochenen Sprachen können zwar unterschiedlichen Facetten desselben Konzepts darstellen, aber diese werden nicht unbedingt gezielt vernetzt.

Der im rechten Teil dargestellte bilingual-konnektive Modus (Kuzu & Prediger 2017; Prediger, Kuzu et al. 2019) deutet auf eine ganzheitliche Nutzung der sprachlichen Ressourcen, deren Potenziale gerade in der Vernetzung liegen, wie im Weiteren weiter auszuführen sein wird. Eine solche Vernetzung erfolgt nicht automatisch, sondern muss didaktisch angeregt und unterstützt werden, um entsprechende Lerngelegenheiten zu schaffen bzw. zu intensivieren.

In diesem Sinne ist jede Sprache Konstituente eines komplexeren sprachlichen Repertoires, das ganzheitlich und als Gesamtheit operiert. Unterschiedliche Sprachregister, Relevanzsetzungen, Darstellungen, zählen zu den Ressourcen bzw. als Bestandteile des Repertoires und können den Prozess der Bedeutungskonstruktion facettenreicher machen und dessen Potenziale durch gezielte Vernetzung stärken.

2.3.4 Auf dem Weg zur Präzisierung der Verknüpfungsaktivitäten

Die in den vorangegangenen Abschnitten aufgeführten Studien zeigen, dass mehrsprachige Lernende möglicherweise mehr Sprachressourcen „besitzen", als sie in einer bestimmten Situation aktivieren. Für die mathematikdidaktische Forschung zu Mehrsprachigkeit bzw. zur Konkretisierung einer Mehrsprachigkeitsdidaktik für den Fachunterricht, scheint also die genauere und situative Charakterisierung der konkreten Nutzung der sprachlichen Repertoires durch die Lernenden und ihrer systematischen Verknüpfung eine bedeutende Rolle zu haben.

Daher wurde im MuM-Multi-Projekt das Konstrukt der *„Repertoires-in-Use"* entwickelt (Uribe & Prediger 2021), mit dessen Hilfe die sogenannten „sprachliche Ressourcen" ein Schritt weiter konkretisiert und empirisch erfasst werden können, um sie treffsicher für das fachliche Lernen zu mobilisieren. Mit *Repertoires-in-Use* wird nicht nur charakterisiert, über welche individuellen sprachlichen Ressourcen Lernende jeweils verfügen, sondern welche sie als Repertoire für die Bedeutungskonstruktion tatsächlich aktivieren und verknüpfen (siehe Kapitel 5.3). Dazu wird insbesondere die Art und Weise ausdifferenziert, wie eben diese aktivierten Komponenten in Beziehung gesetzt werden, kurz die Verknüpfungsaktivitäten. Beide Perspektiven, also das „was" (welche Komponente des Repertoires werden aktiviert?) und das „wie" (wie werden die aktivierten Komponenten miteinander vernetzt?) sind Teil des vorgeschlagenen Konstrukts *Repertoires-in-Use*.

Zusammenfassend umfassen die Repertoires-in-Use:

- Die Nutzung bestimmter Sprachen, Register und Darstellungen als Mittel für die Bedeutungskonstruktion.
- Die Art und Weise, wie die Sprachen, Register und Darstellungen auf der Mikroebene verknüpft bzw. vernetzt werden („Verknüpfungsaktivitäten").

Das Konstrukt der *Repertoires-in-Use* findet in beiden Studien der vorliegenden Dissertation Anwendung und ist in Zuge ihrer Ausarbeitung entstanden (Uribe & Prediger 2021). Das Modell wird dazu benutzt, genauer zu verstehen, wie in einer spezifischen Lehr-Lern-Situation im Unterricht mehrere Sprachen als Ressourcen „genutzt" werden. Die Lehr-Lern-Prozesse der Lernenden werden in Hinblick auf die Rekonstruktion der *Repertoires-in-Use* für die Bedeutungskonstruktion analysiert. Daraus kristallisieren sich relevante Verknüpfungsaktivitäten heraus, die einen wichtigen Beitrag dieser Arbeit darstellen und auch zur sukzessiven Ausschärfung der Designs mehrsprachigkeitseinbeziehender Lernumgebungen dienen.

Ansätze zum sprachbildenden und zum mehrsprachigkeitseinbeziehenden Mathematikunterricht

3

Das Forschungsinteresse der Dissertation liegt darin, Erkenntnisse über die epistemisch förderliche Gestaltung mehrsprachigkeitseinbeziehenden Mathematikunterrichts unter regulären Bedingungen nicht-geteilter Mehrsprachigkeit (im deutschen Kontext) zu erlangen. Dazu werden im vorliegenden Kapitel 3 die theoretischen Grundlagen aus Kapitel 2 durch spezifische didaktische Ansätze konkretisiert. In Abschnitt 3.1 werden existierende Ansätze zur unterrichtlichen Realisierung mehrsprachigkeitseinbeziehenden Unterrichts erläutert. In Abschnitt 3.2 werden diese in die Designprinzipen zum sprachbildenden Mathematikunterricht integriert. Sie bilden die Grundlagen für das weitere Entwicklungsinteresse der vorliegenden Arbeit.

3.1 Fachübergreifende Translanguaging-Ansätze

Translanguaging ist ein sprachdidaktischer Ansatz, der darauf abzielt, theoretische Überlegungen zu unterschiedlichen Sprachen und zur Sprachnutzung für die Schulpraxis nutzbar zu machen (García & Wei 2014; Wei 2011). Dabei wird das gesamte sprachliche Repertoire mehrsprachiger Individuen als Ressource aktiviert. Translanguaging beruht auf dem Grundgedanken, dass verschiedene sprachliche Ressourcen zur Bedeutungskonstruktion beitragen können. Untersucht wird in dieser Perspektive, welche Praktiken wie zur Bedeutungskonstruktion beitragen (Blommaert & Rampton 2011). Im Kontext des Translanguagings wird auf den Begriff der sprachlichen Repertoires Bezug genommen, indem sprachliche Praktiken nicht willkürlich betrachtet, sondern in Bezug auf zugrundeliegende soziale Praktiken beschrieben werden (Busch 2012a). Die verfügbaren Sprachen

Á. Uribe, *Mehrsprachigkeit im sprachbildenden Mathematikunterricht*, Dortmunder Beiträge zur Entwicklung und Erforschung des Mathematikunterrichts 53, https://doi.org/10.1007/978-3-658-46054-9_3

werden als gesamtheitlichen Ressourcen betrachtet, so dass nicht die einzelnen
Sprachen, sondern das komplette sprachliche Repertoire aktiviert wird.

In Translanguaging-Ansätzen werden nicht nur extern wahrnehmbare Aspekte
der mehrsprachigen Sprachproduktion wie das Code-Switching als zentral erach-
tet, sondern auch darüberhinausgehende Aktivitäten, die die internalen mentalen
Sprachverarbeitungsprozesse hervorheben. Somit werden nicht nur die kommunikativen Elemente der Sprachproduktion, sondern auch die, in der Wissensprozes-
sierung relevante sprachenvernetzenden Aktivitäten mit epistemischem Potenzial
näher untersucht.

In Translanguaging-Ansätzen wird das sprachliche Repertoire der Lernenden
im *Translanguaging Space* didaktisch aktiviert (Wei 2011), durch Schaffung von
Voraussetzungen für einen Handlungsraum, in dem die Sprechenden ihre sprachlichen Repertoires und die dabei umfassten Geschichten, Erfahrungen, Sprachen
ins Gespräch mit einfließen lassen können.

Das Forschungsinteresse der vorliegenden Arbeit bezieht sich auf die gewinnbringende Mobilisierung und Fruchtbarmachung der sprachlichen Ressourcen der
Lernenden für das Mathematiklernen.

3.2 Mehrsprachigkeitseinbezug in existierenden Designprinzipien für sprachbildenden Mathematikunterricht

Während Translanguaging bislang vor allem ein übergreifender Ansatz ist, der
sprachendidaktisch noch nicht sehr weit ausdifferenziert ist, wurde in der Didaktik des sprachbildenden Fachunterrichts die möglichen Designprinzipen weitaus
genauer ausdifferenziert. Designprinzipien sind präskriptive Theorieelementen,
die bestimmte Gestaltungs- und Handlungsmöglichkeiten funktional mit den
angestrebten Lernzielen verbinden (Prediger 2019b). Ihre weitere Ausformulie-
rung ist ein wesentlicher Arbeitsbereich von Entwicklungsforschungsvorhaben
(siehe Abschnitt 5.2).

Als Grundlage für die Konzeption eines Ansatzes zum mehrsprachigkeitseinbeziehenden Mathematikunterricht, knüpft die vorliegende Arbeit an den
bereits vorhandenen mathematikspezifischen sprachbildenden Ansatz (Prediger
2020a) an. Die existierenden Designprinzipien für sprachbildenden Fachunterricht
umfassen

- das Prinzip der Darstellungs- und Sprachenvernetzung (Abschnitt 3.2.1),
- das Prinzip des Scaffolding entlang eines dualen Lernpfades (Abschnitt 3.2.2),

- das Prinzip der reichhaltigen Diskursanregung (Abschnitt 3.2.3),
- sowie das Prinzip der Formulierungsvariation und des Sprachenvergleichs (Abschnitt 3.2.4).

Es werden jeweils die Prinzipien für den einsprachigen sprachbildenden Mathematikunterricht vorgestellt und dann erläutert, wie der Einbezug von Familiensprachen dabei realisiert werden kann, im Sinne der Translanguaging-Ansätze aus Abschnitt 3.1.

Diese so erweiterten Prinzipien dienen als Ausgangspunkt und werden später in Abschnitt 10.2 als Entwicklungsprodukt der vorliegenden Forschung für den zwei- und mehrsprachigen Unterricht weiter ausdifferenziert.

3.2.1 Prinzip der Darstellungs- und Sprachenvernetzung

Vom Darstellungswechsel zur Darstellungsvernetzung
Im Mathematikunterricht werden verschiedene Darstellungsformen genutzt, um die Lehr-Lern-Prozesse zu unterstützen. Der Umgang mit verschiedenen Darstellungen kann dazu dienen, konzeptuelles Verständnis aufzubauen (Cramer 2003). Neben der symbolischen Darstellungsform und gerade, um diese abstraktere Form der Darstellung mathematischen Wissens allmählich zu erlernen, werden weitere Formen der konkreten Realisierung des Lerngegenstands einbezogen. Die jeweils relevanten Darstellungsformen werden von verschiedenen Forschenden und in diversen Forschungsrichtungen unterschiedlich kategorisiert. In der Grundschuldidaktik ist die Ausdifferenzierung von Bruner (1964) weit verbreitet, der zwischen enaktiven, ikonischen und symbolischen Darstellungen unterscheidet und die sprachliche Darstellung nicht explizit ausweist. In der Sekundarstufendidaktik werden weitere Darstellungsformen etabliert, ausgehend etwa von Lesh (1987) unterschieden: gegenständliche *(manipulatives)*, kontextuelle *(real-life contexts)*, graphische *(pictures)*, symbolische *(written symbols)* und sprachliche *(verbal symbols)* Darstellungsformen. Letztere, also die sprachliche Darstellungsform, wird ebenfalls von Duval (2006) in ihrer Wichtigkeit betont.

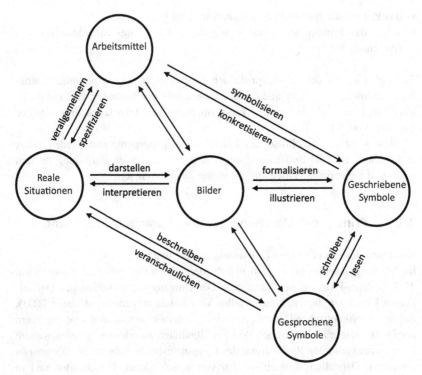

Abbildung 3.1 Darstellungsformen und Vernetzungsaktivitäten bei Lesh (1981, S. 246).
(Eigene Übersetzung)

Mittels Pfeile unterstreicht das in Abbildung 3.1 visualisierte Lesh-Modell
die Relevanz des „Übersetzens" zwischen den verschiedenen Darstellungsformen
sowie innerhalb einer Darstellung. Im Folgenden werden diese fünf Darstellungen
näher erläutert:

- Im Sinne von Bruner (1964) bezieht sich die *enaktive Darstellungsform* auf das
  Handeln am Objekt bzw. auf die Erfassung von Sachverhalten durch eigene
  Handlungen an konkreten Gegenständen. Angelehnt an Lesh, Post & Behr
  (1987) und in ihrer deutschen Übersetzung an Prediger & Wessel (2011) wird
  diese Art der Darstellung im Folgenden als *gegenständliche Darstellungsform*
  bezeichnet.

- Die *graphische Darstellungsform* liegt nah an der Bruner'schen (1964) Konzeptualisierung *ikonischer Darstellungen*. Diese Darstellungsform umfasst konkrete Bilder, sowie Strukturierungsmittel, Modelle, graphische Scaffolds, sowie Diagramme.

- Die *symbolische Darstellungsform* als inhärenter Bestandteil der mathematischen Tätigkeit, wird sowohl von Bruner (1966), als auch von Lesh, Post & Behr (1987) berücksichtigt. Von Letzteren wird sie in geschrieben-symbolisch und mündlich-symbolisch ausdifferenziert. Beide Darstellungsformen beziehen sich auf die Umsetzung mathematischen Wissens anhand der formalen Mittel (Zeichensymbole) der Mathematik.

- Die *kontextuelle Darstellungsform* bezeichnet die Einbettung des Wissens in Situationen, die Bezüge zur Realität ermöglichen.

- Die *sprachliche Darstellungsform* bezieht sich auf die sprachliche Realisierung mathematischer Begriffe bzw. ihre Realisierung mittels (mündlicher und schriftlicher) Sprache. Das Gedachte wird ins sprachliche Medium bzw. in das Format der Sprachlichkeit, statt in die graphische, symbolische Darstellung umgesetzt oder um gerade eben diese zu deuten. Sprachliche Realisierungen wie z. B. $\frac{3}{5}$ als „3 von 5" oder als „Anteil der 3 an der 5" können jedoch nur mit Bedeutung gefüllt werden, wenn die mentale Konstruktion der Beziehung erfolgt ist (Prediger et al. 2013).

Die genannten Darstellungen beziehen sich auf unterschiedliche Formen der konkreten Realisierung des Lerngegenstands. Diese können Lehrkräften Hinweise über die mentale Vorstellungsebene der Lernenden geben. Zum Beispiel, wenn Lernende proportionale Zusammenhänge von der Funktionsvorschrift $y = m{\cdot}x$ (symbolisch) in einen Graphen übersetzen, der eine ansteigende Halbgerade (graphisch) zeigt, oder in eine Situation zum gleichbleibenden Wachstum, etwa das gleichmäßige Laufenlassen von Wasser aus dem Wasserhahn, um die Badewanne zu füllen (kontextuell), einordnen. Oder wenn Lernende die Kovariation sprachlich artikulieren, z. B. durch das Sprachmittel „Beide Größen verändern sich ‚parallel', sie stehen stets im gleichen Verhältnis".

Die unterschiedlichen Darstellungsformen symbolisch, graphisch, gegenständlich, kontextuell und sprachlich betonen jeweils verschiedene Aspekte des Lerngegenstands und ermöglichen das Ingangsetzen anderer Prozesse während des Aufbaus von Konzeptverständnis. Aufgrund dieser Vielfältigkeit bzw. um ganzheitliche Einblicke in einen Lerngegenstand zu erlangen, erweist sich ein wiederholter Wechsel zwischen den Darstellungen (Bruner 1966) als relevant. Verschiedene Facetten des Lerngegenstands können auf diese Weise in ihrer Verschränkung im Lehr-Lern-Prozess adressiert werden.

Duval (2006) betonte die Relevanz, Darstellungen nicht nur zu wechseln, sondern durch explizite Exploration ihrer Zusammenhänge auch zu vernetzen. Daher sprechen Prediger & Wessel (2011) vom Prinzip der Darstellungsvernetzung statt Darstellungswechsel und betonen, dass reines Übersetzen nicht ausreicht und das Erläutern der Zusammenhänge relevant ist für den Aufbau von Konzeptverständnis.

Im Sinne Dörflers sind Darstellungen bzw. Diagramme jedoch auch an sich die Gegenstände mathematischer Tätigkeit, die durch die Lernenden unterschiedlich erkundet und gedeutet werden können (Dörfler 2006). Im Gegensatz zu Duval (2006), der postuliert, dass mathematische Konzepte und Zusammenhänge nicht direkt, sondern ausschließlich über ihre Darstellungen zugänglich sind, gibt es im Sinne Dörflers (2006) keine hierarchische Annäherung zu abstrakten Objekten mittels ihrer Darstellungen, sondern können durch die Beschreibung von Diagrammen ebenfalls mathematische Begriffe entstehen. Dementsprechend sollten Darstellungen auf vernetzte Weise gedacht werden, um den Aufbau von Konzeptverständnis zu fördern. Vergnaud (1996) betont ebenfalls die Bedeutung z. B. graphischer Darstellungen, insbesondere um implizite Invarianten zu explizieren. Dies ermöglicht es Lernenden, gleichbleibende Strukturen zu erkennen und auf andere Situationen zu übertragen.

Von der Darstellungsvernetzung zur Darstellungs- und Sprachebenenvernetzung
Für den sprachbildenden Fachunterricht folgten Prediger & Wessel (2011) einem Vorschlag von Leisen (2005), die sprachliche Darstellungsform auszudifferenzieren in drei Sprachebenen, die sie als verschiedene Sprachregister konzipieren (Halliday 1978). Des Weiteren beziehen Prediger & Wessel (2011) in ihrem Modell (Abbildung 3.2) neben den Sprachregistern in der Unterrichtssprache auch die verschiedenen Sprachregister in den Zweitsprachen der Lernenden (wenn vorhanden) mit ein.

Die Sprachebenen werden dabei als Sprachregister im Sinne von Halliday (1978) konzipiert, d. h. als funktionale Varietäten des Sprachgebrauchs, die in situativen Kontexten auftreten. Die Realisierung des Gedachten bzw. der sprachlich-mentalen Prozessen als sprachliche wahrnehmbare Äußerungen, weist verschiedene strukturelle Merkmale auf, je nach Situation oder Kontext. So unterscheiden sich die sprachlichen Anforderungen, die von den Lernenden in der Schule bewältigt werden müssen, stark von denen des Alltags, entsprechend wird zwischen Alltags-, Bildungs- und Fachsprache unterschieden: Als *Alltagssprache* wird das Register verstanden, das die Lernenden für den täglichen Gebrauch im außerschulischen Rahmen aktivieren bzw. das Register, das in privaten Kontexten und vor allem im mündlichen nichtschulischen Austausch verbreitet ist.

Die *Bildungssprache* ist das Register, welches für die Schule charakteristisch ist bzw. das Register, welches durch die Lehrkräfte und die Lernenden aktiviert wird, um neues Wissen zu erlernen sowie abstrakte Ideen zu verbalisieren (Chamot & O'Malley 1996). Bildungssprache als „Sprache des Lernens", spielt eine wichtige Rolle als Lernmedium und Denkwerkzeug. Sie wird jedoch von den Lernenden in unterschiedlichem Maße beherrscht, so dass sie eine ungleichverteilte Lernvoraussetzung darstellt (Morek & Heller 2012). In Abgrenzung zur Alltagssprache ist die Bildungssprache von Genauigkeit aber auch von Komplexität geprägt. Sie zeichnet sich durch höhere lexikalische Dichte aus, wie dies z. B. bei den Nominalisierungen der Fall ist. Die Bildungssprache bedeutet aber viel mehr als hohe Anforderungen auf Wort- oder Satzebene. Sie ist ebenfalls durch reichhaltige Diskurspraktiken wie das Begründen und Erklären gekennzeichnet (Erath et al. 2018; Moschkovich 2015).

In der Literatur zum zweisprachigen Spracherwerb geht die Unterscheidung zwischen Alltags- und Bildungssprache auf die von Cummins (1979) eingeführten Unterscheidung von *Cognitive Academic Language Proficiency (CALP)* und *Basic Interpersonal Communication Skills (BICS)* zurück (siehe Abschnitt 2.3.3). CALP ist die Sprache, welche schulische Aneignungsprozesse prägt. Die Sprache durchdringt die Denkprozesse bzw. den Lernprozess. In diesem Sinne behauptet Halliday: „Learning science is the same thing as learning the language of science." (Halliday 2004, S. 138). Ein präziser Sprachgebrauch ist ein Indikator fachlichen Verstehens. Kognitive Entwicklung und sprachliches Lernen sind

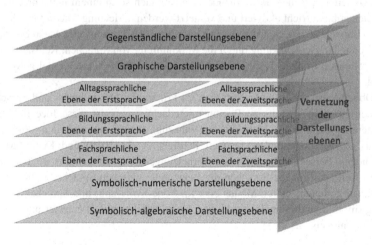

Abbildung 3.2 Vernetzung der Darstellungs- und Sprachebenen (Prediger & Wessel 2011)

zwei verbundene Prozesse (Schleppegrell 2004; Vygotskij 2012). Dies begründet, warum Sprache die Konzeptentwicklungsprozesse stark prägt.

Neben der *Alltags-* und *Bildungssprache* spielt die *Fachsprache* eine wichtige Rolle im mathematischen Lehr-Lern-Prozess. Sie bezieht sich sowohl auf die fachspezifische Sprache, welche im Unterricht z. T. erlernt wird, sowie auf die Sprache, die unter den Fachexperten vom Gebrauch ist (Maier & Schweiger 1999).

In der Ausarbeitung des Darstellungsvernetzungsprinzips durch Prediger, Clarkson & Bose (2016) wird der Zusammenhang zum Makro-Scaffolding hergestellt (siehe Abschnitt 3.2.2): Viele sprachbildende Lehr-Lern-Arrangements starten bei der Aktivierung der Vorerfahrungen der Lernenden mit konkreten bzw. graphischen Darstellungen oder bekannten Kontexten, um dadurch ihre Alltagssprache und Alltagsvorstellungen zu mobilisieren. Diese Ressourcen werden danach systematisch mit anderen Registern und Darstellungen in Beziehung gesetzt, weiterentwickelt und sukzessive aufgebaut.

Sprachenvernetzung als mehrsprachigkeitseinbeziehender Teil des Prinzips
Bei mehrsprachigen Lernenden wird das Prinzip der Darstellungs- und Sprachebenenvernetzung unmittelbar ausgeweitet auf mehrere Sprachen, dies ist bereits bei Prediger & Wessel (2011) angelegt und bei Prediger et al. (2016) weiter ausgearbeitet. Dabei wird auf Ansätze des Einbezugs mehrsprachiger Ressourcen Bezug genommen (Moschkovich 2013; Planas & Setati-Phakeng 2014). Erfahrungen, alltägliche und bedeutungsbezogene sprachliche Ressourcen aus den weiteren Sprachen der Lernenden können auch so in einem mehrsprachigen Mathematikunterricht aktiviert und vernetzt werden. „Meaning-Making is relational" (Barwell 2018a, S. 159), das bedeutet, dass das konzeptuelle Verstehen und die Vorstellungsentwicklung durch die Verknüpfung von Sprachen, Registern und Darstellungen in allen Sprachen der Lernenden stattfindet und parallel gefördert wird.

Obwohl also die weiteren Sprachen im Prinzip der Darstellungs- und Sprachebenenvernetzung bereits zu Beginn mitgedacht waren, ist diese Idee für eine Weiterentwicklung des Mehrspracheneinbezugs weiter auszuarbeiten (Prediger et al. (2016). Insbesondere betonen Prediger et al. (2019) und Kuzu (2019) die hohen Forschungsbedarfe, die Vernetzungsaktivitäten genauer zu untersuchen, weil auch für die Sprachen die Beziehung zwischen Sprachenwechsel (im bilingual-komplementären Modus oder im Code-Switching) und Sprachenvernetzung (im bilingual-konnektiven Modus, siehe Abbildung 2.2) genauer untersucht werden müssen.

3.2.2 Prinzip des Scaffolding mit fachlichem und sprachlichem Lernpfad

Um Darstellungsvernetzungsprozesse zu unterstützen, sollte ihre Planung im Rahmen sprachlicher Makro-Scaffolding-Maßnahmen verankert sein (Pöhler & Prediger 2015). Das Wort Scaffolding kommt vom englischen Ausdruck „Scaffold", übersetzt „Gerüst".

> „Mit Gerüsten sollen Lernende Sprach- und Denkhandlungen vollbringen, die sie ohne Stütze noch nicht bewältigen würden. Kurzfristig dient ein Scaffold also dazu, die Lernenden in ihrem sprachlichen Handeln zu *unterstützen*. Man spricht jedoch nur vom Scaffolding, wenn das mittelfristige Ziel der sukzessive Aufbau ist, also die Verinnerlichung und der Abbau des Gerüsts." (Prediger 2020b, S. 196).

In der Literatur zu Scaffolding wird zwischen der Planungsebene (Makroebene) und der Durchführungsebene (Mikroebene) von Scaffolding unterschieden (Gibbons 2002).

Diese Dissertation fokussiert die Planungsdimension und greift auf die Weiterentwicklung von Pöhler & Prediger (2015) für das Prinzip des Makro-Scaffolding mithilfe dualer, d. h. fachlicher und sprachlicher, eng verknüpfter Lernpfade zurück. Dazu werden fachliche und sprachliche Anforderungen zueinander in Beziehung gesetzt und ausgehend von den Vorerfahrungen und Vorwissen der Lernenden strukturiert.

Konkret bedeutet dies, die Lernenden bei ihren sprachlichen und mathematischen Vorerfahrungen abzuholen und zunächst alltagssprachliche Ressourcen in allen vorhandenen Sprachen zu mobilisieren. Daran angeknüpft erfolgt die Erarbeitung derjenigen bildungssprachlichen Mittel der *bedeutungsbezogenen Denksprache*, die für das Erklären Konzeptbedeutungen notwendig sind (siehe Abschnitt 2.3). Sie entstammen nur zum Teil dem bereits verfügbaren sprachlichen Repertoire der Lernenden und sollen für eine gemeinsame Verständigung auch zum gemeinsamen Repertoire ausgebaut werden. Da die sprachlichen Ressourcen im Prozess der Bedeutungskonstruktion ganzheitlich einbezogen werden und somit Sprachmittel für den Verständnisaufbau registerübergreifend aktiviert werden können (auch wenn in unterschiedlichen Momenten des Lehr-Lern-Prozesses und Ausprägung – siehe Abschnitt 3.2.2), ist eine Unterscheidung zwischen alltags-, bildungs-, sowie fachsprachlichen Sprachmitteln nur bedingt hilfreich, um die Sprachmittel zu identifizieren, die für den Verständnisaufbau relevant sind. In der empirischen Arbeit der Dortmunder MuM-Forschungsgruppe hat sich daher die Differenzierung zwischen *bedeutungsbezogenen* und *formal-bezogenen* Sprachmitteln etabliert (siehe Abschnitt 2.3.1 und Prediger 2022). Die *formalbezogenen Sprachmittel* umfassen die Mittel der Sprache (Lexik und Grammatik) im fachsprachlichen Register (Maier & Schweiger 1999; Roelcke 2010), die später für eine „weitgehend kontextfreie Verständigung über mathematische Konzepte, Zusammenhänge und Vorgehensweisen" (Prediger 2017, S. 244) wichtig sind. Sie werden im Laufe des Lernpfads an die etablierten *bedeutungsbezogenen Sprachmittel* angeknüpft. Die Unterscheidung zwischen formal- und bedeutungsbezogener Sprachmitteln will also nicht ausschließen, dass die *formalbezogenen* Sprachmittel auch als bedeutungstragend gelten können, vielmehr gehören „bedeutungs- und formalbezogene Sprachmittel beide in den Kern einer wohl verstandenen Fachsprache der Schulmathematik." (Prediger 2017, S. 244). Die Kraft steckt also in ihrem sukzessiven Aufbau und ihrer Vernetzung.

In der ursprünglichen Definition von bedeutungsbezogener Denksprache von Prediger (2017) werden auch graphische Darstellungsmittel, die nötig sind, um die Bedeutung von Konzepten, Zusammenhängen und Vorgehensweisen zu erklären, dazu gezählt (Prediger 2017, S. 245). In dieser Dissertation wird zwar anerkannt und vertreten, dass graphische Darstellungsmittel ebenfalls bedeutungstragend sein können, sie werden in den Analysen jedoch als eigene Kategorie behandelt. Der bereits definierte Begriff der *bedeutungsbezogenen Sprachmittel* bezieht sich dagegen in dieser Dissertation explizit nur auf lexikalische und syntaktische Mittel.

In Bezug auf den Mehrsprachigkeitseinbezug wird zu zeigen sein, dass weniger die formalbezogenen Sprachmittel der Familiensprachen für den Aufbau von Konzeptverständnis relevant sind als die bedeutungsbezogenen Sprachmittel möglichst vieler Sprachen.

3.2.3   Prinzip der reichhaltigen Diskursanregung

Der hier fokussierte sprachbildende Mathematikunterricht verfolgt das doppelte Ziel, einerseits den Aufbau von Konzeptverständnis zu ermöglichen (siehe Abschnitt 2.3), andererseits zum Aufbau der bildungssprachlichen Kompetenzen beizutragen, die für dieses mathematische Lernziel notwendig sind.

Gemäß der Output-Hypothese von Swain (1985) ist es für den Spracherwerb erforderlich, immer wieder Sprachproduktionen der Lernenden einzufordern. „Dabei kommt es jedoch nicht nur auf die Quantität der sprachlichen Äußerungen an, sondern auch auf deren diskursive Qualität. Lernförderlich für konzeptuelles Verständnis sind diskursiv anspruchsvolle Sprachhandlungen" (Prediger 2020a,

S. 193). Zu den diskursiv anspruchsvollen Sprachhandlungen gehört etwa das Erklären von Bedeutungen und das Begründen von Zusammenhängen (Erath et al. 2018). Die ersten beiden Prinzipien (Abschnitte 3.2.1 und 3.2.2) dienen dazu, von den Lernenden die diskursiv anspruchsvollen Sprachhandlungen nicht nur einzufordern, sondern auch darin zu unterstützen, sie zu vollziehen (Prinzip der Darstellungs- und Sprachebenenvernetzung) und die Kompetenz zur Teilhabe an den diskursiv anspruchsvollen Sprachhandlungen sukzessive aufzubauen (Prinzip des Makro-Scaffolding).

Die eingeführte Differenzierung zwischen bedeutungs- bzw. formalbezogenen Sprachmitteln auf lexikalischer und syntaktischer Ebene (Abschnitt 2.3.1) und ihre planerische Sequenzierung (Abschnitt 3.2.2) ist ein erster Schritt auf diesem Weg, denn das Potenzial der Sprachmittel für das Verständnis spezifischer Lerngegenstände entfaltet sich erst im Diskurs. Erst mit den entsprechenden diskursiv anspruchsvollen Sprachhandlungen werden zudem die Darstellungen auch explizit vernetzt.

Die Förderung des Konzeptverständnisses erfordert konzeptuell fokussierte reichhaltige Sprachhandlungen. Unterschiedliche empirische Studien konnten zeigen, dass in Klassen mit sozial benachteiligten Lernenden konzeptuelle Gespräche seltener als in Klassen mit sozial privilegierten Lernenden vorkommen (DiMe 2007; Setati 2005) und dass rein prozedural-fokussierte Sprachhandlungen zu wenig konzeptuelle Lerngelegenheiten umfassen.

Setati (2005) hat auch in Bezug auf mehrsprachige Lernende die hohe Relevanz der konzeptuell fokussierten Sprachhandlungen hervorgehoben (bei der Autorin *conceptual talk*), diesbezüglich unterscheidet sich ein mehrsprachigkeitseinbeziehender sprachbildender Unterricht also nur wenig von einsprachigem sprachbildendem Unterricht. Während einige Studien aufgezeigt haben, dass das Zulassen der Mehrsprachigkeit die Beteiligung von sprachlich schwachen Mehrsprachigen in reichhaltigen Sprachhandlungen erhöht (Moschkovich 2002), zeigen andere Studien, dass die Beteiligung an diskursiv anspruchsvollen Sprachhandlungen in beiden Sprachen erst gelernt werden muss, die Aktivierung aller sprachlichen Ressourcen dabei jedoch helfen kann (Prediger, Kuzu et al. 2019). Die relevante Prozessqualität besteht also darin, die Lernenden in den konzeptuellen Diskurs durch eine reichhaltige Diskursanregung einzubinden.

3.2.4 Prinzip der Formulierungsvariation und des Sprachenvergleichs

Der Kern des Prinzips der Formulierungsvariation und des Sprachenvergleichs ist es, Reflexionsanlässe durch Kontrastierung zu schaffen (Marton & Pang 2006): Bei der Formulierungsvariation werden die Lernenden durch die gezielte Variation und Kontrastierung von z. B. beziehungstragenden grammatischen Strukturen für sprachliche Feinheiten (Dröse & Prediger 2020) oder konzeptuelle Feinheiten (Zindel 2019) sensibilisiert. Neben dem Einbau von variierten Sprachmitteln, vornehmlich Satzbausteinen, werden Reflexionsaufträge eingeplant, die auf die Bedeutung dieser sprachlichen Variationen für die Mathematisierung des Lerngegenstands eingehen.

Das Prinzip der Variation ist in der chinesischen Mathematikdidaktik weit verbreitet (Bartolini Bussi et al. 2013; Huang et al. 2006; Sun 2011). Das Ziel dabei ist es, vor allem die Lernenden für ausgewählte Aspekte zu sensibilisieren. Wird es genutzt zur Förderung der Sprachbewusstheit, wird der syntaktischen Kontrast (Melzer 2013) genutzt (Dröse & Prediger 2020).

In Bezug auf den Mehrsprachigkeitseinbezug werden ebenfalls syntaktische Kontrastierungen genutzt, gemeint ist aber nicht nur der binnensprachliche syntaktische Kontrast, sondern auch der zwischensprachliche Kontrast durch Sprachenvergleich, der auf Bedeutungsunterschiede hinweist.

Der Sprachenvergleich bezieht sich auf die Kontrastierung von Sprachmitteln aus unterschiedlichen Sprachen. Der Vergleich von Sprachen kann in verschiedenen Ansätzen mit verschiedenen Zielsetzungen erfolgen:

- Wenn eine bestimmte Sprache einen „leicht" anderen Zugang auf mathematische Konzepte bietet bzw., wenn eine Sprache eine Bedeutungsnuance mit sich bringt, welche zum facettenreichen Konzeptverständnis beitragen kann (Kuzu 2019).
- Wenn in Übersetzungsprozessen Ausgangs- und Zielsprache kontrastiert werden. Das Übersetzen von bedeutungsbezogenen Sprachmitteln und vor allem von Sprachmitteln, die kein direktes Pendant in der zu übersetzenden Sprache haben, können einen Prozess des mehrsprachigen Aushandelns auslösen, der das Durchdringen des Lerngegenstands begünstigt.
- Wenn mehrsprachige Sprachmittel mit der „gleichen" Bedeutung aus strukturellen Gesichtspunkten kontrastiert werden, um die Wahrnehmung und Reflexion von inhaltlichen Unterschieden und Gemeinsamkeiten anzuregen.

Fachliche und sprachliche Spezifizierung des Lerngegenstands proportionale Zusammenhänge

4

Um die Frage nach dem lernförderlichen Einbezug von Mehrsprachigkeit im Mathematikunterricht nachzugehen, muss sie an einem spezifischen Lerngegenstand konkretisiert werden. Dazu wird in Studie 2 der vorliegenden Arbeit auf den Lerngegenstand des proportionalen Denkens fokussiert. Nachdem die begrifflichen und konzeptionellen Grundlagen zu Mehrsprachigkeit in Kapitel 1 und die unterrichtlichen Ansätze zum sprachbildenden und zum mehrsprachigkeitseinbeziehenden Mathematikunterricht in Kapitel 3 ausgeführt wurden, werden in Kapitel 4 die fachlichen (Abschnitt 4.1) und sprachlichen Anforderungen (Abschnitt 4.2) des Lerngegenstands der proportionalen Zusammenhänge spezifiziert. Diese bilden die Grundlage, um die Lernziele im dualen Lernpfad (Abschnitt 10.1) lerngegenstandspezifisch zu bestimmen und den Lerngegenstand strukturieren zu können.

4.1 Mathematikdidaktische Hintergründe zu proportionalen Zusammenhängen

4.1.1 Charakterisierung proportionalen Denkens und proportionaler Zusammenhänge

Proportionales Denken als Grundlage für das Verständnis proportionaler Zusammenhänge

Aufgrund seiner Relevanz im alltäglichen Leben und seiner Bedeutung als Verstehensgrundlage anderer Themenbereiche (Vergnaud 1988) stellt das proportionale Denken einen der wichtigsten Inhalte der Sekundarstufe dar. Dieser wurde bereits breit fachdidaktisch untersucht (Hino & Kato 2019; Lamon 2007; Lanius &

Á. Uribe, *Mehrsprachigkeit im sprachbildenden Mathematikunterricht*, Dortmunder Beiträge zur Entwicklung und Erforschung des Mathematikunterrichts 53, https://doi.org/10.1007/978-3-658-46054-9_4

Williams 2003; Wessel & Epke 2019). Das proportionale Denken umfasst das Verstehen und den verständigen Umgang mit proportionalen Zusammenhängen, also die Fähigkeit, proportionale Situationen zu erkennen, zu erklären und zu interpretieren, bzw. die multiplikativen Beziehungen in proportionalen Situationen zu erfassen und zu nutzen. Es handelt sich dabei um ein vernetztes Fähigkeitsnetz mit immer ausgefeilterem multiplikativen Denken und die Kompetenz, zwei Größen aus einer relativen (multiplikativen) statt einer absoluten (additiven) Sicht zu vergleichen. Proportionales Denken ist damit eine Voraussetzung für die Erfassung von Kontexten und Anwendungen der Proportionalität auch im abstrakteren, funktionalen Sinne (Lamon 2007).

Auf diese Weise ist proportionales Denken ein Teil des *„multiplikativen konzeptuellen Feldes"* (Vergnaud 1996, S. 231). Ein konzeptuelles Feld wird von Vergnaud (1996) als eine Reihe von Situationen definiert, die zusammen mit bestimmten Konzepten zu einem gemeinsamen Bereich gehören. Bei dem multiplikativen konzeptuellen Feld handelt es sich also um ein Netz unterschiedlicher in Beziehung stehender Begriffe, die eine gemeinsame multiplikative Struktur aufweisen: Multiplikation, Division, Brüche, rationale Zahlen sowie Proportionen gehören zum selben begrifflichen Feld.

Das multiplikative Denken bildet demgemäß die Grundlage des proportionalen Denkens und dieses seinerseits der Proportionalität, so dass das multiplikative Denken das verbindende Glied ist, welches eine hervorzuhebende Bedeutung für das Verständnis proportionaler Zusammenhänge hat (Lanius & Williams 2003).

Proportionales Denken erfordert die Fähigkeit, multiplikative Vergleiche zwischen Größen herzustellen. Diese wird nicht entwickelt, indem Lernende auswendig gelernte Prozeduren und Algorithmen anwenden (Lamon 2005). Viele Menschen, die kaum proportionales Denken entwickelt haben, kompensieren diese Verständnislücke durch die Benutzung von Regeln. Dies wird gefördert durch einen stark prozeduralen Schwerpunkt des Unterrichts mit Schwerpunkt auf Rechenstrategien im Umgang mit proportionalen Situationen ohne Förderung des proportionalen Denkens, obwohl sich dieser als Lerngegenstand zur diskursiven Anregung eignet. Dies bestätigen Wessel & Epke (2019), die eine Forschungslücke bezüglich der Erforschung von sprachbildenden Zugängen auf den Lerngegenstand des proportionalen Denkens aufzeigen.

Die vorliegende Studie trägt zur Verkleinerung dieser Forschungslücke bei, indem ein Lehr-Lern-Arrangement im Sinne des sprachbildenden Ansatzes als Grundlage für den epistemisch-fruchtbaren Einbezug mehrsprachiger Ressourcen entwickelt wird und die dabei angeregten Lernprozesse mit einem epistemischen Fokus analysiert werden.

Definition proportionaler Zusammenhänge

Bei proportionalen Zusammenhängen sind zwei Größenbereichen gegeben sowie eine gewisse Beziehung „von besonders einfachem Charakter" (Kirsch 1969) zwischen ihnen. In vielzähligen Alltagsituationen ist eine solche Beziehung bzw. eine Abbildung φ (meist von $\mathbb{R}$ nach $\mathbb{R}$, von einem Größenbereich auf den zweiten Größenbereich) gegeben, bei der (später zu konkretisierende) Eigenschaften gelten. Beispielsweise stellen Verkaufssituationen, bei denen der Preis nur nach Gewicht, aber ohne Nachlässe, berechnet wird, einen proportionalen Zusammenhang dar (als Abbildung von Gewicht zu Preis), so dass dabei $\varphi(rA) = r\varphi(A)$ gilt.

Eine Proportionalität definiert Kirsch (1969) als eine Eigenschaft der Abbildung φ, d. h., sie ist keine Eigenschaft von Größenpaaren oder Paaren von Größenbereichen, sondern eine Eigenschaft der jeweils vorliegenden Beziehung zwischen ihnen. Sprachlich präzisiert Kirsch (1969): „Es müsste also heißen: Die (in der betreffenden Situation vorliegende) Beziehung zwischen den Größenbereichen ist eine Proportionalität" (Kirsch 1969, S. 80) und nicht wie üblicherweise „die Größen sind proportional". Kirsch legt damit also bereits einen Fokus auf Sprache, ohne allerdings zu fordern, dass die Lernenden sich selbst in dieser formalbezogenen Präzision artikulieren können. Noch wenig explizit untersucht er, mit welcher Sprache Lernende die mathematischen Zusammenhänge hinreichend präzise erfassen können.

Lamon (2007) definiert die Proportionalität als die zugrundeliegende Struktur einer Situation, in der ein konstantes gemeinsames Wachstum zwischen zwei kovariierenden Größenbereiche besteht. In dieser Definition von Lamon (2007) wird wie bei Kirsch (1969) die Zuordnungsvorstellung zugrunde gelegt und zusätzlich die Kovariationsvorstellung adressiert.

Zusammenfassend lässt sich sagen, dass die Proportionalität einen spezifischen funktionalen Zusammenhang zwischen zwei Größenbereichen darstellt, welcher feste multiplikative Strukturen beinhaltet. Eine lineare Funktion $x \mapsto a \cdot x + b$ mit $b = 0$, also eine Funktion $f : \mathbb{R} \mapsto \mathbb{R}, x \mapsto a \cdot x$ mit $a \in \mathbb{R} \backslash \{0\}$, heißt proportionale Funktion.

Grundvorstellungen zu proportionalen Zusammenhängen

In der deutschsprachigen Mathematikdidaktik werden Grundvorstellungen als Standardinterpretationen mathematischer Begriffe verstanden. Sie bilden wichtige Bestandteile für die individuelle Begriffsbildung durch die Lernenden (vom Hofe 1996). Lernprozesse zielen auf den Aufbau von intendierten Grundvorstellungen zu spezifischen Lerngegenständen, die aus verschiedenen Verstehenselemente zu einem vernetzten Konzeptverständnis zusammengesetzt sind (Hiebert & Carpenter 1992).

Ein Konzeptverständnis zu proportionalen Zusammenhängen setzt zunächst die allgemeinen Grundvorstellungen von funktionalen Zusammenhängen voraus: 1) Zuordnung; 2) Kovariation; 3) Funktion als Ganzes, d. h. als vollständiges, globales Objekt (Malle 2000; Vollrath 1989).

- Mit der *Zuordnungsvorstellung* wird die invariante Beziehung zwischen zwei Größen angesprochen. Jedem Element der Definitionsmenge wird jeweils genau ein Element der Wertemenge zugeordnet, $f : x \mapsto f(x)$. Bei proportionalen Zusammenhängen erhält man $f(x)$ durch Multiplikation von x mit einem festen Wert a: $f(x) = a \cdot x$.
- Mit der *Kovariationsvorstellung* wird die gemeinsame Veränderung beider Größen fokussiert. Kovariation bedeutet „Miteinander-Variieren". Wenn x verändert wird, so ändert sich $f(x)$ in einer bestimmten Weise. In proportionalen Zusammenhängen wirkt sich die Änderung der Ausgangsgröße (erste Größe) auf die von ihr abhängige Größe (zweite Größe) so aus, dass die Ver-n-fachung der ersten Größe stets eine Ver-n-fachung der zweiten Größe bewirkt. In Kovariationsperspektive erfolgt bei proportionalen Zusammenhängen pro Portion einer Größe immer ein gleiches additives Wachstum der anderen Größe.
- Die Grundvorstellung der *Funktion als Ganzes* bezieht sich auf die globale Betrachtung der Funktion und ihre Eigenschaften. Bei proportionalen Zusammenhängen lassen sich im Vergleich mit anderen Arten von Wachstum die typischen Eigenschaften am schnellsten im Graphen erkennen.

Sowohl die lokale bzw. statische Betrachtung der Beziehung zweier Größen (Zuordnung), deren Werte variieren, als auch die globalere bzw. dynamische Sichtweise auf ihre gleichmäßige Veränderung (Kovariation) stellen sich als relevant im Prozess der Bedeutungskonstruktion zu proportionalen Zusammenhängen heraus (Malle 2000). Beide Grundvorstellungen sind außerdem entscheidend, um ein globales Bild über proportionale Funktionen und ihre festen Merkmale zu erlangen.

Eigenschaften proportionaler Zusammenhänge
Im Sinne des Konstrukts der Grundvorstellungen lassen sich die Eigenschaften proportionaler Zusammenhänge in Zuordnungs- und Kovariationsperspektive unterscheiden (Heiderich 2018). Diese fachlich und sprachlich zu entflechten, ist

Voraussetzung, um den Lerngegenstand für den sprachbildenden Mathematikunterricht sinnvoll zu strukturieren (Pöhler & Prediger 2015). Die Eigenschaften können aus der Definition proportionaler Zusammenhänge abgeleitet werden: Die Funktionsgleichung einer proportionalen Funktion hat die Form $f(x) = a \cdot x$. Der Zusammenhang zwischen zwei Größenbereichen ist proportional, wenn sich die zweite Größe als Produkt der ersten Größe mit einem festen Faktor a darstellen lässt, dabei ist $a = f(1)$.

In Zuordnungsperspektive ist diese Charakterisierung äquivalent dazu, dass proportionale Funktionen $f : \mathbb{R} \mapsto \mathbb{R}$ folgende Eigenschaften erfüllen:

Verhältnisgleichheit: $\frac{f(x_1)}{f(x_2)} = \frac{x_1}{x_2}$ für alle $x_1, x_2 \in \mathbb{R}$; $x_2 \neq 0$ und $f(x_2) \neq 0$

Quotientengleichheit: $\frac{f(x_1)}{x_1} = \frac{f(x_2)}{x_2} = f(1)$ für alle $x_1, x_2 \in \mathbb{R}$; $x_2 \neq 0$ und $f(x_2) \neq 0$

In der Quotientengleichheit werden die Werte unterschiedlicher Größenbereiche zueinander in Beziehung gesetzt, was laut Vergnaud (1996) als intuitiver erweist als mit Werten derselben Größenbereiche zu vergleichen. Der gleichbleibende Quotient entspricht dem festen Faktor a. Wie später zu zeigen sein wird, lässt sich die Quotientengleichheit auch sprachlich flexibler ausdrücken, so dass ihre flexible Versprachlichung zum Aufbau von Konzeptverständnis einen Beitrag leisten kann.

Eine weitere Eigenschaft proportionaler Zusammenhänge in Zuordnungsperspektive ist der Startwert in Null:

Startwert Null: $f(0) = 0$

Liegt der Schwerpunkt nicht bei der Zuordnung, sondern bei der Veränderung, können die Eigenschaften proportionaler Zusammenhänge in Kovariationsperspektive herausgearbeitet werden. Wichtige Eigenschaften betreffen die multiplikativen und additiven Änderungen, darunter fallen jeweils die Vervielfachungs- („Wenn eine Größe verdoppelt wird, dann wird die andere Größe auch verdoppelt.") und die Additionseigenschaft („Wenn ich zwei Ausgangsgrößen addiere, dann kann ich auch ihren zugeordneten Wert durch Addition erhalten."). Die additive Änderung kann sowohl im Allgemeinen $f(x_2) = f(x_1 + \Delta x) = f(x_1) + a \cdot \Delta x$, als auch durch die Erfassung des Proportionalitätsfaktors a als konstante Änderung pro Portion bzw. pro Schritt (wenn x um 1 erhöht wird) $f(x + 1) = f(x) + a$ („Pro Portion kommt immer das Gleiche hinzu.") ausgedrückt werden. Allgemeiner ergibt sich:

Additionseigenschaft: $f(x_1 + x_2) = f(x_1) + f(x_2)$ für alle $x_1, x_2 \in \mathbb{R}$

Vervielfachungseigenschaft: $f(r \cdot x) = r \cdot f(x)$ für alle $r, x \in \mathbb{R}$

Heiderich (2018) zeigt in ihrer empirischen Studie ausführlich, dass der Übergang von additiven zu multiplikativen Eigenschaften für viele Lernende keineswegs trivial ist, während die additive Eigenschaft in Tabellen gut erkennbar ist, scheitert der Übergang zur Vervielfachungseigenschaft oft am Multiplikationsverständnis.

4.1.2   Strategien im Umgang mit proportionalen Zusammenhängen

Solide aufgebaute Grundvorstellungen sowie die reichhaltige Erkundung der Eigenschaften proportionaler Zusammenhänge stellen die Voraussetzung dar, um Rechenstrategien flexibel und verstehensorientiert anzuwenden. Eine Reihe von Rechenstrategien können auf diese Weise aus den aufgeführten Eigenschaften proportionaler Zusammenhänge abgeleitet werden.

Der klassische Dreisatz, d. h. die Rechnungen über den Wert für eine Portion, lässt sich aus der Idee der Quotientengleichheit herleiten. Die Anwendung von a als Operator durch die Operatormethode, beruht auf die Erfassung des Proportionalitätsfaktors als Konstante. Das flexible Hoch- und Runterrechnen wird durch die Vervielfachungseigenschaft und das Zusammenrechnen durch die Additionseigenschaft ermöglicht. Im englischsprachigen Raum ist außerdem die Aufstellung von Verhältnisgleichungen und ihre Lösung durch kreuzweise Multiplikation eine gängige Lösungsstrategie (Lamon 2007).

Andere Verfahren beziehen sich auf die geschickte Bündelung beider Größen, um Einheiten zu bilden, die es ermöglichen, flexibel über gegebene Anzahlen von Dingen in bestimmten Sachverhalten nachzudenken:

> „[...] one of the most salient differences between proportional reasoners and nonproportional reasoners is that the proportional reasoners are adept at building and using composite extensive units and that they make decisions about which unit to use when choices are available, choosing more composite units when they are more efficient than using singleton units." (Lamon 1996, S. 170).

Eigenschaften und dazu passende Strategien werden in der Tabelle 4.1 nach Zuordnungs- und Kovariationsperspektive aufgeführt (in Anlehnung an Wessel & Epke 2019). Um im Sinne eines sprachbildenden Ansatzes die benötigten Sprachmittel für proportionale Zusammenhänge zu konkretisieren, wird die Tabelle 4.1

außerdem durch die Versprachlichung der Eigenschaften und Strategien sowohl formal als auch bedeutungsbezogen angereichert. In Abschnitt 2.3.1 ist der Unterschied zwischen formal und bedeutungsbezogenen Sprachhandlungen theoretisch expliziert.

Die Eigenschaften werden jeweils exemplarisch formalbezogen als Charakterisierung formuliert („Ein Zusammenhang ist proportional, wenn...") und bedeutungsbezogen zum Prüfen im Sachkontext genutzt („Dieser Zusammenhang ist proportional, denn..."), auch wenn eine bedeutungsbezogene allgemeine Charakterisierung denkbar wäre. Die Strategien zur Ermittlung eines fehlenden Wertes werden jeweils formalbezogen allgemein und bedeutungsbezogen konkret formuliert. Es wird das Spektrum unterschiedlicher Versprachlichungen und den Zusammenhang von Eigenschaft und Nutzung der Eigenschaft in einer Ermittlungsstrategie gezeigt.

4.1.3   Darstellungen proportionaler Zusammenhänge

Um proportionale Zusammenhänge darzustellen und daran die Eigenschaften der Proportionalität zu erkunden, eignen sich die symbolischen, tabellarischen, verbalen und graphischen Darstellungen für den Funktionsbegriff (Allmendinger et al. 2013; Duval 2006). Die Darstellungen helfen dabei, die Zusammenhänge zu visualisieren und diese zu versprachlichen.

In Bezug auf proportionale Zusammenhänge sind neben der symbolischen Darstellung die Tabelle, der Funktionsgraph und der doppelte Zahlenstrahl die wichtigsten Darstellungen. In Tabelle 4.1 ist bereits jeweils mit aufgeführt, wie mit ihrer Hilfe die jeweiligen Eigenschaften und davon abgeleiteten Strategien dargestellt werden können. Während Tabelle und Funktionsgraph in allen deutschen Schulbüchern vorkommen, wird der doppelte Zahlenstrahl deutlich seltener benutzt, obwohl er sich in anderen Ländern bewährt hat (Küchemann et al. 2011). Der doppelte Zahlenstrahl wird hier insbesondere als Unterstützung im Prozess der Versprachlichung multiplikativer Strukturen eingeführt. Am doppelten Zahlenstrahl ist es möglich die Bildung verschiedener neuer Einheiten darzustellen und sie für die Koordinierung zweier Größen zu benutzen (Hino & Kato 2019), wie im Folgenden genauer zu zeigen sein wird.

Tabelle 4.1   Eigenschaften proportionaler Zusammenhänge mit zugehörigen Strategien

Zuordnungsperspektive

Eigenschaften	Strategien
Zuordnungs-Definition	*Operatormethode über den festen Faktor*

Symbolische Darstellung:
$f(x) = a \cdot x$

Graphische Darstellung:

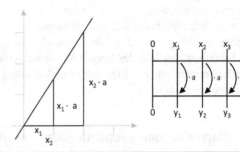

Formalbezogene Versprachlichung der allgemeinen Eigenschaft:	Formalbezogene Versprachlichung der Bestimmungsstrategie:
Ein Zusammenhang zwischen zwei Größen ist proportional, wenn sich jeder Wert der zweiten Größe als Produkt des zugehörigen Wertes der ersten Größe mit einem festen Faktor a darstellen lässt.	Der Zusammenhang ist proportional, daher kann ich die erste Größe mit dem festen Faktor a multiplizieren, um den zugehörigen Wert der zweiten Größe zu erhalten. Ich dividiere die zweite Größe durch den festen Faktor a, um den zugehörigen Wert der ersten Größe zu erhalten.
Bedeutungsbezogene Versprachlichung eines Beispiel-Zusammenhangs:	Bedeutungsbezogene Versprachlichung der Strategie für den Beispiel-Zusammenhang:
Dieser Zusammenhang vom Gewicht und Preis ist proportional, denn der Preis ist immer das Dreifache des Gewichts. Der Preis pro Kilogramm beträgt immer 3 €.	Der Kilopreis ist immer 3 € pro Kilo, der Zusammenhang ist also proportional. Um den Preis zu berechnen, kann ich somit pro Kilogramm 3 € nehmen, z. B.: 12 kg kosten $12 \cdot 3€/\mathrm{kg} = 36$ €.
Quotientengleichheit	*Quotientengleichung (verknüpft mit Dreisatz)*

Symbolische Darstellung:
$$\frac{f(x_1)}{x_1} = \frac{f(x_2)}{x_2} = f(1) = a$$

(Fortsetzung)

Tabelle 4.1 (Fortsetzung)

Zuordnungsperspektive

Eigenschaften	Strategien

Graphische Darstellung:

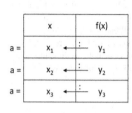
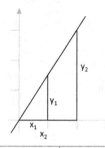
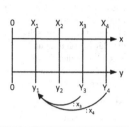

Formalbezogene Versprachlichung der Eigenschaft: Ein Zusammenhang ist proportional, wenn der Quotient, der sich aus der Division der zweiten Größe durch den entsprechenden Wert der ersten Größe ergibt, immer gleich bleibt. D. h., dass das Ergebnis immer dieselbe Zahl ist, die dem festen Faktor a entspricht.	*Formalbezogene Versprachlichung der Strategie:* Der Zusammenhang ist proportional, daher kann ich $f(x_2)$ mit Dreisatz ermitteln: Ich dividiere $f(x_1)$ durch x_1, um den Wert $f(1)$ zu finden. Wenn ich $f(1)$ mit x_2 multipliziere, erhalte ich $f(x_2)$, den gesuchten Wert.
Bedeutungsbezogene Versprachlichung eines Beispiel-Zusammenhangs: Dieser Zusammenhang vom Gewicht und Preis ist proportional, denn 9 € auf 3 kg verteilt, ergibt das Gleiche wie 6 € auf 2 kg verteilt. Der Preis pro Kilogramm ist somit immer gleich.	*Bedeutungsbezogene Versprachlichung der Strategie für den Beispiel-Zusammenhang:* Der Zusammenhang von Gewicht und Preis ist proportional. Wenn ich den Preis für 2 kg wissen will, kann ich also erst den Preis pro Kilo bestimmen, indem ich den Preis 9 € auf die 3 Kilogramm verteile. Dann weiß ich, wie viel ich pro Kilogramm (also für jedes einzelne Kilogramm) zahlen muss und kann es für 2 kg hochrechnen.

Verhältnisgleichheit	*Verhältnisgleichung auflösen*

Symbolische Darstellung:

$$\frac{x_1}{x_2} = \frac{f(x_1)}{f(x_2)}$$

Formalbezogene Versprachlichung der Eigenschaft: Ein Zusammenhang ist proportional, wenn zwei Werte der ersten Größe immer in demselben Verhältnis zueinander stehen wie ihre zugehörige Werte der zweiten Größe.	*Formalbezogene Versprachlichung der Strategie:* Der Zusammenhang ist proportional, daher kann ich eine Gleichung aufstellen, in der ich das Verhältnis zweier Werte der ersten Größe mit dem Verhältnis der jeweiligen Werte der zweiten Größe gleichsetze. Um $f(x_2)$ zu ermitteln, löse ich die Gleichung nach $f(x_2)$ auf.

(Fortsetzung)

Tabelle 4.1   (Fortsetzung)

Zuordnungsperspektive

Eigenschaften	Strategien
Bedeutungsbezogene Versprachlichung eines Beispiel-Zusammenhangs: Dieser Zusammenhang vom Gewicht und Preis ist proportional, denn die Preise und die Gewichte stehen im selben Verhältnis: 3 kg ist die Hälfte von 6 kg und 9 € ist die Hälfte von 18 €. Wenn dies für alle Wertepaare gilt, besteht zwischen Gewicht und Preis eine Proportionalität.	*Bedeutungsbezogene Versprachlichung der Strategie für den Beispiel-Zusammenhang:* Dieser Zusammenhang ist proportional, daher stehen die beiden Preise und die beiden Gewichte in demselben Verhältnis. Wenn ich den Preis für 6 kg kenne und den Preis für 3 kg suche, sehe ich, dass das halb so viel sind, also muss ich auch den Preis halbieren. Von 18 € ist 9 € die Hälfte.

Kovariationsperspektive

Eigenschaften	Strategien
Additive Änderung pro Schritt	*Schrittweises Addieren mit einer Portion*

Symbolische Darstellung:
$f(x+1) = f(x) + a$

Graphische Darstellung:

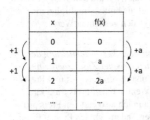 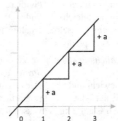 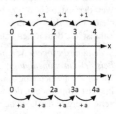

Formalbezogene Versprachlichung der Eigenschaft: Ein Zusammenhang ist proportional, wenn sich beide Größen gleichmäßig ändern. D. h., wenn man einen Wert der ersten Größe um eins erhöht, dann erhöht sich der Wert der zweiten Größe ermittelt immer um denselben Summanden a.	*Formalbezogene Versprachlichung der Strategie:* Der Zusammenhang ist proportional, daher kann ich $f(x+1)$ ermitteln, indem ich $f(x) + a$ rechne, also a hinzuaddiere. Diese Strategie kann ich mehrmals hintereinander anwenden.
Bedeutungsbezogene Versprachlichung eines Beispiel-Zusammenhangs: Dieser Zusammenhang ist proportional, denn immer, wenn ich ein Kilogramm hinzunehme, dann wird es um 3 € teurer. Pro eine 1er-Portion (hier: pro Kilo) der ersten Größe erhöht sich die zweite Größe um einen festen Zuwachs.	*Bedeutungsbezogene Versprachlichung der Strategie für den Beispiel-Zusammenhang:* Dieser Zusammenhang ist proportional, d. h., wenn ich das Gewicht in 1er-Schritten hochzähle, dann verändert sich der Preis in 3er-Schritten.

(Fortsetzung)

Tabelle 4.1   (Fortsetzung)

Zuordnungsperspektive

Eigenschaften	Strategien
Additionseigenschaft	*Zusammen- oder Minusrechnen*

Symbolische Darstellung:
$f(x_1) + f(x_2) = f(x_1 + x_2)$

Formalbezogene Versprachlichung der Eigenschaft: Der Zusammenhang ist proportional, wenn er folgende Bedingung erfüllt: Wenn man zwei beliebige Größen addiert, dann erhält man dasselbe Ergebnis wie bei der Ermittlung des zugehörigen Wertes der zweiten Größe zur Summe der beiden Werte der ersten Größe.	*Formalbezogene Versprachlichung der Strategie:* Der Zusammenhang ist proportional, daher kann ich den Wert einer zusammengesetzten ersten Größe $x_1 + x_2$ durch Addition von $f(x_1)$ und $f(x_2)$ bestimmen.
Bedeutungsbezogene Versprachlichung eines Beispiel-Zusammenhangs: Dieser Zusammenhang ist proportional, denn wann immer ich zwei verschiedene Gewichte zusammennehme, dann ist der Preis des zusammengefassten Gewichts dasselbe, wie wenn die zwei Gewichte einzeln berechnet worden wären.	*Bedeutungsbezogene Versprachlichung der Strategie für den Beispiel-Zusammenhang:* Der Zusammenhang ist proportional, daher kann ich den Preis für 15 kg ermitteln, wenn ich den Preis für 6 kg und den Preis für 9 kg zusammennehme.
Vervielfachungseigenschaft	*Flexibles Hoch- und Runterrechnen:* *(Dreisatz als Spezialfall)*

Symbolische Darstellung:
$f(n \cdot x) = n \cdot f(x)$

| *Formalbezogene Versprachlichung der Eigenschaft:* Der Zusammenhang ist proportional, wenn eine Ver-n-fachung der ersten Größe auch zur Ver-n-fachung der zweiten Größe führt. | *Formalbezogene Versprachlichung der Strategie:* Der Zusammenhang ist proportional, daher kann ich neue Werte finden, indem ich sie als Vielfache oder Teiler von bekannten Werten ermittle. Danach multipliziere oder dividiere ich diese mit demselben Faktor bzw. durch den gleichen Divisor auf beiden Seiten der Tabelle, um den gesuchten Wert zu finden *Klassischer Dreisatz als Spezialfall* Ich dividiere die bekannten Werte jeweils durch den Wert der ersten Größe, um den zu 1 gehörigen Wert der zweiten Größe zu erhalten. Danach multipliziere ich den erhaltenen Wert mit dem Wert der ersten Größe der gesuchten zweiten Größe. |

(Fortsetzung)

Tabelle 4.1   (Fortsetzung)

Zuordnungsperspektive	
Eigenschaften	Strategien
Bedeutungsbezogene Versprachlichung eines Beispiel-Zusammenhangs: Dieser Zusammenhang ist proportional, denn z. B. das Dreifache eines bestimmten Preises ergibt das Dreifache des entsprechenden Preises. Das gilt für jede Vervielfachung. *ODER:* Dieser Zusammenhang ist proportional, denn zu jedem Kilogramm gehört ein Preis-Bündel (hier von 3 €). Zum Beispiel, wenn ich 17 Kilogramm-Bündel kaufe, dann gehören dazu 17 Preis-Bündel von 3 €, also 17 · 3 €.	*Bedeutungsbezogene Versprachlichung der Strategie für den Beispiel-Zusammenhang:* Dieser Zusammenhang ist proportional. Wenn ich den Preis für das doppelte eines Gewichtes finden soll, von dem ich den Preis kenne, muss ich diesen bekannten Preis verdoppeln, um auf das Ergebnis zu kommen. *ODER:* Dieser Zusammenhang ist proportional, daher gehören zu jedem Kilogramm ein Preis-Bündel (hier von 3 €). Wenn ich 17 Kilogramm-Bündel kaufe, dann gehören dazu 17 Preis-Bündel von 3 €, also kosten diese 17 · 3 €.

4.2   Sprachliche Anforderungen proportionaler Zusammenhänge: Bündeln als Verstehenskern und sprachlicher Schlüssel

Den ausgeführten Eigenschaften der Proportionalität liegen multiplikativen Strukturen zugrunde, die sich mathematikdidaktisch durch das Zählen in Bündeln ausdrücken lassen. „Bündeln" bezeichnet das Zusammenfassen von Elementen einer vorgegebenen Menge zu gleich großen Gruppen bzw. Gruppierungen (Lamon 1996; Prediger 2019a; Steffe 1994). Dabei können die Bündel unterschiedlich groß sein, im dezimalen Stellenwertsystem wird stets mit Zehnern gebündelt, in anderen Kontexten jedoch vielfältiger, z. B. wenn sich Kinder in Dreierreihen aufstellen.

Die Idee des Bündelns ist von großer Bedeutung auch im Kontext proportionaler Zusammenhänge, denn sie ermöglicht Flexibilität im Umgang mit dem Zusammenhang der beteiligten Größen (Lamon 1996). Die Eigenschaften proportionaler Zusammenhänge ermöglichen das Bündeln in flexiblen Einheiten, ohne dass der Zusammenhang bzw. der feste Faktor sich ändert. Aufgrund der Vervielfachungseigenschaft gilt außerdem die fortgesetzte Bündelung, indem sukzessive weiter gebündelt werden kann: Gezählt wird zunächst in Bündeln der ersten Größe und davon abhängig in zugehörigen Bündeln der zweiten Größe.

Die Idee des Bündelns und ihre Versprachlichung in z. B. „drei 5er" gilt als ein Schlüssel, um multiplikative Strukturen zu verstehen, dies haben andere

Arbeiten zum sprachbildenden Unterricht zum Multiplikationsverständnis nach-gewiesen (Prediger 2019a; Prediger & Dröse 2021). Daher wird für diese Arbeit davon ausgegangen, dass die Idee des doppelten Bündelns und ihre Versprach-lichung auch für ein tiefgreifendes Verständnis proportionaler Zusammenhänge entscheidend ist, die sich auch bereits für den verstehensbezogenen Umgang mit Prozenten bewährt hat (Kuhl et al. 2022).

Die Sprache der Bündel zur inhaltlichen Deutung der Multiplikation lässt sich auch über die etymologische Bildung des Wortes Proportionalität ableiten (Berlin-Brandenburgische Akademie der Wissenschaften o. J.):

Das Wort Proportionalität stammt vom spätlateinischen Wort proportiona-litas (commensus ∼ relative Maße). Proportion ist eine Entlehnung aus dem lateinischen prōportio (Genitiv prōportiōnis) „Ebenmaß, ähnliches Verhältnis", wiederum aus dem lateinischen prō portiōne.

Pro als Präposition bedeutet „jeweils, je, für jede einzelne Person oder Sache", als Adverb bedeutet es „dafür". Sucht man im digitalen Wörterbuch der deut-schen Sprache (https://www.dwds.de/) nach der Bedeutungsangabe von pro als Präposition, findet man Folgendes: „Verweist bei der Aufteilung einer Menge auf eine Grundeinheit". Portion ihrerseits stammt aus dem lateinischen portio (Genitiv portiōnis) „Abteilung, zugemessener Teil, Anteil, Verhältnis, Proporti-on" und wurde ins frühneuhochdeutsch als Portz (Ende 15. Jh.) und danach als Portion (16. Jh.) übernommen. Das lateinische portio stammt aus der Fügung prō portiōne „dem Anteil, dem Verhältnis entsprechend, nach dem Verhältnis der Teile zueinander", die wohl durch Vokalassimilation aus prō *partiōne hervorgegangen ist. Lateinische *partio „Teilung" ist dann als Verbalabstraktum zu lateinischen partīre bzw. partīrī „teilen, trennen, zuteilen" aufzufassen, das seinerseits von lateinischen pars (Genitiv partis) „Teil, Anteil" abgeleitet ist.

Auf die ursprüngliche etymologische Bedeutung zurückgehend, steckt also im Wort Proportionalität die Aktion des Teilens und des Wiederbündels in relativer Perspektive zum Ganzen, und genau darin lässt sich der inhaltliche Kern der Proportionalität didaktisch rekonstruieren.

Die Spezifizierung des Lerngegenstands der proportionalen Zusammenhänge schafft eine gegenstandspezifische fachliche und fachdidaktische Grundlage für die Umsetzung der in Kapitel 2 und 3 vorgestellten theoretischen Konstrukte in den Mathematikunterricht. Im nachfolgenden Kapitel 5 werden auf der Basis dieser umfassenden theoretischen Grundlegung der Forschungskontext sowie das Vorgehen der Dissertation detailliert erläutert.

Forschungskontext und Überblick zum methodischen Vorgehen des Dissertationsprojekts   5

In Übereinstimmung mit den Prinzipien eines sprachbildenden Unterrichts legt diese Arbeit den Fokus auf die Aktivierung und Nutzung der individuellen Ressourcen sowie Alltags- und Vorerfahrungen der Lernenden (siehe Abschnitt 3.2). Hierbei wird insbesondere Wert darauf gelegt, an die Sprachen und sprachlich gebundenen Erfahrungen der Lernenden anzuknüpfen, um die Bedeutungskonstruktion zu fördern, d. h., die ganzheitlichen sprachlichen Repertoires der Lernenden als *„sources of meaning"* (Barwell 2018a, S. 155) zu nutzen.

Die Aktivierung dieser Ressourcen bringt sowohl kommunikative als auch epistemische Chancen mit sich (Barwell et al. 2016), stellt allerdings zugleich eine nicht zu unterschätzende Herausforderung für Lehrkräfte dar, da viele Klassen an deutschen Schulen von hoher sprachlicher Heterogenität geprägt sind. Diese Heterogenität bietet ein Potenzial zur Aktivierung vielfältiger Ressourcen (Barwell 2018a; Planas 2018), es bedeutet jedoch auch, dass die Lernenden untereinander und mit der Lehrkraft nur teilweise dieselben Sprachen teilen, was die Erschließung dieser Ressourcen herausfordernd macht (Meyer et al. 2016).

Welche Ressourcen tatsächlich wie aktivierbar sind, welche Funktionen diese im Unterricht erfüllen können und wie mit der nicht-geteilten Mehrsprachigkeit umzugehen ist, wird im Forschungsprojekt MuM-Multi untersucht, in dessen Rahmen sich auch diese Dissertation einordnet. Daher wird in Abschnitt 5.1 der Forschungskontext des übergeordneten Projekts MuM-Multi vorgestellt. Während MuM-Multi verschiedene qualitative und quantitative Forschungsmethoden kombiniert hat, konzentriert sich die vorliegende Arbeit auf Design-Research als Forschungsrahmen, dieser wird in Abschnitt 5.2 eingeführt. Abschnitt 5.3 gibt einen Überblick zu den zwei Studien dieses Dissertationsprojekts, die zur

Á. Uribe, *Mehrsprachigkeit im sprachbildenden Mathematikunterricht*, Dortmunder Beiträge zur Entwicklung und Erforschung des Mathematikunterrichts 53, https://doi.org/10.1007/978-3-658-46054-9_5

Entflechtung der Komplexität heterogener Ressourcen (Studie 1) und zur Erarbeitung konkreter Umsetzungsmöglichkeiten in mehrsprachigen Klassen (Studie 2) beitragen sollen.

5.1 Forschungskontext des übergeordneten Projektes MuM-Multi

MuM-Multi ist ein Verbundprojekt unter der Leitung von Prof. Dr. Susanne Prediger und Prof. Dr. Angelika Redder, das im BMBF-Schwerpunktprogramm „Sprachliche Bildung und Mehrsprachigkeit" von 2014 bis 2020 gefördert wurde. Durch die Kooperation der TU Dortmund und der Universität Hamburg im Projekt wurde eine interdisziplinäre Zusammenarbeit zwischen der Mathematikdidaktik und der Linguistik ermöglicht. Der vorliegende Abschnitt 5.1 folgt dem Projektantrag und dem Abschlussbericht von MuM-Multi II, um das übergeordnete Projekt mit seinen vielfältigen Arbeitsbereichen vorzustellen (Wagner, Krause, Uribe et al. 2022).

In der ersten Phase (2014–2017) wurde in MuM-Multi I die Wirksamkeit und Wirkungen von ein- und zweisprachigen fach- und sprachintegrierten Förderungen auf sprachliches und fachliches Verstehen untersucht (Kuzu 2019; Prediger, Kuzu et al. 2019; Redder et al. 2018; Schüler-Meyer, Prediger, Kuzu et al. 2019). Einige der vielfältigen Ergebnisse sind im Theorieteil (Kapitel 2 und 3) bereits eingeflossen.

Die Autorin dieser Dissertation war Teil des Projektteams in der zweiten Phase (2017–2020), in der in MuM-Multi II die Strategien mehrsprachigen Handelns in mathematischen Lehr-Lern-Prozessen in verschiedenen Sprachenkonstellationen (u. a. auch Neuzugewanderte und Fremdsprachenlernende) untersucht wurden. Dabei wurde die Übertragung mehrsprachigkeitseinbeziehender Ansätze auf die sprachlich heterogene Regelklasse ausgelotet. Abbildung 5.1 gibt einen Überblick über die Arbeitsbereiche des Projekts MuM-Multi I/II, die im Folgenden kurz erläutert werden. Die weißen Bereiche waren zu Beginn des Projekts MuM-Multi II bereits aufgeklärt, die grauen Bereiche bildeten den Fokus dieses zweiten Projektteils.

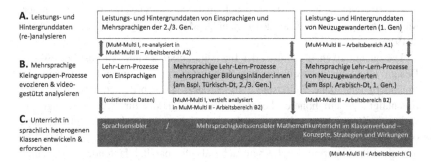

Abbildung 5.1 Arbeitsbereiche des Projekts MuM-Multi I und II

5.1.1 Arbeitsbereich A: Leistungs- und Hintergrunddaten (re-)analysieren

Im Arbeitsbereich A wurden statistische Zusammenhänge zwischen Mathematikleistung, sprachlichen Teilkompetenzen, kognitiven Grundfertigkeiten und Charakteristika des Sprachprofils von ein- und mehrsprachigen Bildungsinländer:innen und mehrsprachigen neuzugewanderten Lernenden erhoben. Sie wurden publiziert in Sprütten & Prediger (2019) sowie Wessel & Prediger (2017) und dokumentieren die erhebliche sprachliche und mathematische Heterogenität, sowohl der Neuzugewanderten (Sprütten & Prediger 2019) als auch der ein- und mehrsprachigen Bildungsinländer:innen (Wessel & Prediger 2017).

5.1.2 Arbeitsbereich B: Mehrsprachige Kleingruppen-Prozesse evozieren und videogestützt analysieren

In diesem Arbeitsbereich wurden bereits im Vorgängerprojekt (2011–2014) MuM-Brüche Designexperimente und eine Interventionsstudie zur einsprachigen Förderung ein- und mehrsprachiger Lernender durchgeführt. Dabei wurden die typischen Lernwege und Anforderungen an sprachbildende Förderansätze herausgearbeitet (Prediger & Wessel 2013; Wessel 2015).

Eine erste Erweiterung erfolgte im Projekt MuM-Multi I (2014–2017) auf Designexperimente in bilingualen Kleingruppen der geteilten Zweisprachigkeit Türkisch-Deutsch, die wiederum sowohl qualitativ (Kuzu 2019; Prediger, Kuzu et al. 2019; Wagner et al. 2018) als auch quantitativ ausgewertet wurden (Schüler-Meyer, Prediger, Kuzu et al. 2019; Schüler-Meyer, Prediger, Wagner & Weinert 2019):

Die quantitativen Ergebnisse der Interventionsstudie mit Prä-Post-Follow-Up-Design zeigte für die zweisprachige Förderung von Bildungsinländerinnen und -inländern eine hohe Effektstärke (d = 0.99). Dies bedeutet, dass die Experimentalgruppe ein höheres konzeptuelles Verständnis für Brüche erlangt hat, sprich signifikant höhere Lernzuwächse verzeichnen kann als die Kontrollgruppe ohne sprachbildende Förderung. Die zweisprachige Förderung zeigte jedoch keinen signifikant geringeren Lernzuwachs als die parallel laufende einsprachige Förderung (Schüler-Meyer, Prediger, Wagner & Weinert 2019). Die Time-on-Task-Hypothese konnte für diese Studie also widerlegt werden, obwohl viele der Lernenden zum ersten Mal Mathematik auf Türkisch betrieben. Eine höhere Wirksamkeit zeigte die zweisprachige Förderung dagegen für Lernende mit einem hohen Sprachniveau in Türkisch, die signifikant höhere Lernzuwächse erzielten als diejenigen in der einsprachigen Förderung.

Zusätzlich wurde eine Analyse der Videos aus 13 zweisprachigen Fördergruppen durchgeführt. Diese erfasste für alle $n = 41$ Lernenden die Partizipationsanteile und die Sprachennutzung (Deutsch / Türkisch / Deutsch und Türkisch „gemischt") während der Förderung. Mithilfe von Regressionsanalysen wurde dann untersucht, inwiefern Zusammenhänge zwischen diesen Faktoren und den Lernvoraussetzungen sowie der Lernwirksamkeit bestehen. Die Analysen zeigen, dass die Sprachennutzung und der Partizipationsanteil mit den erfassten Lernvoraussetzungen nur wenig zusammenhingen. Dagegen zeigte sich der Anteil der Nutzung des Türkischen oder der flexiblen Mischung des Türkischen und Deutschen als signifikanter Prädiktor für den Lernzuwachs: Je mehr also die Lernenden in einer zweisprachigen Förderung Türkisch oder gemischte Sprache nutzten, desto größer war der fachliche Lernzuwachs (Schüler-Meyer, Prediger, Wagner & Weinert 2019). Diese quantitativen Befunde geben also aussagekräftige Hinweise darauf, dass die stetige Initiierung von Sprachenvernetzung relevant ist, um mehrsprachiges mathematisches Handeln beim Wissensprozessieren zu etablieren und so die Möglichkeiten für Lernzuwächse zu steigern.

Mathematikdidaktische qualitative Analysen der initiierten Lehr-Lern-Prozesse haben die Bedeutung des bilingual-konnektiven Modus herausgearbeitet (Kuzu 2019; Prediger, Kuzu et al. 2019). Linguistische qualitative Analysen haben insbesondere zur Vertiefung der Anforderungen an Sprachenvernetzung substanziell beigetragen (Redder et al. 2018; Wagner et al. 2018).

In MuM-Multi II erfolgte dann eine Ausweitung auf die Zielgruppe der Neuzugewanderten, die exemplarisch auf Arabisch-Deutsch-Sprechende, meist aus

Syrien stammende Jugendliche fokussiert wurde. Dafür wurde das existierende zweisprachige Deutsch-Türkisch Lehr-Lern-Arrangement zu Brüchen in die arabische Sprache übersetzt und kontextbezogen leicht angepasst. Konkret wurden kooperative Aufgabenbearbeitungen für $n = 41$ Bildungsinländerinnen und - inländer (Teilbereich B1) und $n = 21$ Neuzugewanderten (Teilbereich B2) der Jahrgangsstufe 7 initiiert und videographiert. Auf eine quantitative Erfassung der Lernzuwächse der Neuzugewanderten wurde angesichts des sprachbedingten Test-Biases verzichtet.

Die Designexperimente in den Teilbereichen B1 und B2 sollten zur Bearbeitung der Frage beitragen, inwiefern die diskursiv aktivierten Formen des mehrsprachigen Handelns situative Wirkungen auf die Förderung von fachlich-konzeptuellem Verständnis aufweisen. Die Daten wurden unter dieser Fragestellung mittels der Analyse der Lehr-Lern-Prozessen bzw. des mehrsprachigen Vorstellungsaufbaus zu Brüchen sowie mittels der qualitativen Rekonstruktion der Strategien mehrsprachigen Handelns untersucht. Aus den Analysen resultierte eine Kontrastierung der Strategien mehrsprachigen Handelns in mathematischen Lehr-Lern-Prozessen von Bildungsinländer:innen und Neuzugewanderten sowie weitere Indizien über die Möglichkeiten der Förderung von fachlich-konzeptuellen Verständnis durch die Aktivierung mehrsprachiger Ressourcen.

In diesem Arbeitsbereich ist die Studie 1 (Kapitel 6–8) der Dissertationsarbeit angesiedelt, für die die Zielgruppe auch um eine dritte Sprachenkonstellation der spanisch-deutschsprachigen Lernenden einer Deutschen Schule in Kolumbien ausgeweitet wurde (siehe Abschnitt 7.1 sowie die Publikation Uribe & Prediger 2021).

5.1.3 Arbeitsbereich C: Unterricht in sprachlich heterogenen Klassen entwickeln und erforschen

Im Bereich C des Projekts MuM-Multi II wurde das praxisbezogen zentrale Ziel verfolgt, die Erkenntnisse über die fachspezifische Nutzung mehrsprachiger Ressourcen aus zweisprachigen Kleingruppen (Arbeitsbereich B) in ein Konzept zu adaptieren, das mehrsprachigen Unterricht in sprachlich heterogenen Klassen ermöglicht. Hierzu wurden Unterrichtskonzepte für einen mehrsprachigkeitsein-beziehenden Mathematikunterricht unter mathematik- und sprachdidaktischen Gesichtspunkten iterativ entwickelt.

Diese Dissertation hat einen wesentlichen Beitrag zu diesem Prozess geleistet: Insgesamt fünf Designexperiment-Zyklen wurden mit jeweils einer Klasse durchgeführt, in denen das Design zur Integration verschiedener Formen mehrsprachigen Handelns erprobt und zyklisch untersucht wurde. In diesem Arbeitsbereich C ist hauptsächlich die Studie 2 des Dissertationsprojekts angesiedelt, die vier der fünf Designexperiment-Zyklen umfasst.

Der Designexperiment-Zyklus 5 des langfristigen Projektes wurde von den Projektpartnern in Hamburg durchgeführt und analysiert.

5.1.4 Arbeitsbereich D: Theoriebildung

Im Arbeitsbereich D wurde der Ertrag der Designexperimente und Analysen abgeleitet mit Blick auf eine differentielle Einschätzung darüber, wie lohnend sich eine systematische Aktivierung der mehrsprachigen Ressourcen im Prozess der Bedeutungskonstruktion erweist. Dieses wurde in interdisziplinärer Kooperation ausgearbeitet (Prediger et al. 2021; Redder, Krause et al. 2022; Wagner, Krause, Uribe et al. 2022) und hat die Ausarbeitung der Dissertation stetig beeinflusst, ebenso wie diese zum Gesamtprojekt maßgeblich beigetragen hat.

5.2   Design-Research als Forschungsformat beider Studien der Dissertation

Während MuM-Multi I/II sowohl qualitative als auch quantitative Forschungsmethoden kombiniert hat, wurden die zwei Dissertationsstudien im Arbeitsbereich B2/B3 und C vollständig im Forschungsformat von Design-Research angesiedelt: Sowohl die erste Studie „Lehr-Lern-Prozesse in Kleingruppen mit geteilter Mehrsprachigkeit" als auch die Studie 2 „Lehr-Lern-Prozesse in superdiversen Regelklassen mit nicht-geteilter Mehrsprachigkeit" sind methodologisch verortet im Forschungsprogramm der fachdidaktischen Entwicklungsforschung. Im vorliegenden Abschnitt 5.2 wird das Forschungsprogramm vorgestellt. In den Kapiteln 6 bzw. 9 werden dann jeweils die stufenspezifischen Umsetzungen erläutert.

5.2.1 Grundideen des Forschungsformats Design-Research

Im deutschen Kontext besteht hinsichtlich der Untersuchung des Einbezugs mehrsprachiger Ressourcen in sprachlich heterogenen Klassen ohne geteilte Mehrsprachigkeit noch Forschungsbedarf (Prediger & Özdil 2011), insbesondere in Bezug auf die epistemische Funktion von Mehrsprachigkeit für den Aufbau von Konzeptverständnis. Daher bietet sich das Forschungsformat von Design-Research an, welches die simultane Verfolgung zweier Ziele ermöglicht: Es können unterrichtliche Ansätze entwickelt und erprobt und somit einen konkreten praktischen Output für die Schulpraxis erzeugt werden, sowie vertiefte Einsichten in dadurch initiierte Lehr-Lernprozesse gewonnen werden (Cobb et al. 2003; Gravemeijer & Cobb 2006; Prediger 2018; Prediger, Gravemeijer & Confrey 2015).

Design-Research (im Deutschen auch fachdidaktische Entwicklungsforschung) ist ein etabliertes Forschungsformat. Es wird sowohl für generische Frage- und Problemstellungen in den Erziehungswissenschaften genutzt (Educational Design Research, van den Akker et al. 2006), als auch in den Fachdidaktiken mit einem klaren Fokus auf den Lerngegenstand (Didactical Design Research, Prediger, Gravemeijer & Confrey 2015).

Lerngegenstandspezifische fachdidaktische Entwicklungsforschung (kurz fachdidaktische Entwicklungsforschung) hat in letzter Zeit verstärkt in der Mathematikdidaktik Anwendung gefunden (Prediger 2019b). Das Forschungsformat kombiniert zwei Perspektiven, die als komplementär angedacht und miteinander verknüpft werden: 1) Die Entwicklung bzw. das Design von Lehr-Lern-Arrangements, die nach iterativer Implementierung (mittels Designexperimente) in die Unterrichtspraxis weiterentwickelt werden, um in diesem Prozess 2) den Zugang zu empirischen Erkenntnissen, bezüglich der angebahnten Lehr-Lern-Prozessen, als Grundlage für die Generierung didaktischer Theorie zu den jeweiligen Lerngegenständen, zu ermöglichen. Auf dieser Weise werden forschungsbasierte Unterrichtsdesigns (Research-Based Designs) entwickelt sowie empirisch fundierte Theoriebeiträge (Design-Based Research) generiert.

5.2.2 Arbeitsbereiche von Design-Research im FUNKEN-Modell

Im Rahmen des Dortmunder Forschungs- und Nachwuchskollegs Fachdidaktischer Entwicklungsforschung (FUNKEN) schlagen Hußmann et al. (2013)

ein spezifisches Modell fachdidaktischer Entwicklungsforschung vor, dass die Gegenstandspezifität besonders hervorhebt und die gewonnenen Einsichten in die Lehr-Lern-Prozesse im doppelten Sinne fokussiert: Zum einen zur Optimierung des Unterrichtsdesigns und zum anderen zum Zwecke der fachdidaktischen Theoriebildung.

Die typischen Arbeitsschritte fachdidaktischer Entwicklungsforschung werden durch die Verfassenden in vier Arbeitsbereiche gegliedert (siehe Abbildung 5.2). Diese werden als Teil eines zyklischen Prozesses betrachtet, welcher iterativ mehrfach durchgeführt wird:

- Lerngegenstände spezifizieren und strukturieren
- Design (weiter) entwickeln
- Designexperimente durchführen und auswerten
- Lokale Theorien (weiter) entwickeln

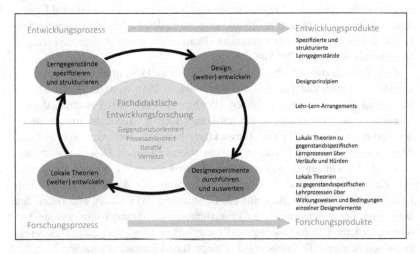

Abbildung 5.2 Arbeitsbereiche von gegenstandsbezogenen Design-Research im FUNKEN-Modell (Hußmann et al. 2013)

Lerngegenstände spezifizieren und strukturieren
Die Spezifizierung des Lerngenstands umfasst die literaturgestützte Ausarbeitung
der inhaltlichen Facetten des Lerngegenstands. Zunächst wird der Lerngegenstand, sprich was gelernt werden soll, identifiziert sowie seine Eigenschaften
und aufzubauenden Grundvorstellungen rekonstruiert (siehe Kapitel 4). Im Sinne
der Didaktischen Rekonstruktion (Kattmann et al. 1997) dienen diese fachlichen Aspekte unter Einbezug der Lernendenperspektive zur Entwicklung des
Unterrichtsgegenstands. Neben seiner Spezifizierung wird der Lerngegenstand
strukturiert (siehe Abschnitt 10.1). Dabei werden die fachlichen Lernziele aufbau-
end und aus der Lernendenperspektive sequenziert (Hußmann & Prediger 2016;
Prediger et al. 2012). Die Sequenzierung erfolgt nicht nur theoretisch, denn sie
wird ggf. im Laufe der Entwicklungszyklen angepasst. In dieser Arbeit folgt die
Sequenzierung des Lerngegenstands dem Prinzip des Scaffolding mit fachlichem
und sprachlichem Lernpfad (siehe Abschnitte 3.2.2 und 10.2.2).

Design (weiter) entwickeln
Das Unterrichtsdesign im Sinne des Dortmunder Modells umfasst neben der
Spezifizierung des Lerngegenstands und ihrer fachlichen Strukturierung, die Kon-
zeption des Lehr-Lern-Arrangements. Sprich, die Konkretisierung der sequen-
zierten Lernumgebungen, welche tatsächlich in die Praxis umgesetzt werden
(Hußmann et al. 2013). Wesentlicher Teil des Designs bilden theoriegestützte
Designprinzipien, die in den Lehr-Lern-Arrangements mittels Designelemente
konkretisiert werden, um die intendierten Wirkungen zu erzielen und als kon-
zeptionelle Rahmung des Lehr-Lern-Arrangements dienen (van den Akker 1999).
In Abbildung 5.3 wird die Struktur von Designprinzipien mit dem verkürzten
Toulmin-Modell dargestellt (Prediger 2019b; van den Akker 1999).

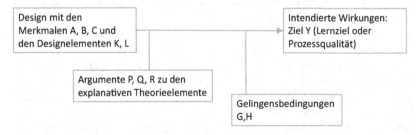

Abbildung 5.3 Allgemeine Struktur der Designprinzipien als prädiktive Theorieelemente
aus Prediger (2019b)

Das entwickelte Lehr-Lern-Arrangement wird in Designexperimenten in mehreren Zyklen umgesetzt. Daraus bzw. aus der Analyse der ermöglichten Lehr-Lern-Prozesse werden Konsequenzen für die Weiterentwicklung und Überarbeitung des Designs gewonnen.

Designexperimente durchführen und auswerten
Mit dem entwickelten Design werden Designexperimente durchgeführt, die hinsichtlich der Lehr-Lern-Prozesse und Gelingensbedingungen ausgewertet werden. Die Auswertung dient der Weiterentwicklung des Lehr-Lern-Arrangements. Zunächst werden die Designexperimente unter Laborbedingungen in Kleingruppen durchgeführt, um tiefgehende Einblicke in die Lernprozesse zu erlangen (Steffe & Thomson 2000). In einem weiteren Schritt werden die Designexperimente auf Klassensetting ausgeweitet. Das genaue Vorgehen orientiert sich an den Zielen des Vorhabens und den existierenden Ergebnissen über die Gelingensbedingungen.

Die Analyse von Lehr-Lern-Prozessen ist ein wichtiger Arbeitsbereich von Design-Research-Studien. Wie von Prediger et al. (2015) ausgeführt, liegt dem Erkenntnisinteresse von Lernprozessstudien in Design-Research-Projekten theoretisch und methodologisch der gemäßigte Konstruktivismus zugrunde. Die Betrachtung der Lernprozesse erfolgt subjektorientiert, indem die mitgebrachten Ressourcen der Lernenden und ihre individuellen Vorstellungen als potenziell-bedeutungsgenerierende Anlässe zum Aufbau der intendierten Aspekte des Konzeptverständnisses betrachtet werden. Dabei wird davon ausgegangen, dass sich der Verständnisaufbau durch Verknüpfung von Darstellungen und Verstehenselementen vollzieht (siehe Abschnitt 2.3.1). Diese subjekt- und ressourcenorientierte Grundannahme ist konsistent mit dem in dieser Arbeit verfolgten Forschungsinteresse an den epistemischen Potenzialen des Einbezugs von Mehrsprachigkeit. Sie wird in den Abschnitten 6.3 und 9.3 in konkrete Analyseinstrumente für die jeweiligen Studien operationalisiert.

Lokale Theorien (weiter) entwickeln
Die qualitativen Analysen der durch das Lehr-Lern-Arrangement initiierten Lehr-Lern-Prozesse zielen darauf ab, typische Lernverläufe festzustellen und Gelingensbedingungen der Designprinzipien und Designelemente herauszuarbeiten sowie ggf. zur Verfeinerung des spezifischen Forschungsgegenstandes beizutragen. Daraus können Theorien entstehen, die einen deskriptiven oder einen explanativen Charakter haben können (Prediger 2019b).

5.3 Überblick zu den zwei Studien des Dissertationsprojektes

Die vorliegende Dissertation ist im Rahmen des übergeordneten Projekts MuM-Multi II entstanden und trägt zu den Arbeitsbereichen B2/B3 und C aus Abbildung 5.1 bei. Die Dissertation nimmt zwei Designkontexte in den Blick, nämlich Kleingruppensettings mit geteilter Zweisprachigkeit unter Laborbedingungen und Klassensettings mit nicht-geteilter Mehrsprachigkeit in herkömmlichen Klassen. Sie werden in zwei Studien untersucht, die jeweils in Kapitel 6–8 und 9–12 vorgestellt werden. Beide Studien befassen sich hauptsächlich mit der Mehrsprachigkeit als einem bedeutenden Teil der sprachlichen Repertoires der Lernenden, deren Aktivierung als Denkwerkzeug im Prozess der Bedeutungskonstruktion beiträgt. Diese Sichtweise geht über die Ideen der Vereinfachung von Kommunikation durch Code-Switching hinaus. Sie stützt sich auf Erkenntnisse aus MuM-Multi I, wonach Mehrsprachige ihre Sprachen für epistemische Zwecke vor allem im bilingual-konnektiven Modus aktivieren können (Kuzu 2019; Prediger, Kuzu et al. 2019, siehe Abschnitt 2.3.3). Der Schwerpunkt liegt also auf den epistemischen Potenzialen, die durch Sprachen- und Darstellungsvernetzungsprozesse für den Aufbau von Konzeptverständnis entstehen können.

5.3.1 Studie 1: Lehr-Lern-Prozesse in Kleingruppen mit geteilter Zweisprachigkeit

Die Studie 1 befasst sich mit den Lehr-Lern-Prozessen dreier jeweils zweisprachiger Konstellationen (deutsch-türkischsprachige Bildungsinländer:innen, spanischsprachige deutschlernende Bildungsinländer:innen im Ausland, arabischsprachige deutschlernende Neuzugewanderte) unter Bedingungen der geteilten Zweisprachigkeit, d. h. in Kontexten, in denen die Beteiligten mindestens zwei gemeinsame Sprachen haben. Studie 1 verfolgt daher das Ziel, die Komplexität des mehrsprachigen Repertoires durch die Analyse der sogenannten *Repertoires-in-Use* (Uribe & Prediger 2021) genauer zu verstehen, um eine differenziertere Einschätzung der von den Lernenden mitgebrachten Ressourcen und ihrer Nutzungsweisen zu erlangen (siehe Abschnitt 2.3.4). Die Studie will zum besseren Verständnis der Sprachen- und Darstellungsvernetzungsprozesse im mehrsprachigen Handeln der untersuchten Lerngruppen beitragen, indem diese durch Herausarbeiten verschiedener Aktivitäten zur Vernetzung der Sprachen (Verknüpfungsaktivitäten) weiter ausdifferenziert werden.

Mithilfe des ausgearbeiteten Analyseinstruments (siehe Abschnitt 6.3) sollen die *Repertoires-in-Use* in der Ausprägung der aktivierten Komponenten und die Art und Weise ihrer Verknüpfung präziser charakterisiert werden, um folgende Forschungsfrage zu bearbeiten:

(F1)   Wie unterscheiden sich die *Repertoires-in-Use* verschiedener Sprachen-konstellationen im Prozess der Bedeutungskonstruktion?

Der Anspruch ist dabei nicht, alle im deutschen Schulkontext vertretenen Sprachenkonstellationen abzudecken. Dies kann eine einzige Dissertationsarbeit nicht beanspruchen. Kontrastiert werden stattdessen zwei oft vertretene Lernendengruppen: Einerseits die in Deutschland aufgewachsenen mehrsprachigen Lernenden, am Beispiel der türkisch-deutschsprachigen Sprachenkonstellation. Andererseits die mehrsprachigen neuzugewanderten Lernenden, am Beispiel der arabisch-deutschsprachigen Sprachenkonstellation. Hinzugenommen wurde eine dritte Sprachenkonstellation mit mehrsprachigen Deutschlernenden im Ausland, am Beispiel spanisch-deutschsprachiger Lernenden aus Kolumbien. Diese dritte Lern-gruppe geht über die geplante Anlage des rahmengebenden Projekts MuM-Multi II hinaus und wurde von der Autorin dieser Dissertation ebenfalls untersucht.

Das Ziel der Studie 1 für das Dissertationsprojekt war es, die Details der durch eine Lehrkraft begleiteten Lehr-Lern-Prozesse unter Bedingungen der geteilten Zweisprachigkeit (Studie 1) zu entflechten. Dies bildet eine wertvolle Grund-lage, um daraus Konsequenzen für die Konzeption von Designelementen des mehrsprachigen Unterrichts in sprachlich heterogenen Klassen zu ziehen (Studie 2), in dem mehrere solcher Sprachenkonstellationen auf einmal zu berücksich-tigen sind mit ihren jeweiligen Priorisierungen, aktivierbaren Ressourcen und Unterstützungsbedarfen.

Die Daten wurden in Laborsituationen als weiterer Designexperiment-Zyklus im Arbeitsbereich B des dargestellten Entwicklungsforschungsprojekts MuM-Multi erhoben, indem zunächst das aufgegriffene fach- und sprachintegrierte Lehr-Lern-Arrangement zu Brüchen (unter https://sima.dzlm.de/um/6-001 zu fin-den) entwickelt und in mehreren Durchgängen erforscht wurde (Kuzu 2019; Prediger & Wessel 2013). Die Studie 1 „Lehr-Lern-Prozesse in Kleingruppen mit geteilter Mehrsprachigkeit" fungiert als weiterer Designexperiment-Zyklus eines bestehenden Design-Research-Projekts (Kuzu 2019).

Vorarbeiten im MuM-Brüche-Projekt in Designexperiment-Zyklus 1: Entwicklung des Lehr-Lern-Arrangements und Theoriebildung zu Darstellungsvernetzungsprozessen

Im Designexperiment-Zyklus 1 wurde das Lehr-Lern-Arrangement (Fördereinheit) in zwei Zyklen von Designexperimenten entwickelt und empirisch gestützt weiterentwickelt (in Prediger & Wessel 2013; Wessel 2015).

Vorarbeiten im Projekt MuM-Multi I in Designexperiment-Zyklus 2: Weiterentwicklung des Lehr-Lern-Arrangements und Theoriebildung zu den Sprachenvernetzungsprozessen

Im Designexperiment-Zyklus 2 wurde das Lehr-Lern-Arrangement zweisprachig türkisch-deutsch ausgearbeitet und lernprozessorientiert in Hinblick auf die mehrsprachigen Vorstellungsentwicklungsprozesse zur Anteilsvorstellung untersucht. In Wagner et al. (2018), Prediger, Kuzu et al. (2019) und Kuzu (2019) werden diese Analysen ausgearbeitet und der bilinguale konnektive Modus als besonders lernförderlich herausgearbeitet.

Es wurde zudem auch in einer quantitativen Interventionsstudie die Lernwirksamkeit der zweisprachigen Förderung nachgewiesen (Schüler-Meyer, Prediger, Kuzu et al. 2019), mit signifikant höheren Lernzuwächsen für die Lernenden, die häufig ihre Familiensprache nutzen und die Familiensprache und Deutsch mischten (Schüler-Meyer, Prediger, Wagner & Weinert 2019). Dies motivierte die genauere Analyse der Lehr-Lern-Prozesse auch in anderen Sprachenkonstellationen.

Zyklus 3 (neu): Theoriebildung zu den Repertoires-in-Use
Für die vorliegende Studie, Studie 1 des Dissertationsprojekts, wurde das zweisprachige Lehr-Lern-Arrangement arabisch-deutsch und spanisch-deutsch übersetzt und bezüglich der kulturspezifischen Beispiele leicht angepasst.

In der Studie 1 werden die Daten aus den drei untersuchten Sprachenkonstellationen (siehe Abschnitt 6.2.2) miteinbezogen. Im Vordergrund stehen die Analysen der initiierten Lehr-Lern-Prozessen in Hinblick auf die initiierten darstellungs- und sprachenvernetzenden Aktivitäten, durch einen Vergleich von Prozessen aus den verschiedenen Designexperiment-Zyklen und den unterschiedlichen Sprachenkonstellationen. Studie 1 stellt in diesem Sinne eine Lernprozessstudie dar und zielt nicht primär auf die Weiterentwicklung der zweisprachigen Kleingruppen-Materialien (siehe Abschnitt 6.1.1) ab.

5.3.2 Studie 2: Lehr-Lern-Prozesse in superdiversen Regelklassen mit nicht-geteilter Mehrsprachigkeit

Als Voraussetzung der Entwicklung alltagstauglicher Konzepte des mehrsprachigen Unterrichts wurde in Studie 1 das Verständnis über die Ressourcen verschiedener Lernendengruppen vertieft. Die Studie 2 des Dissertationsprojekts knüpft daran an und nutzt die gewonnenen Erkenntnisse aus den Prozessen der Kleingruppen mit geteilter Zweisprachigkeit für die Gestaltung von Konzepten für einen mehrsprachigkeitseinbeziehenden Mathematikunterricht in sprachlich heterogenen Klassen.

Studie 2 setzt sich zum Ziel, zur Konzeption eines mehrsprachigkeitseinbeziehenden Mathematikunterrichts beizutragen. Ausgehend von den Designprinzipien des ein- und zweisprachigen sprachbildenden Mathematikunterrichts, wird angestrebt, diese Prinzipien entsprechend für den sprachlich heterogenen mehrsprachigen Mathematikunterricht zu adaptieren. Darüber hinaus wird beabsichtigt, spezifische Designelemente zu konzipieren, die eine Umsetzung der Designprinzipien unter Berücksichtigung der Mehrsprachigkeit ermöglichen. Auch Studie 2 wird im Design-Research-Format durchgeführt, wobei ein stärkerer Schwerpunkt als in Studie 1 auf der Entwicklung neuen Designelementen liegt, die dann in Designexperimente erprobt und optimiert werden. Gleichzeitig sollen die Analysen zu einer iterativ ausgeschärften Theoriebildung beitragen. Das Analyseinstrument aus Studie 1 wird auch für die Auswertung von Studie 2 genutzt, indem die Gelingensbedingungen der vorgeschlagenen Designelemente bzgl. der im Lehr-Lern-Prozess initiierten Verknüpfungsaktivitäten analysiert werden. Vor diesem Hintergrund verfolgt Studie 2 zwei Forschungsfragen:

(F2.1)   Inwiefern lässt sich die Mehrsprachigkeit in sprachlich heterogenen Klassen für das fachliche Lernen nutzen?

(F2.2)   Durch welche Designelemente können die mehrsprachigen Repertoires der Lernenden in den mathematischen Lehr-Lern-Prozesse sprachlich heterogener Klassen möglichst lernförderlich einbezogen werden?

Forschungsfrage F2.2 wird durch zwei weitere Fragen ausdifferenziert:

(F2.2a)   Welche situativen Potenziale der Designelemente in Bezug auf sprachenvernetzende Bedeutungskonstruktionsprozesse lassen sich rekonstruieren?

(F2.2b)   Unter welchen Gelingensbedingungen können sich diese Potenziale entfalten?

Bei der Bearbeitung der Forschungsfragen kristallisierten sich drei zentrale Entwicklungsprodukte heraus, die eine besondere praktische Relevanz aufweisen:

(E1)   Mehrsprachigkeitseinbeziehendes Lehr-Lern-Arrangement zu proportionalen Zusammenhängen für sprachlich heterogenen Klassen

(E2)   Adaptierte Designprinzipien für den mehrsprachigen Mathematikunterricht

(E3)   Relevante Designelemente für den mehrsprachigen Mathematikunterricht

Teil II
Studie 1: Lehr-Lern-Prozesse in Kleingruppen mit geteilter Mehrsprachigkeit

In diesem zweiten Teil der Dissertation wird die Studie 1 dargelegt. Ziel ist die empirische Untersuchung der durch das jeweils zweisprachige Lehr-Lern-Arrangement initiierten Lernprozesse dreier Sprachenkonstellationen in Laborsituationen der Kleingruppen. Durch die Untersuchung der Kleingruppen können die Lernprozesse besser dokumentiert und ausgewertet werden (Prediger et al. 2012).

Um dies zu untersuchen, wurde für die Lernprozessstudie auf die bereits entwickelten zweisprachigen Förderungen zu Brüchen aus dem Projekt MuM-Multi I zurückgegriffen (siehe Abschnitt 5.3.1 zur Einordnung in das längerfristige Projekt). In Kapitel 6 wird der methodische Zugang konkretisiert, der in Abschnitt 5.2 bereits grob skizziert wurde, dazu gehört auch die Vorstellung des mathematischen Lerngegenstands „relative Anteile von Mengen", auf den die Lernprozessstudie fokussiert wurde. In Kapitel 7 werden die empirischen Analysen vorgestellt, die in Kapitel 8 in Hinblick auf die daraus abzuleitenden Konsequenzen für Studie 2 eingeordnet werden.

Konkretisierungen des methodischen Rahmens der Studie 1

6

6.1 Mathematischer Kontext der Studie 1

Für die qualitative Lernprozessstudie zu zweisprachigen Lehr-Lern-Prozessen wird ein bestehendes Lehr-Lern-Arrangement implementiert, welches das Ziel verfolgt, das inhaltliche Verständnis von Brüchen aufzubauen (Prediger & Wessel 2013). Ihre zweisprachige Fassung wurde zunächst für deutsch-türkischsprachige Jugendliche der Klasse 7 entwickelt und quantitativ als lernwirksam evaluiert (Schüler-Meyer, Prediger, Kuzu et al. 2019).

Spezifischer Lerngegenstand der vorliegenden Studie sind „relative Anteile von Mengen". Die Fokusaufgaben der entsprechenden Lernumgebung werden in Abschnitt 6.1.1 vorgestellt. Diese Fokusaufgaben wurden sowohl aus mathematikdidaktischen als auch mehrsprachigkeitsdidaktischen Gründen ausgewählt: Mathematikdidaktisch eignet sich der Lerngegenstand „relative Anteile von Mengen" aufgrund seiner mathematischen Reichhaltigkeit und der Tatsache, dass es mit dem zentralen Lerngegenstand der Studie 2 (Proportionale Zusammenhänge) gut verknüpft ist (siehe Abschnitt 6.1.3). Mehrsprachigkeitsdidaktisch sprach für die Auswahl der dritten Sitzung der zweisprachigen Förderung, dass die Lernenden zu diesem Zeitpunkt bereits an zwei Tagen in der gleichen Kleingruppe gearbeitet hatten. Es konnte davon ausgegangen werden, dass sich der neue Sprachkontext unter Laborbedingungen der zweisprachigen Arbeit bereits etwas etabliert hatte und die Nutzung der Familiensprachen für das Mathematiklernen für die Lernenden also nicht mehr ganz neu war.

© Der/die Autor(en), exklusiv lizenziert an Springer Fachmedien Wiesbaden GmbH, ein Teil von Springer Nature 2024
Á. Uribe, *Mehrsprachigkeit im sprachbildenden Mathematikunterricht*, Dortmunder Beiträge zur Entwicklung und Erforschung des Mathematikunterrichts 53, https://doi.org/10.1007/978-3-658-46054-9_6

6.1.1 Fokussierte Lernumgebung

Die fokussierte Lernumgebung (Aufgabe 26) ist in Abschnitt D der ursprünglichen Materialien auf Seite 30 unter https://sima.dzlm.de/um/6-001 zu finden. Sie zielt auf eine handlungsorientierte Erarbeitung von Brüchen zur Beschreibung für Teile von Mengen auf dem Bruchstreifen, das spätere Ablösen des handlungsorientierten Verteilens durch mentale Vorstellungsübungen und den Übergang zur symbolischen Darstellung ab. Die ausgewählten Episoden beziehen sich auf den ersten Schritt der Bedeutungskonstruktion am Bruchstreifen.

Die Abbildung 6.1 zeigt die verwendeten Arbeitsmittel. Die Aufgabenstellung „Wie viel ist ☐ von ☐?" soll von den Lernenden durch das Ziehen einer Anteilskarte ($\frac{5}{6}$) und einer Mengenkarte (24) ergänzt werden. Anschließend sollen sie mithilfe von Plättchen am Material durch einen zweistufigen Prozess die Aufgabe wie folgt lösen:

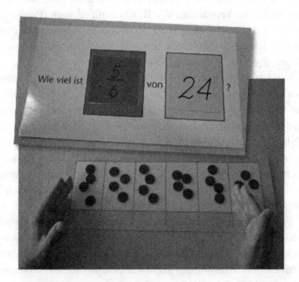

Abbildung 6.1 Bedeutung der relativen Anteile von Mengen an der graphischen Darstellung (Bild aus Prediger et al. 2013)

Beim Lösen der Aufgabe „Wie viel ist $\frac{5}{6}$ von 24?" soll in einem ersten Schritt die ganze Menge, also 24 Plättchen, in sechs gleich große Teilmengen/Gruppen auf den Streifen verteilt werden. Ein Feld besteht aus einer 4er-Gruppe. Im zweiten Schritt werden fünf dieser 4er-Gruppen, also 5-mal $\frac{1}{6}$ von 24 zusammen als Lösung erfasst, insgesamt 20 Plättchen (Prediger et al. 2013). Die Bedeutung wird durch das händische gleichmäßige Verteilen (Behr et al. 1992; Freudenthal 1983) und das parallele Koordinieren der Sichten auf die Felder und auf die Plättchen konstruiert.

6.1.2   Relative Anteile als Lerngegenstand

Fachliche Spezifizierung
Ein Anteil setzt einen Teil und das zugehörige Ganze zueinander in Beziehung (Schink 2013). Ein verständiger Umgang mit Brüchen erfordert die inhaltliche Deutung des Anteilsbegriffs und der Beziehungen zwischen Anteil, Teil und Ganzem.

Die Vorstellung zu relativen Anteilen erfordert die Betrachtung einer Menge als „neues" Ganzes, d. h. ein diskretes Ganzes bestehend aus mehreren diskreten Elementen, hier Plättchen (Prediger et al. 2013). Der zugehörige Teil wird dabei bestimmt. Der Lerngegenstand wird handlungsorientiert durch das Verteilen von Mengen (Plättchen) auf den Bruchstreifen thematisiert.

Laut unterschiedlicher Studien werden Lernendenvorstellungen zum relativen Anteilsbegriff oft nur ungenügend aufgebaut (Padberg 2009; Schink 2013; Wartha 2009). Typische Hürden ergeben sich durch zu starke Fokussierung auf die Grundvorstellung „Teil eines Ganzen", durch fehlende Thematisierung der Bündelung (24 Plättchen in 6 Bündeln strukturiert) und durch die notwendige Koordinierung zweier Quasi-Einheiten (gezählt werden Sechstel und 4er-Bündel): fünf Sechstel entsprechen fünf 4er-Bündel. Diese Unterscheidung der absoluten Zählung der fünf 4er-Bündel und der relativen Zählung der fünf Sechstel kann sich als relevante konzeptuelle Herausforderung erweisen. Die absolute und relative Zählung in der graphischen Darstellung miteinander zu verknüpfen ist dabei wichtig, um inhaltliches Verständnis aufzubauen.

Sprachliche Spezifizierung
Zur sprachlichen Spezifizierung des fachlichen Lerngegenstands rund um relative Anteile werden die formal- bzw. bedeutungsbezogenen Sprachmittel identifiziert, die für die Artikulation der fachlich relevanten Verstehensfacetten und Denkschritte benötigt werden (siehe Abschnitt 3.2.2). Tabelle 6.1 führt mögliche Versprachlichungen an unterschiedlichen Darstellungen und anhand formal- oder bedeutungsbezogener Sprachmittel an der Beispielaufgabe $\frac{3}{4}$ von 36 auf:

Tabelle 6.1 Potenzielle Bedeutungen der Bestimmung $\frac{3}{4}$ von 36 – Beispiele für unterschiedliche Darstellungen und ihre sprachliche Realisierung

Symbolische Darstellung / formalbezogene Sprachmittel	Graphische Darstellung / bedeutungsbezogene Sprachmittel		Kontextuelle Darstellung
	Bezogen auf Anteile bzw. Felder	Bezogen auf die Plättchen bzw. Plättchengruppen	
Was ist $\frac{3}{4}$ von 36?	36 entspricht dem ganzen Streifen	36 Plättchen sind gegeben	Familie Demir hat 36 Sonnenblumenkerne als Snack für den Filmabend. Elif hat $\frac{3}{4}$ davon gegessen. Wie viele sind das?
Schritt 1: Zuerst bestimmen wir $\frac{1}{4}$ von 36			
Wir machen es durch Division: $36 : 4 = 9$ (oder mit informellen Rechenstrategien)	Wir teilen das Ganze in 4 Felder / Wir wählen den Streifen mit vier Feldern	Wir verteilen 36 Plättchen in 4 gleich große Gruppen	Wir verteilen die 36 Sonnenblumenkerne in 4 Haufen
	1 von 4 Feldern am Streifen entspricht einem Viertel	1 Feld beinhaltet eine Gruppe von 9 Plättchen	Jeder Haufen hat 9 Sonnenblumenkerne
Jetzt wissen wir: $\frac{1}{4}$ von 36 = 9	*Jetzt wissen wir:* Ein Viertel von 36 Plättchen ist 9, denn 4 Gruppen mit je 9 sind 36.		Ein Viertel von 36 sind 9 Sonnenblumenkerne, weil 4 Haufen mit je 9, 36 sind.
Schritt 2: Jetzt gehen wir von $\frac{1}{4}$ zu $\frac{3}{4}$			
Wir können das durch Multiplikation machen: $9 \times 3 = 27$ (oder mit informellen Rechenstrategien)	3 von 4 Feldern im Streifen entsprechen 3 Viertel	3 Felder entsprechen 3 Gruppen von 9 Plättchen	Wenn wir wissen, dass ein Haufen 9 Sonnenblumenkerne hat, dann haben 3 Haufen 27 Sonnenblumenkerne.
Insgesamt $\frac{3}{4}$ von 36 ist 27	Insgesamt, drei Viertel von 36 sind 27 Plättchen, denn ein Viertel von 36 ist eine Gruppe von 9 und drei Gruppen mit je 9 sind 27.		Insgesamt, $\frac{3}{4}$ von 36 Sonnenblumenkerne sind 27.

- In der ersten Spalte wird das zweistufige Verfahren zur Bestimmung der gesuchten Menge (symbolische Darstellung) mit den formalbezogenen Sprachmitteln verknüpft.
- In der zweiten und in der dritten Spalte werden die bedeutungsbezogenen Sprachmittel aufgeführt, d. h. die Mittel der Sprache (Lexik und Grammatik), die für das Erklären von Bedeutungen von Konzepten und das Beschreiben der zugrundeliegenden Strukturen notwendig sind. In der zweiten Spalte werden diejenigen Sprachmittel mit der graphischen Darstellung, konkret mit dem Bruchstreifen verknüpft, die nötig sind, um sich auf die Felder bzw. auf die Anteile und ihre relative Zählung zu beziehen. In der dritten Spalte werden diese in einem Sachkontext benutzt. Der Prozess der Bedeutungskonstruktion für die Bestimmung relativer Anteile macht erforderlich, die verschiedenen Spalten mental zu verknüpfen.

6.1.3 Relative Anteile von Mengen und proportionale Zusammenhänge – Verschränkung beider Lerngegenstände der Dissertationsarbeit

Während Brüche zunächst als Teil-Ganzes-Beziehung zu geometrisch gegebenem Ganzes eingeführt werden, ist der Schritt zu relativen Anteilen, also Brüche als Teile von Mengen ein eigenständiger Lernschritt.

Im hier vorliegenden Projekt wird die Bestimmung der relativen Anteile von Mengen eng angebunden an die Bruchstreifendarstellung, indem Plättchen auf den Streifen verteilt werden (Prediger et al. 2013). Die Abbildung 6.2 visualisiert, wie in diesem Zugang die Beispielaufgabe $\frac{7}{8}$ von 16 Plättchen am Streifen gelöst werden kann. Es werden auf dem Streifen mit acht Feldern acht 2er-Bündel gebildet. Sieben von acht 2er-Bündeln werden fokussiert. Dies entspricht 14 von insgesamt 16 Plättchen.

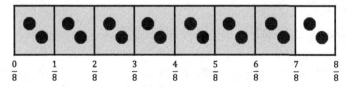

$$\frac{0}{8} \quad \frac{1}{8} \quad \frac{2}{8} \quad \frac{3}{8} \quad \frac{4}{8} \quad \frac{5}{8} \quad \frac{6}{8} \quad \frac{7}{8} \quad \frac{8}{8}$$

Abbildung 6.2 Darstellung am 8er-Streifen der Aufgabe $\frac{7}{8}$ von 16

Auch wenn dies bei Prediger et al. (2013) nicht explizit thematisiert wird, liegt diesem Lösungsweg die Nutzung proportionaler Beziehungen zugrunde. Die proportionalen Beziehungen sind eine wichtige Facette im Prozess der Bedeutungskonstruktion zu relativen Anteilen von Mengen (Vergnaud 1988). Dabei bestehen proportionale Beziehungen (Pedersen & Bjerre 2021) zwischen der Teil-Ganzes-Relation und der Relation der gesuchten Teilmenge zur gesamten Menge. So lässt sich beispielsweise die Aufgabe $\frac{7}{8}$ von 16 Plättchen am Streifen lösen oder auch interpretieren als proportionales Hochrechnen von $\frac{7}{8}$ (der Teil-Ganzes-Beziehung in Bezug auf die Felder des Streifens) auf $\frac{14}{16}$ (der Teil-Ganzes-Beziehung bezogen auf die Anzahl Plättchen), so dass äquivalente Brüche zu zwei verschiedenen Ganzes zueinander in Beziehung gesetzt werden.

Diese proportionalen Beziehungen werden von den Lehrkräften der Designexperimente als Unterstützung im Prozess der Bedeutungskonstruktion zu relativen Anteilen von Mengen aufgegriffen (siehe Abschnitte 7.1 und 7.3).

Wenn der doppelte Zahlenstrahl (siehe Abschnitt 4.1.3), der in der Arbeit vornehmlich in der Studie 2 vorkommt, zur Verdeutlichung der proportionalen Beziehungen in der Aufgabe herangezogen wird, wird die Koordinierung beider Quasi-Einheiten (Anzahl Achtel und Anzahl Plättchen) deutlicher. Während der Streifen die sichtbare Wahrnehmung der Bündel betont, wird durch den doppelten Zahlenstrahl die Kovariation beider Quasi-Einheiten beim flexiblen Hoch- und Runterrechnen hervorgehoben. Dabei wird jedem Achtel in der entsprechenden Position der jeweilige Teil zugeordnet (Abbildung 6.3). Pro Achtel wächst der zugehörige Wert immer um ein 2er-Bündel.

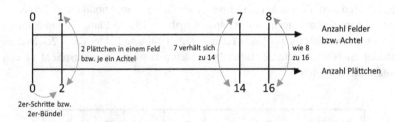

Abbildung 6.3 Darstellung am doppelten Zahlenstrahl der Aufgabe $\frac{7}{8}$ von 16

Aufgrund dieser strukturellen Bezüge zwischen „Anteile von Mengen" und „Proportionale Zusammenhänge" wurde dieser Teilbereich der Brüche-Förderung für die Studie 1 ausgewählt.

6.2 Methoden der Datenerhebung

6.2.1 Bereits erhobene und neu erhobene Daten und Auswahl der Fokusgruppen

Um in der Lernprozessstudie mehrsprachigen Lehr-Lern-Prozesse zu relativen Anteilen zu untersuchen, wurden Designexperimente (Cobb et al. 2003) in Kleingruppen von je 2–5 mehrsprachigen Lernenden und je 1–2 Lehrkräften durchgeführt. Alle Sitzungen wurden auf Video aufgenommen. Das Unterrichtsmaterial wurde in der Unterrichtssprache Deutsch und den jeweiligen Lernendensprachen Arabisch, Türkisch oder Spanisch zur Verfügung gestellt. Die Zeitpunkte der Erhebungen können der Abbildung 6.4. entnommen werden.

Das Gesamtsample, aus dem die Studie 1 schöpfen konnte, besteht insgesamt aus 41 türkisch-deutschsprachigen Lernenden (in 16 Kleingruppen) aus MuM-Multi I (bereits analysiert in Kuzu 2019, Prediger, Kuzu et al. 2019), sowie den in MuM-Multi II neu erhobenen Designexperimenten mit 15 arabisch-deutschsprachigen Lernenden (5 Kleingruppen) und 7 spanisch-deutschsprachigen Lernenden (2 Kleingruppen), an denen die Autorin jeweils beteiligt war.

Aus den insgesamt 120 Stunden Videomaterial aus 23 Gruppen wurden 3 × 2 Fokusgruppen ausgewählt und tiefgehend analysiert, jeweils zwei Gruppen aus jeder der drei im folgenden vorzustellenden Sprachkonstellationen. Die Fokusgruppen wurden so ausgewählt, dass sich identifizierte typische Phänomene innerhalb des bestehenden Datensatzes aufzeigen lassen.

Studie 1: Weiterer Zyklus einer bestehenden fachdidaktischen Entwicklungsforschung in Kleingruppensetting.

Abbildung 6.4 Überblick zu den Designexperimenten in Studie 1

6.2.2 Drei Sprachenkonstellationen in zwei Lehr-Lern-Formaten

Unterschiedliche Studien in vielfältigen mehrsprachigen Kontexten zeigen, dass Lernende verschiedene Sprachen und Register als Ressource in ihren mathematischen Lernprozessen aktivieren. Dabei spielt eine wichtige Rolle, inwiefern die Verwendung mehrerer Sprachen als Teil der etablierten Unterrichtspraktiken legitimiert ist (Bose & Setati-Phakeng 2017). Um diese Unterschiede und Ähnlichkeiten tiefgehender zu verstehen, ist ein Ziel der vorliegenden Studie, einen systematischen Vergleich dreier Sprachenkonstellationen im deutschsprachigen Kontext durchzuführen.

Der vorliegende Abschnitt stellt diese drei Sprachenkonstellationen anhand ihrer sprachlichen Hintergründe und den jeweils in den Unterrichtskulturen verankerten unterrichtlichen Praktiken vor, mit denen die Lernenden im Kontakt sind bzw. waren. Diese betrachteten unterrichtlichen Praktiken beziehen sich auf mathematikunterrichtsbezogene Merkmale und umfassendere Kulturkonzepte und Praktiken außerhalb der Schule. Die Charakterisierung erfolgte anhand der berichteten Lernendenerfahrungen, der Zusammenarbeit mit kooperierenden Lehrkräften aus den Herkunftsländern sowie anhand von Schulbuchanalysen (Redder, Çelikkol et al. 2022). Alle drei Sprachenkonstellationen wurden in Kleingruppen (2 bis 5 Lernende) von Lehrkräften unter Bedingungen der geteilten Mehrsprachigkeit am selben Lerngegenstand und mit den gleichen Lehr-Lern-Materialien unterrichtet, jedoch in verschiedenen Lehr-Lern-Formaten. Die jeweiligen Lehr-Lern-Formate werden anschließend vorgestellt.

Kleingruppen mit spanischsprachigen deutschlernenden Bildungsinländer:innen im Ausland
Die Kleingruppen mit spanischsprachigen deutschlernenden Bildungsinländer:innen im Ausland haben im Lehr-Lehr-Format der *geteilten Mehrsprachigkeit zwischen Lehrkraft und Lernenden* gearbeitet. In genannten Lehr-Lern-Format haben die Lehrkraft und die Lernenden neben der Unterrichtssprache noch eine weitere gemeinsame Sprache.

Die geteilten Sprachen sind in diesem Falle Spanisch, Deutsch und Englisch. Die Designexperiment-Leiterin dieser Kleingruppen war die Autorin dieser Dissertation. Sie ist ausgebildete Deutsch- und Mathematiklehrerin. Die Fokus-Lernenden aus diesen Kleingruppen kommen alle aus kolumbianischen Familien mit Spanisch als Familiensprache und haben keinen Migrationshintergrund. Sie haben ihre komplette schulische Laufbahn in der gleichen deutschen

Auslandsschule absolviert und besuchten zum Erhebungszeitpunkt die siebte Jahrgangsstufe.

Deutsche Auslandschulen haben die Aufgabe, Kindern sowie Jugendlichen von deutschen Staatsangehörigen und der Gastländer den Zugang in eine Bildungsinstitution zu gewährleisten, in der sie ein aktuelles Deutschlandbild vermittelt bekommen, die deutsche Sprache erlernen und interkulturellen Aspekten begegnen (Kühn & Mersch 2015). In der Schule der Studie in Medellín, Kolumbien, liegt der Anteil der deutschmuttersprachlichen Lernenden bei maximal zwei pro Jahrgang, das bedeutet, dass die Mehrheit der Lernenden aus spanischsprachigen kolumbianischen Familien stammen, die einen eher gehoben sozioökonomischen Hintergrund haben.

Interne Dokumente der Schule geben Auskunft über die während der schulischen Laufbahn erreichten sprachlichen Qualifikationen, die mittels offizieller Prüfungen (ECCO-Spanisch, DSD-Deutsch, IB-Englisch) und gemäß des europäischen Referenzrahmens festgestellt werden. Neben dem deutschsprachigen Mathematikunterricht werden weitere Fächer (Sport, Kunst, Geschichte, Biologie) deutschsprachig unterrichtet, sogenannte DFU-Fächer (Deutschsprachiger Fachunterricht). Das restliche Unterrichtsangebot erfolgt auf Spanisch.

Trotz der angelegten sprachlichen Diversität ist unter den wichtigsten internen Prinzipien der Schule für den DaF-Unterricht (Deutsch als Fremdsprache) festgeschrieben, dass die Unterrichtssprache exklusiv Deutsch ist. „Nur wenn es keine andere Möglichkeit der deutschen Umschreibung des Begriffes gibt oder sich ein anschaulicher Vergleich anbietet, kann eine spanische Vokabel herangezogen werden." (DSM 2019). Der deutschsprachige Fachunterricht der Schule dagegen erlaubt den Einbezug der Mehrsprachigkeit der Lernenden, allerdings enthalten die schulinternen Dokumente keine Hilfestellung zur konkreten Umsetzung.

Der Mathematikunterricht findet in der Grundstufe (Jahrgang 1 bis 5) und Mittelstufe (Jahrgang 6 bis 8) in deutscher Sprache statt, wobei die Erweiterung auf die Grundstufe erst ab dem Jahr 2017 eingeführt wurde. Das Stundendeputat des Mathematikunterrichts liegt bei sechs Wochenstunden, also um eine Stunde höher als im früheren spanischsprachigen Mathematikunterricht, um potenzielle Hürden zu bearbeiten und zweisprache „Vokabelsicherung" zu ermöglichen.

Kleingruppen mit deutsch-türkischsprachigen Bildungsinländer:innen

Die Kleingruppe mit deutsch-türkischsprachigen Bildungsinländer:innen hat im Lehr-Lern-Format der *geteilten Mehrsprachigkeit zwischen Lehrkraft und Lernenden* gearbeitet. Der größte Teil der deutsch-türkischsprachigen Lernenden in Deutschland sind Nachfahren von (im Kontext der Arbeitsmigration in den 1960ern) nach Deutschland zugezogenen Familien. Viele dieser Lernenden sind

heutzutage in der dritten oder vierten Generation in Deutschland geboren und aufgewachsen (Reich 2009). Obwohl das in Deutschland gesprochene Türkisch sich
als eine lebendig gepflegte Minderheitssprache erweist, herrschen dennoch Sta-
tusungleichheiten zwischen der türkischen und der deutschen Sprache (Rehbein
2011).

Der politische Diskurs in Deutschland geht von der Botschaft aus, dass das
Beherrschen der deutschen Sprache der Schlüssel zur Integration ist, diese Botschaft ist oft gekoppelt mit der Annahme, dass eine Förderung weiterer Sprachen
diesem Ziel nicht entgegenkommt. Jedoch scheint diese Perspektive im Wan-
del zu sein. Laut Angaben des Mediendienstes Integration (2019) bieten derzeit
elf Bundesländer ein staatliches Angebot an herkunftssprachlichen Unterricht an,
bei dem je nach Bundesland zwischen 2 (Berlin) und 23 (NRW) Sprachen offe-
riert werden. In 10 der 11 Bundesländer wird auch Türkisch berücksichtigt. Im
Ruhrgebiet, aus dem die Daten stammen, bildet die türkisch-deutschsprachige
Community die größte zweisprachige Community.

Die Designexperiment-Leitungen dieser Kleingruppen waren zweisprachige Mathematik-Lehramtsstudierende und wissenschaftliche Mitarbeitende im
Bereich Mathematikdidaktik, die mit den Lernenden in geteilter Mehrsprachigkeit Deutsch und Türkisch sprachen. Die Studierende brachten keine Erfahrung
im zweisprachigen Mathematiklehren mit, daher wurden sie auf diese Aufgabe
umfassend vorbereitet.

Kleingruppen mit arabischsprachigen deutschlernenden Neuzugewanderten
Die Kleingruppen mit arabischsprachigen deutschlernenden Neuzugewander-
ten haben im Lehr-Lern-Format der *nicht-geteilten Mehrsprachigkeit zwischen
Lehrkraft und Lernenden mit zweisprachiger Assistenz* gearbeitet. In diesem
Lehr-Lern-Format (Krause et al. 2022) wird die fehlende Sprachkompetenz der
Lehrkraft in der Familiensprache Arabisch ausgeglichen durch die Mitwirkung
einer unterstützenden zweisprachigen und für das Designexperiment geschulte
Person, die die Unterrichtssprache und die Familiensprache der Lernenden mit
ihnen teilt. Die unterstützende Person partizipiert aktiv am unterrichtlichen
Handeln zwischen Lehrkraft und Lernenden, sie greift insbesondere bei Ver-
ständigungsschwierigkeiten ein und greift epistemisch besonders interessante
Stellen der Familiensprachnutzung der Lernenden auf, um sie in dem sprachlich
geteilten Raum zur Diskussion zu stellen. Letzteres erforderte eine vorausge-
hende Schulung bezüglich der Grundlagen des mehrsprachigkeitseinbeziehenden
Mathematikunterrichts und vorzugsweise eine Sensibilisierung bezüglich der lerngegenstandspezifischen Merkmale zum verstehensorientierten Unterrichten (z. B.

differenzierte Sprachmittel entlang der unterschiedlichen Register, bedeutungsgenerierende Darstellungen).

6.2.3 Vergleich der drei Sprachenkonstellationen

In den drei Sprachenkonstellationen sind jeweils mindestens zwei Sprachen vertreten, wobei Deutsch die dominierende Unterrichtssprache ist, zumindest im Mathematikunterricht. Zwei der drei Sprachenkonstellationen sind im Lehr-Lern-Format der *geteilten Mehrsprachigkeit zwischen Lehrkraft und Lernenden* verortet. Dabei ist es bemerkenswert, dass der sprachliche Hintergrund der Lernenden erheblich variieren kann, sowohl innerhalb einer Sprachenkonstellation (z. B. in Bezug auf literale Qualifikationen) als auch zwischen mehreren Konstellationen (z. B. Fremdsprachenlernende der Unterrichtssprache mit einer anderen Sprache als Familiensprache im Kontrast zu mehrsprachigen Bildungsinländer:innen). Die Formate erfüllen in jeweils unterschiedlicher Weise die konstellativen Voraussetzungen für die Realisierung lernförderlichen mehrsprachigen Handelns.

Der sprachliche Hintergrund umfasst Lernende des Deutschen als Fremdsprache (spanischsprachige Deutschlernende sowie arabischsprachige Deutschlernende) und zweisprachige in Deutschland aufgewachsene Lernende (deutsch-türkischsprachige Lernende). Der Migrationshintergrund und der sozioökonomische Hintergrund geben ungefähre Anhaltspunkte für den Zugang der Lernenden zu verschiedenen Sprachregistern. Über die Sprachenkonstellationen hinweg unterscheiden sich die Lernenden nicht nur hinsichtlich der Sprachen, sondern auch hinsichtlich des demographischen Hintergrunds sowie der unterrichtlichen Praktiken im Mathematikunterricht, wie Tabelle 6.2 veranschaulicht.

Tabelle 6.2 Facetten der mehrsprachigen Profile dreier Sprachenkonstellationen (adaptiert aus Krause et al. 2021)

	Mehrsprachige Bildungs-inländer:innen im Ausland	Mehrsprachige Bildungs-inländer:innen	Mehrsprachige Neuzugewanderte
	(Kolumbianische Lernende in einer deutschen Schule in Kolumbien)	(Deutsche Lernende türkischer Herkunft in Schule in Deutschland)	(Syrische Neuzugewanderte in Schule in Deutschland)
Sprachen der Designexperimente	**Sp-De:** Spanisch & Deutsch (geteilte Zweisprachigkeit mit der Lehrkraft)	**Tr-De:** Deutsch & Türkisch (geteilte Zweisprachigkeit mit der Lehrkraft)	**Ar-De:** Deutsch & Arabisch (deutschsprachige Lehrkraft, arabisch-deutschsprachige Assistenz)
Hintergründe der Lernenden			
Sprachlicher Hintergrund	Spanisch als Familien-/ Gesellschaftssprache, Deutsch seit 7 Jahren als Fremdsprache	Türkisch und Deutsch seit früher Kindheit	Arabisch als Familiensprache, Deutschlernende, seit mehreren Monaten in Deutschland
Migrationshintergrund	Kein Migrationshintergrund, aber Besuch zweisprachiger Schule	Selbst in DL geboren, (Groß-)Eltern aus der Türkei eingewandert	Lernende vor einigen Monaten aus Syrien eingewandert
Sozioökonomischer Status	Hoher SES in Kolumbien	Niedriger/Mittlerer SES	Mittlerer SES in Syrien *Jetzt:* Status als Flüchtende
Gewohnte Unterrichtskultur			
Sprachregelung im Fach Mathematik	*Klasse 1–4:* Spanisch *Seit 2 Jahren:* Deutsch und Spanisch, geteilt mit Lehrkraft	Nur Deutsch, Türkisch normalerweise nicht erlaubt	*Vor Einwanderung:* Arabisch *Nach Einwanderung:* Deutsch (Arabisch i. d. R. erlaubt, nicht geteilt mit Lehrkraft)
Praktiken im Unterricht	*Auslandsschule:* • Fokus auf Bedeutungen symbolischer und graphischer Darstellungen • explizite Strategien zum Erlernen der deutschen Sprache und explizite Aktivitäten zur Sprachenvernetzung	*Deutsche Schulen:* • Fokus auf Bedeutungen symbolischer und graphischer Darstellungen • Erlernen bildungssprachlichen Registers oft implizit • implizite Aktivitäten zur Sprachen- und Darstellungsvernetzung	*Syrische Schulen (vor Einwanderung):* • Fokus auf Verfahren und symbolische Darstellungen *Deutsche Schulen (aktuell):* • Neuer Fokus auf Bedeutungen und graphische Darstellungen • Deutschlernen als Hauptziel, explizit

6.3   Methoden der Datenauswertung

Die videographierten Designexperimente der 3×2 Gruppen unterschiedlicher Sprachenkonstellationen wurden in Studie 1 qualitativ in Hinblick auf die *Repertoires-in-Use* (siehe Abschnitt 2.3.4) analysiert. Das bedeutet, aus den Analysen sollen Erkenntnisse gewonnen werden,

* über die Modi, wie Sprache, Register und Darstellungen verknüpft werden,
* über die weiteren Ressourcen, die dabei von den Lernenden mobilisiert werden, sowie
* über die Verknüpfungsanlässe, die sich in den jeweiligen Sprachenkonstellationen als besonders relevant herausstellten.

Die Erkenntnisse flossen später in Studie 2 ein, indem sie die Entwicklung von Ansätzen zum mehrsprachigkeitseinbeziehenden Mathematikunterricht in der Regelklasse empirisch fundiert haben.

Das Analyseinstrument wurde mittels eines deduktiv-induktiven kategorienbildenden Verfahrens (Mayring 2015) so entwickelt, dass es die Rekonstruktion der Lehr-Lern-Prozesse in Hinblick auf die dabei durchgeführten Verknüpfungsaktivitäten ermöglicht. Es wurde in einer Zeitschriftenpublikation (Uribe & Prediger 2021) erstmals in Vorversion publiziert und für diese Dissertation weiterentwickelt. In Abbildung 6.5 werden die verschiedenen Kategorien aufgeführt.

In den empirischen Analysen wurden die *Repertoires-in-Use* der Lernenden näher betrachtet. Ziel war es dabei, (Fokus-)Komponenten des individuellen Repertoires, die in mathematischen Lehr-Lern-Prozessen aktiv genutzt werden, zu identifizieren, sowie ihre Nutzung zu rekonstruieren.

Die Rekonstruktion der *Repertoires-in-Use* erfolgte unter mathematikdidaktischer Charakterisierung der aktivierten (Fokus-)Komponenten: Sprachen, Register (operationalisiert durch die bedeutungs- und formalbezogenen Sprachmittel) und Darstellungen (graphisch und symbolisch, ggf. kontextuell). Bestandteil und Kern dieser Charakterisierung bildeten die Verknüpfungsaktivitäten.

Verknüpfungsaktivitäten werden in der Arbeit als der Prozess des in Beziehung-Setzens von Sprachen, Registern und Darstellungen verstanden. Diese werden durch folgende Angaben konkretisiert und charakterisiert: *Wie* (die Art der Verknüpfung), *Wer* (die Initiierenden) und *Was* (die verknüpften Komponenten). Diese Angaben werden im Folgenden genauer konkretisiert:

Kategorien der Verknüpfungsaktivitäten

Beispiele:

• *Wechseln*$_{(L)}$: Ar→De	Wechsel von der arabischen in die deutsche Sprache, Lehrkraft-initiiert
• *Versprachlichen*$_{(S)}$: SD/fDe↔GD/bDe	Versprachlichung der Verknüpfung zwischen der symbolischen und der graphischen Darstellung unter Berücksichtigung formalbezogener und bedeutungsbezogener Sprachmittel jeweils, Lernende-initiiert

Wie? Verknüpfungsart	**Wer?** Initiierende	**Was?** Verknüpfte Komponenten	
K: Keine Verknüpfung	ʟ Lehrkraft- initiiert	Sp→De:	vom Spanischen ins Deutsche
W: Wechseln		Tr↔De:	vom Türkischen ins Deutsche hin- und zurück
(nur zeitbedingte Verknüpfung)	s Lernende- initiiert	fSp, bSp:	formalbezogene bzw. bedeutungsbezogene Sprachmittel
E: Entlehnen	ᴍ Mitlernende- initiiert		in der jeweiligen Sprache (hier am Bsp. Spanisch (Sp))
Ü: Übersetzen (auch zwischen Darstellungen)	ᴀ Aufgaben- stellung	GD, SD, KD:	graphische, symbolische, kontextuelle Darstellung
V: Versprachlichen der Verknüpfung			

P: Präzisieren der Verknüpfung
B: Begründen der Verknüpfung

Lerngegenstandsspezifische Konkretisierung

abs.:	absolute Facette (Anzahlen, Plättchen, Gruppen)
rel.:	relative Facette (Zusammenhänge, Felder, Anteile)

Die Konkretisierung der lerngegenstandsspezifischen inhaltlichen Facetten (abs./rel.) werden als Index in der jeweiligen Darstellung kodiert.

z.B. bDe$_{abs.}$: Deutschsprachige bedeutungsbezogene Sprachmittel bezogen auf die absolute Facette.

Abbildung 6.5 Analyseinstrument – Kategoriensystem der Verknüpfungsaktivitäten

„Was?" – Die verknüpften Komponenten

Die Kategorien des *Was* bzw. der verknüpften Komponenten entstanden auf deduktive Art und Weise. Sie umfassen die aktivierten Sprachen des Repertoires der Lernenden, die benutzten Sprachmittel (formal- oder bedeutungsbezogen) sowie die symbolischen, graphischen und ggf. kontextuellen Darstellungen. Außerdem wurde der Lerngegenstand in seinen Verstehensfacetten ausdifferenziert, um das konzeptuelle Verständnis zugänglicher zu operationalisieren (lerngegenstandsspezifische Konkretisierung). Diese Ausdifferenzierung erfolgte gegenstandsspezifisch, in Studie 1 bezogen auf den fokussierten Lerngegenstand „relative Anteile" (siehe Abschnitt 6.1.2). In Studie 2 werden die „proportionalen Zusammenhänge" mit eigenen Verstehensfacetten thematisiert (siehe Kapitel 4). Beispiele für die gegenstandsspezifische Konkretisierung der Register, Darstellungen und Sprachen, die für relative Anteile zu verknüpfen sind, finden sich in Tabelle 6.1. Insbesondere wird dabei zwischen der absoluten und relativen Facette unterschieden, d. h. dem Zählen in Anteilen oder in Gruppen. Bedeutungsbezogene Sprachmittel über relative Beziehungen, Felder, Brüche, werden in den

Analysen als $bSp_{rel.}$ (im Code am Beispiel Spanisch (Sp)) kodiert. Bedeutungsbezogene über absolute Zahlen, Plättchen, Gruppen, werden in den Analysen als $bSp_{abs.}$ (im Code am Beispiel Spanisch (Sp)) kodiert.

„Wie?" – Die Verknüpfungsart

Die Verknüpfungsart, nämlich das „Wie" erfasst die Art und Weise wie die Lernenden die (Einzel-)Sprachen mit den Darstellungen verknüpfen oder die Sprachen mit- und ineinander verknüpfen. Die darunter gefassten Kategorien wurden induktiv durch iterativen Vergleich der codierten Transkripte entwickelt. Unterschieden wird zwischen Wechseln (W), Entlehnen (E), Übersetzen (Ü), Begründen (B), Präzisieren (P) und Versprachlichen (V). Diese Verknüpfungsarten werden in zwei Gruppen ausdifferenziert, lokale bzw. integrierende Vernetzungsarten. Die induktiv ermittelten Verknüpfungsarten lassen sich wie folgt charakterisieren:

Lokale Vernetzungsarten

- *Keine Verknüpfung (K):* Keine Verknüpfung wurde in Transkripten kodiert, wenn eine oder mehrere Komponenten adressiert, aber nicht in Verbindung gebracht wurden.
- *Wechseln (W):* Die einfachste Verknüpfungsaktivität bildet das Wechseln zwischen Elementen (z. B. von der symbolischen (SD) in die graphische Darstellung (GD); von der spanischen (Sp) in die deutsche Sprache (De)). Wechselaktivitäten wurden innerhalb einer Komponente (z. B. zwischen Registern einer Sprache) kodiert oder wenn zwei Elementen alternierend angesprochen wurden, jeweils jedoch ohne in Verbindung gesetzt zu werden.
- *Entlehnen (E):* Entlehnen bezieht sich auf die Nutzung von Sprachmitteln, die vermutlich eine sprachgebundene Konzeptualisierung aus einer Sprache in eine andere transportieren, indem sie wörtliche Übersetzungen auch anderssprachigen Facetten bieten, die in der zweiten Sprache eine sichtbar kreative Sprachschöpfung bieten.
- *Übersetzen (Ü):* Übersetzungsaktivitäten wurden kodiert, wenn 1) zwischen Sprachen; 2) zwischen Registern oder 3) zwischen Darstellungen übersetzt wird. Durch Übersetzen werden zwei Komponenten in Verbindung gesetzt, um die mittels einer Sprache bzw. Darstellung konstruierte Bedeutung durch eine andere Sprache bzw. Darstellung wiederzugeben. Die Übersetzung bringt einen Gedanken zum Ausdruck, der nur zustande kommen kann, wenn beide Darstellungen miteinander in Beziehung gesetzt sind. Durch ein Übersetzungsprozess werden zwei Komponenten in Verbindung gesetzt, um die Bedeutung einer gleichen inhaltlichen Facette zu vertiefen.

Integrierende Vernetzungsarten

- *Begründen der Verknüpfung (B):* Mit Begründen der Verknüpfung wurden Aktivitäten kodiert, in denen die Vernetzung selbst Gegenstand der Verbalisierung ist, d. h. begründet wird, warum / inwiefern zwei Darstellungen oder sprachliche Ausdrücke zusammenpassen.

- *Präzisieren der Verknüpfung (P):* Das Präzisieren wurde kodiert, wenn Lernende (wiederholt) nach sprachlichen Mitteln suchen bzw. benutzen, um im Prozess des Versprachlichens das Gemeinte zu explizieren.

- *Versprachlichen der Verknüpfung (V):* Als Versprachlichen der Verknüpfung wurden die Stellen kodiert, an denen vermutlich eine mentale Vernetzung erfolgt. Dabei bleiben die Verknüpfungen nicht implizit, sondern werden expliziert, z. B. durch verbale Artikulation oder Verweise auf unterschiedlichen Darstellungen. Die Erläuterung gelingt, weil vernetzt gedacht wird. Die Kodierung des Versprachlichens erfordert die explizite Formulierung der Art und Weise, wie die verknüpften Komponenten miteinander verbunden sind.

„Wer?" – Die Initiierende
Mit der Kodierung der Initiierenden wurde erfasst, wer die Verknüpfungsaktivität anstößt. Dies kann entweder ein Impuls der Lehrkraft ($_L$), die Selbstinitiative der entsprechenden Lernenden ($_S$), eine Nachfrage eines Mitlernenden ($_M$) oder die konkrete Aufgabenstellung ($_A$) sein. Gerade im Bereich der Initiierung zeigten sich in den Daten relevante Unterschiede zwischen den Sprachenkonstellationen, wie in Kapitel 7 gezeigt wird.

Graphische Zusammenfassung der identifizierten Verknüpfungsaktivitäten
Jeder analysierte Fall wurde graphisch anhand des in Abbildung 6.6 abgedruckten Schemas visualisiert.

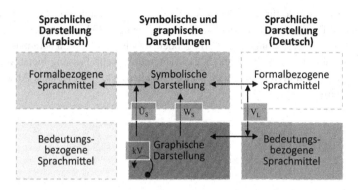

Abbildung 6.6 Beispiel der graphischen Zusammenfassung der kodierten Verknüpfungs-aktivitäten (zusammenfassende Abbildung)

Die Vernetzungspfeile in den zusammenfassenden Abbildungen und ihre Beschriftungen spezifizieren die Verknüpfungsaktivitäten, durch Angabe der Verknüpfungsart, des Initiierenden und der Richtung der Verknüpfung:

V_L	Der Buchstabe im Kästchen gibt die identifizierte Verknüpfungsart („wie?") an. In diesem Fall steht „V" für Versprachlichen. Der Index $_L$ („wer?") bedeutet in diesem Beispiel, dass die Vernetzungsaktivität durch die Lehrkraft initiiert wurde.
$\rightarrow$ / $\leftrightarrow$	Die Pfeile, auf denen die Kästchen mit den Beschriftungen der Verknüpfungsart („wie?") und des Initiierenden („wer?") stehen, zeigen die Richtung der Verknüpfung an. Es gibt Komponenten („was?"), die als Ausgangspunkt einer Verknüpfung dienen ($\rightarrow$). Durch eine Verknüpfungsaktivität können jedoch auch zwei Komponenten aktiv vernetzt ($\leftrightarrow$) werden.
$\leftrightarrow$	Unbeschriftete Pfeile, die die symbolische oder die graphische Darstellung mit der sprachlichen Darstellung in einer ihrer Realisierungen verbinden (z. B. SD/fSp im Analyseschema), geben an, dass die symbolische (SD) oder die graphische Darstellung (GD) jeweils explizit sprachlich adressiert wird, formal- oder bedeutungsbezogen. Diese erste Verknüpfung der graphischen oder symbolischen mit der sprachlichen Darstellung ist dabei Teil der kodierten Verknüpfung.

Neben den Pfeilen, die die Richtung, sowie in ihrer Beschriftung die Verknüpfungsart sowie die Initiierende der identifizierte Verknüpfungsaktivität darstellen, zeigt die abgestufte Farbgebung im Kasten die Häufigkeit der Nutzung der jeweiligen Komponenten, also der Darstellung bzw. des jeweiligen Registers. Je dunkler die Kasten, desto öfter konnte die Nutzung der entsprechenden Komponenten identifiziert werden. Nicht explizit in der Darstellung symbolisch erfasst wird dagegen die Chronologie der Verknüpfungen, also die Lernwege.

Insgesamt wurde für die Analyse schon bestehender Daten ein neues Analyseinstrument für das *Repertoire-in-Use* (Uribe & Prediger 2021) entwickelt, um die spezifischen Fragestellungen der vorliegenden Arbeit an die Daten heranzutragen. Die gegenüber Uribe & Prediger (2021) weiterentwickelte Fassung bietet Verfeinerungen und damit vertiefte Analysemöglichkeiten, wie im folgenden Abschnitt gezeigt wird.

Empirische Analysen 7

Im Folgenden werden die Fallbeispiele zunächst einzeln hinsichtlich der *Repertoires-in-Use* analysiert. Abschnitt 7.1 widmet sich der detaillierten Analyse der Fallbeispiele aus den Kleingruppen mit spanischsprachigen deutschlernenden Bildungsinländer:innen im Ausland. Abschnitt 7.2 präsentiert die Fallbeispiele aus den Kleingruppen mit deutsch-türkischsprachigen Bildungsinländer:innen und Abschnitt 7.3 die Fallbeispiele aus den Kleingruppen mit arabischsprachigen deutschlernenden Neuzugewanderten. Im abschließenden Abschnitt 7.4 wird eine vergleichende Betrachtung der Analysen aus den verschiedenen Sprachenkonstellationen durchgeführt.

7.1 Fallbeispiele aus den Kleingruppen mit spanischsprachigen deutschlernenden Bildungsinländer:innen im Ausland

Analysiert wird in diesem Abschnitt eine Lehr-Lern-Situation, in der spanischsprachige Deutschlernende von einer spanisch-deutschsprachigen Lehrerin an einer deutschen Auslandsschule in Medellin unterrichtet werden. Die Daten dieser Sprachenkonstellation wurden im Lehrformat der *geteilten Mehrsprachigkeit zwischen Lehrkraft und Lernenden* in Kleingruppensetting erhoben. Die benutzten Lehr-Lern-Materialien wurden in Abschnitt 6.1.1 eingeführt und näher erläutert.

Die Lehrerin teilt mit den Lernenden sowohl Deutsch als auch Spanisch als gemeinsame Sprachen. Die beteiligten Lernenden lernen seit sieben Jahren Deutsch als Fremdsprache mit jeweils vier Wochenstunden und haben seit zwei

Á. Uribe, *Mehrsprachigkeit im sprachbildenden Mathematikunterricht*, Dortmunder Beiträge zur Entwicklung und Erforschung des Mathematikunterrichts 53, https://doi.org/10.1007/978-3-658-46054-9_7

Jahren Mathematikunterricht in deutscher Sprache mit sechs Wochenstunden. Präsentiert werden zwei Fälle, Marcela in Abschnitt 7.1.1 sowie Clara und Simón in Abschnitt 7.1.2.

Eine vorläufige Version der Transkriptanalyse aus dem Fall Marcela wurde bereits in Uribe & Prediger (2021, S. 8–11) vorgestellt. Im Kontext dieser Arbeit erfolgt nun eine weiterführende, deutlich detailliertere Analyse.

7.1.1   Fall Marcela

Im ersten Fall der spanisch-deutschsprachigen Konstellation sind zwei Schülerinnen beteiligt, Marcela (13 Jahre alt) und Ingrid (12 Jahre alt). Der Lernprozess von Marcela wird in den Blick genommen, da in der Episode ihre Bearbeitungen thematisiert werden und sie ihre Überlegungen auf Nachfrage der Lehrerin expliziert. Die Interaktion zwischen beiden Lernenden ist jedoch für die Analyse von Marcelas Lernprozess von wesentlicher Bedeutung. Vor dem Einstieg in die Lernumgebung zur Erarbeitung der Bedeutung der relativen Anteile am Bruchstreifen (siehe Abschnitt 6.1.2), bearbeiteten die Schülerinnen zunächst einige Diagnoseaufgaben. Abbildung 7.1 zeigt Marcelas schriftliche Bearbeitung von zwei der vorgelegten Diagnoseaufgaben.

Abbildung 7.1 Marcelas Bearbeitung der diagnostischen Aufgaben

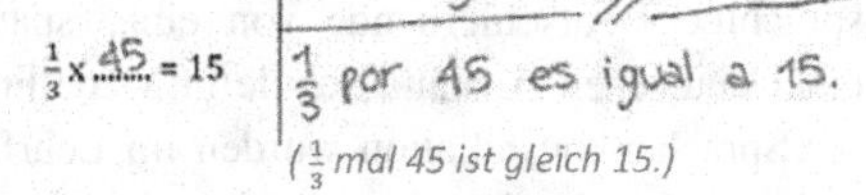

$\frac{3}{4}$ de 36 = .27......

($\frac{3}{4}$ von 36 = ___)

$\frac{3}{4}$ de 36 = 27

$\frac{3}{4}$ de 36 es igual a 27.

($\frac{3}{4}$ von 36 ist gleich 27.)

$\frac{1}{3} \cdot 45$ = 15

$\frac{1}{3}$ x 45 = 15

$\frac{1}{3}$ por 45 es igual a 15.

($\frac{1}{3}$ mal 45 ist gleich 15.)

In der ausgewählten Episode, die in Abbildung 7.2 im Analyseschema dargestellt wird, geht die Lehrerin auf Marcelas Bearbeitung der ersten oben gezeigten Aufgabe (*Wie viel ist $\frac{3}{4}$ von 36?*) ein. Marcelas Bearbeitung sowie deren Thematisierung in der Kleingruppe werden im vorliegenden Abschnitt fokussiert.

Das Transkript wird nicht in Rohform vorgelegt, sondern mitsamt empirischen Analysen im Analyseschema dargestellt. Zwischenturns, themenfremde Äußerungen und Wiederholungen werden dabei nicht aufgeführt. Das Analyseschema ist strukturiert (wie Tabelle 6.1) nach der Verknüpfung der sprachlichen mit der graphischen bzw. symbolischen Darstellung. Die kontextuelle Darstellung wird in den Analysen nicht einzeln ausgewiesen, da sie selten vorkam. In der letzten Spalte werden stattdessen die rekonstruierten Verknüpfungsaktivitäten aufgeführt, welche in Abschnitt 6.3 ausführlich dargelegt wurden.

Im Analyseschema werden die deutschsprachigen Äußerungen in schwarz aufgeführt, ursprüngliche Äußerungen in Spanisch, Türkisch oder Arabisch in grau gedruckt. Einige Äußerungen werden durch die graphische Darstellung am Bruchstreifen ergänzt. Bei den kodierten Verknüpfungsaktivitäten wurden diejenigen der Lernenden in schwarz abgebildet, diejenigen der Lehrkraft in grau.

Die ausgewählte Episode wird im Analyseschema in drei Abschnitten unterteilt. Abschnitt 2 (Turn 20–24), Abschnitt 3 (Turn 31–40), Abschnitt 4 (Turn 45–48). Diese Abschnitte bilden die drei Blöcke des Analyseschemas und stellen Sinnabschnitte dar, die jeweils eine abgeschlossene oder teils-abgeschlossene Lehr-Lern-Situation erkennen lassen.

Im ersten Abschnitt der Episode findet der Austausch hauptsächlich auf Spanisch statt. Bevor Marcela ihre spanischsprachige Erklärung in Turn 20 zur Frage: *„Und du? Was hast du gemacht?"* (Turn 15, im Analyseschema ausgeblendet) äußert, fragt sie um Erlaubnis, Spanisch zu sprechen: *„Ähm, für# kann ich das auf Spanisch sagen?"* (Turn 16, im Analyseschema ausgeblendet). Dies ist insofern bemerkenswert, als die Lehrkraft die Nutzung der spanischen Sprache elizitiert, indem sie selbst Spanisch spricht. Die im herkömmlichen Unterricht etablierte monolinguale Unterrichtspraktik dominiert vermutlich die mehrsprachige Unterrichtspraktik, die für das Designexperiment neu etabliert werden sollte.

Der zweite und der dritte Abschnitt finden in deutscher Sprache statt. Im zweiten Abschnitt leitet die Lehrkraft eine Verknüpfung der Lösungsansätze beider Lernenden an. Im dritten Abschnitt fordert die Lehrerin Marcela auf, die von der Lehrerin an der graphischen Darstellung durchgeführte Vorgehensweise zu versprachlichen.

Episode im Analyseschema und seine Analyse
Die Analyse im Analyseschema (Abbildung 7.2) startet am Anfang des Erklärungsprozesses der ersten Aufgabe in Abbildung 7.1. Zur Bearbeitung der Aufgabe ruft Marcela ihre Vorkenntnisse ab, indem sie die symbolisch vorgegebene Aufgabe $\frac{3}{4}$ *von 36* mittels des Bruchstreifens, den sie aus dem Baustein *Anteile vom Ganzen* kennt, in die graphische Darstellung übersetzt (siehe Abbildung 7.1) [Codierung des schriftlichen Produkts aus Abbildung 7.1: *Übersetzen(S):* SD → GD]. Die Codierung *(S)* als Index der Angabe der Verknüpfungsart *Übersetzen* zeigt, dass es sich dabei um eine von der Lernenden initiierte Tätigkeit handelt.

Für die schriftliche Bearbeitung der zweiten Aufgabe ($\frac{1}{3} \times$ ____ $= 15$) im
Abbildung 7.1 nimmt sich Marcela die graphische Darstellung nicht zur Hilfe.
Das lässt die Hypothese zu, dass das Sprachmittel „*de*" (von) in der ersten
Aufgabe ($\frac{3}{4}$ *de 36*) die Verknüpfung der symbolischen und der graphischen

Symbolische Darstellung / formalbezogene Sprachmittel	Graphische Darstellung / bedeutungsbezogene Sprachmittel		Identifizierte Verknüpfungs-aktivitäten
	relative Facetten	*absolute Facetten*	
20a *Mar:* Zuerst habe ich sechsunddreißig durch vier dividiert und das ergab mir neun, ...		$\frac{3}{4}$ dc 36 = 27 $\frac{3}{4}$ de 36 es igual a 27? 20b *Mar:* deshalb machte ich einen Streifen... 22 *Mar:* [fragt nach dem spanischen Wort für Streifen] 24a *Mar:* einen Streifen aus 36 Kästchen... 24c *Mar:* Das wären sie-benundzwanzig, ...	Abb. *Übersetzen(S):* SD→GD Abb. *Übersetzen(S):* GD→SD/fSp 18 fragt nach Erlaubnis, um Spanisch zu sprechen 20 *Übersetzen(S):* SD/fSp→GD/bSp 20 *Entlehnen(S):* De→Sp 22 fragt *Übersetzen(S):* De→Sp 24 *Begründen(S):* GD/bSp↔SD/fSp
24b *Mar:* weil neun mal drei ergibt siebenund-zwanzig.	24b *Mar:* ...und ich malte den dritten Teil aus.		
	31 *Leh:* In dem vierer-Streifen. Wie viele Felder hast du markiert? 32 *Ing:* Drei [graphic: 0/4 1/4 2/4 3/4 4/4] 37 *Leh:* Von sechsund-dreißig. Und von vier... wie viele wä-ren das? 40 *Mar:* Drei, drei Viertel	33 *Leh:* Wie viele hast du markiert? 35/36 *Mar:* Siebenund-zwanzig, aber von sechsunddreißig	31 *Wechseln(L):* SD→GD/bDe_rel 33 *Übersetzen(L):* GD/bDe_rel→GD/bDe_abs. 35/36 *Versprachlichen(L/S):* GD_rel/bDe↔GD_abs./bDe↔SD 40 *Versprachlichen(L/S):* GD_rel/bDe↔GD_abs./bDe↔SD
	45 *Leh:* [verteilt 36 Plätt-chen in 4 Felder] [graphic: 0/4 1/4 2/4 3/4 4/4] 48b *Mar:* in jeder Quadrat von ähm ein Viertel gestellen.	46 *Mar:* Du hast, ähm, du hast neune, neun Anzahl von [2 Sekun-den Pause] neun Plättchen? 48a *Mar:* Neun Plättchen...	46 fragt *Übersetzen(S):* Sp→De 46/48 *Versprachlichen(S):* GD_rel/bDe↔GD_abs./bDe

Abbildung 7.2 Transkript und Analyseschema für den Fall Marcela

Darstellung aufgrund der vermutlich verstehensorientierte Deutung des Sprachmittels „de" (von) auslöst. Die Aufgabe, die mittels des Mal-Zeichens formuliert ist, scheint diese Verknüpfung nicht auszulösen. Diese zwei unterschiedlichen Ansätze lassen vermuten, dass Marcela zu denken scheint, dass „por" (mal) und „de" (von) in diesem Lernkontext etwas anderes bedeuten.

Zum Erklären ihrer Bearbeitung der ersten Aufgabe ($\frac{3}{4}$ *von 36*) gliedert Marcela ihren Beitrag in zwei Schritte (Turn 20–22 und Turn 24). Zuerst verknüpft sie in Turn 20 und Turn 22 die symbolische (SD) mit der graphischen Darstellung (GD): Die symbolische Darstellung adressiert sie verbal durch spanische formalbezogene Sprachmittel (Code: fSp formalbezogene spanischsprachige Sprachmittel): *„Zuerst habe ich sechsunddreißig durch vier dividiert und das ergab mir neun,..."* (Turn 20a) und stellt mit „deshalb" den Zusammenhang zur graphischen Darstellung mit bedeutungsbezogenen Sprachmitteln her (Code: bSp bedeutungsbezogene spanischsprachige Sprachmittel). Dabei übersetzt sie von einer Darstellung in die andere *„deshalb machte ich einen Streifen"* (Turn 20b) [vollständige Codierung: 20 *Übersetzen(S)*: SD/fSp → GD/bSp].

Bemerkenswert auf der Ebene der sprachlichen Darstellung ist, dass Marcela das Sprachmittel „Streifen" aus der deutschen Sprache entlehnt [20 *Entlehnen(S)*: De → Sp] und direkt anschließend nach der Übersetzung (in die spanische Sprache) dieses im unterrichtlichen Kontext gelernten deutschsprachigen Sprachmittels fragt. Diese durch die Lernende initiierte Verknüpfungsaktivität des Übersetzens kann vermutlich einer Sprachlernstrategie der zweisprachigen Wortschatzsicherung zugeschrieben werden, die sie als Handlung mitten in der spanischsprachigen Erklärungsäußerung einbaut [22 fragt – *Übersetzen(S)*: De → Sp].

Danach, in Turn 24, leitet Marcela aus der ersten Erläuterung eine Begründung ihres Vorgehens ab. Sie legt ihren Lösungsweg mit bedeutungsbezogenen Sprachmitteln dar (bSp) und argumentiert formalbezogen in spanischer Sprache (fSp), warum das Ergebnis ihres graphischen Ansatzes (Ermittlung der Anzahl ausgemalter Kästchen, GD) auch symbolisch stimmt: *„[ich machte] einen Streifen aus sechsunddreißig Kästchen und ich malte den dritten Teil aus. Das wären siebenundzwanzig, weil neun mal drei ergibt siebenundzwanzig."* (Turn 24). In der Äußerung spricht sie inhaltlich die relative (Fokus auf die Viertel/Felder) und die absolute Facette (Fokus auf die Anzahl von Plättchen/Kästchen) des Lerngegenstands an. Obwohl das spanischsprachige Sprachmittel *„la tercera parte"* *(der dritte Teil)* nicht mit der gemeinten Bedeutung (die ersten drei von den vier Feldern) übereinstimmt, benutzt sie das Sprachmittel in der Strategiebegründung adäquat als Bindeglied zwischen ihrer rechnerischen Argumentationsbasis und der Auswahl des Streifens als graphisches Darstellungsmittel [24 *Begründen(S)*: GD/bSp ↔ SD/fSp].

Ingrid, die Mitschülerin von Marcela, scheint den Schritt von der Deutung der relativen Facetten (bezogen auf die drei Viertel) zur absoluten Facette (bezogen auf die Anzahl von Plättchen) noch nicht vollzogen zu haben. Die Lehrerin diagnostiziert dies und leitet im darauffolgenden Abschnitt (Turn 31–40) eine Kontrastierung der relativen mit der absoluten Facette des Lerngegenstands an: 3 von 4 im Kontrast zu 27 von 36, um dabei Ingrid im Lernprozess abzuholen. Der Abschnitt verläuft deutschsprachig, dabei versprachlicht Marcela mit begrenzten, aber präzisen Sprachmitteln den Unterschied zwischen der relativen Facette (bezogen auf die Viertel) und der absoluten Facette (bezogen auf die Plättchen) durch das Adressieren der Ganzen. Die Koexistenz beider Facetten: *„27 aber von 36"* (Turn 35/36) und *„drei, drei Viertel"* (Turn 40) erläutert sie sprachlich durch das Akzentuieren der Präposition „von" bzw. des Substantivs „Viertel" [35/36 & 40 *Versprachlichen$_{(L/S)}$*: GD$_{rel}$/bDe ↔ GD$_{abs.}$/bDe ↔ SD].

Diese schlichte, aber präzise Ausdrucksweise wird im dritten Abschnitt zwischen Turn 45 und 48 erneut sichtbar, wenn Marcela das von der Lehrkraft durchgeführte Vorgehen des gleichmäßigen Verteilens der Menge auf den Streifen beschreibt. Sie erfasst in einem Satz den Zusammenhang zwischen den sechsunddreißig Plättchen, den Feldern und den Vierteln: *„Du hast, ähm, du hast neune, neun Anzahl von neuen Plättchen?"* (Turn 46). Die Lehrkraft liefert zwischen den Turns das deutschsprachige Sprachmittel. *„Neun Plättchen in jeder Quadrat von ähm ein Viertel gestellt."* (Turn 48) [46/48 *Versprachlichen$_{(S)}$*: GD$_{rel}$/bDe ↔ GD$_{abs.}$/bDe].

Die identifizierten Verknüpfungsaktivitäten (siehe Abschnitt 6.3) werden zusammenfassend in Abbildung 7.3 visualisiert.

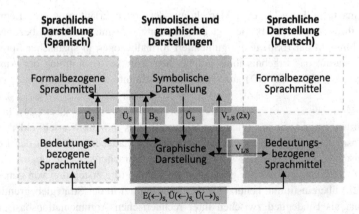

Abbildung 7.3 Zusammenfassung der adressierten Darstellungen und Sprachebenen sowie der Verknüpfungsaktivitäten für den Fall Marcela

Aus der Abbildung 7.3 kann entnommen werden, dass Marcela sowohl die deutsche als auch die spanische Sprache in der Produktion mobilisiert. Ihr Deutsch ist von vielen Sprachmitteln geprägt, die zur inhaltlichen Erläuterung dienen und so bedeutungsgenerierend wirken.

Die Momente, in denen Marcela Spanisch oder Deutsch spricht, werden klar getrennt und sind nicht so fließend wie im Fall der Bildungsinländer:innen, der in Abschnitt 7.2.1 analysiert wird. Die deutsche Sprache dominiert bei Marcela, selbst wenn die Ausdrucksmittel auf einem basalen Sprachniveau bleiben.

Marcela aktiviert aus eigenem Antrieb die graphische Darstellung zur Lösung der Aufgabe. In den meisten Äußerungen greift sie nicht nur auf die graphische Darstellung als Ausgangspunkt zurück, sondern bezieht sie mittels bedeutungsbezogener Sprachmittel in ihre Äußerungen ein. Sei es, um sie als Ausgangsdarstellung durch eine andere Darstellung inhaltlich zu deuten oder um wichtige Zusammenhänge, z. B. Teil-Ganzes, sprachlich zu fassen. Außerdem können zwei Verknüpfungsaktivitäten (Begründen, Versprachlichen) identifiziert werden, bei denen ein vernetztes Denken mehrerer Darstellungen zu vermuten ist, da ihr Zusammenhang versprachlicht wird. Beim Begründen erklärt Marcela die Passung eines graphisch unterstützten Vorgehens mit der symbolischen Darstellung. Beim Versprachlichen verknüpft sie zwei Mal die symbolische mit der graphischen Darstellung und einmal vollzieht sie eine Verknüpfung zweier inhaltlicher Facetten innerhalb einer Darstellung. Die Darstellungen werden also nicht als Folge lokal aktiviert, sondern als Teilkomponente einer holistischen Betrachtung.

7.1.2 Fall Clara und Simón

Der zweite Fall stammt aus einer Kleingruppe in spanisch-deutschsprachiger Sprachenkonstellation, zu der drei Lernende gehören, Clara (12 Jahre alt), Simón (13 Jahre alt) und Juan (12 Jahre alt) sowie die gleiche spanisch-deutschsprachige Lehrerin wie im Fall Marcela. In der Analyse werden die Lernprozesse von Clara und Simón fokussiert, da sich Juan wenig äußert.

In der hier analysierten Episode, die in Abbildung 7.4 im Analyseschema dargestellt wird, wird die Lernumgebung (siehe Abschnitt 6.1.1) erstmalig eingeführt, ohne auf die diagnostische Aufgabe einzugehen, die zuvor von den Lernenden bearbeitet wurde. Die vorangegangene Analyse der Diagnoseaufgaben zeigt, dass die Lernenden mit dem Lerngegenstand Anteile von Mengen noch nicht vertraut sind.

Symbolische Darstellung / formalbezogene Sprachmittel	Graphische Darstellung / bedeutungsbezogene Sprachmittel		Identifizierte Verknüpfungsaktivitäten
	relative Facetten	*absolute Facetten*	
65 *Leh:* Dann haben wir vier Siebtel und ähm, zweiundvierzig.			
66 *Sim:* von oder mal?	68 *Sim:* von		66/68 *Präzisieren(S):* (bDe↔fDe)→bDe
	73 *Leh:* vier Siebtel von zweiundvierzig. Was denkt ihr, was macht man jetzt?		74 *Wechseln(S):* bDe→SD/fDe
74 *Jua:* Ich denke, dass vier durch zweiundvierzig.			75 *Wechseln(S):* bDe→GDrel.
	75 *Cla:* Hier $\frac{0}{7}\ \frac{1}{7}\ \frac{2}{7}\ \frac{3}{7}\ \frac{4}{7}\ \frac{5}{7}\ \frac{6}{7}\ \frac{7}{7}$	77 *Leh:* Okay, hier und was machen wir hier am Streifen?	78 *Wechseln(S):* De→Sp
		78 *Cla:* Ähm, die Dinger, also die…	78 *Keine Verknüpfung:* GDabs.
		79 *Leh:* (verteilt die Plättchen mit Hilfe der Lernenden) Und jetzt? $\frac{0}{7}\ \frac{1}{7}\ \frac{2}{7}\ \frac{3}{7}\ \frac{4}{7}\ \frac{5}{7}\ \frac{6}{7}\ \frac{7}{7}$	98 *Übersetzen(S):* GDabs.→SDabs./fDe
98 *Cla:* Wie viel ist sechs mal vier?		97 *Sim:* zweiundvierzig	99 *Präzisieren(L):* GD/bDeabs./↔bDeabs.
		99 *Leh:* Das sind zweiundvierzig. Zweiundvierzig ist meine…?	100-102 *Präzisieren(L):* bDeabs.
		100 *Jua:* Anzahl	103a *Präzisieren(L):* bDeabs.↔GD
		101 *Cla:* Alle	103b *Übersetzen(L):* GD/bDeabs.↔GD/bDerel.
		102 *Sim:* Menge	
		103a *Leh:* Die Menge, genau, und bildet hier mein Ganzes… $\frac{0}{7}\ \frac{1}{7}\ \frac{2}{7}\ \frac{3}{7}\ \frac{4}{7}\ \frac{5}{7}\ \frac{6}{7}\ \frac{7}{7}$	108 *Präzisieren(L):* GD↔GD/bDerel.
	103b *Leh:* Und was ist mein Ganzes hier? $\frac{0}{7}\ \frac{1}{7}\ \frac{2}{7}\ \frac{3}{7}\ \frac{4}{7}\ \frac{5}{7}\ \frac{6}{7}\ \frac{7}{7}$		110 *Übersetzen(L):* GD/bDeabs.→GD/bDerel.
	108 *Sim:* Sieben Siebtel		112 *Wechseln(S):* De→Sp
112 *Cla:* Wie viel ist… Wie viel ist sechs mal vier?	110 *Leh:* Sieben Siebtel, genau… oder eins. Und was wären dann vier Siebtel davon? Vier Siebtel von zweiundvierzig?	113 *Sim:* Vierundzwanzig	113 *Wechseln(M):* De→Sp
		114 *Leh:* Und warum?	116 *Begründen(L):* SD→GD/bDabs.↔GD/bDerel.
119 *Cla:* Und ja, sechs mal vier.	116 *Sim:* Weil bis hier ist vier Siebtel	117b *Cla:* Und es hat hier, ähm…	116/120 *Versprachlichen(L):* GD/bDerel.↔ GD/bDeabs.↔SD/fDe
120 *Sim:* Und dann sechs mal vier vierundzwanzig.	117a *Cla:* Weil bis hier… $\frac{0}{7}\ \frac{1}{7}\ \frac{2}{7}\ \frac{3}{7}\ \frac{4}{7}\ \frac{5}{7}\ \frac{6}{7}\ \frac{7}{7}$	118 *Leh:* Sechs Plättchen, mhm $\frac{0}{7}\ \frac{1}{7}\ \frac{2}{7}\ \frac{3}{7}\ \frac{4}{7}\ \frac{5}{7}\ \frac{6}{7}\ \frac{7}{7}$	117/119 *Versprachlichen(L):* GD/bDerel.↔ GD/bDeabs.↔SD/fDe

Abbildung 7.4 Transkript und Analyseschema für den Fall Clara und Simón

Die Episode lässt sich in zwei Abschnitte gliedern. Zunächst, von Turn 65 bis 68, ziehen die Lernenden eine Anteilskarte ($\frac{4}{7}$) und eine Mengenkarte (42) aus den jeweiligen Stapeln. Die daraus resultierende Aufgabe lautet, *„Wie viel ist $\frac{4}{7}$ von 42?"*. Simón initiiert hier die Klärung der Aufgabenformulierung. Im darauffolgenden Abschnitt, von Turn 73 bis 120, konzentriert sich die Kleingruppe auf die gemeinsame Lösung der Aufgabe.

Episode im Analyseschema und seine Analyse
Bereits bei der Aufgabenstellung versucht Simón mittels der Alternativfrage *„von oder mal?"* (Turn 66) die Beziehung zwischen den aus dem Stapel gezogenen Zahlenwerten zu präzisieren. Die Verknüpfung der Zahlenwerte wird auf der Ebene der Sprachmittel vollzogen. Ähnlich wie im Fall von Marcela (siehe Abschnitt 7.1.1) scheint Simón der symbolischen Prozedur, ausgedrückt durch das Sprachmittel „mal", und dem graphischen Verfahren, welches durch das „von" in den Gang gesetzt wird, unterschiedliche Bedeutungen zuzuschreiben. Simón steht vor der Wahl zwischen dem bedeutungsbezogenen Sprachmittel „von" und dem formalbezogenen Sprachmittel „mal". Er trifft eine Entscheidung, indem er das bedeutungsbezogene Sprachmittel „von" sprachlich markiert: *„von"* (Turn 68). Es ist zu beachten, dass diese Präzisierung von Simón selbst eingeleitet und abgeschlossen wird, wie durch den Code [66/68 *Präzisieren($_S$):* (bDe ↔ fDe) → bDe] dargestellt.

Wenn die Lehrerin den Lösungsprozess im Turn 73 für die Lernenden eröffnet: *„vier Siebtel von zweiundvierzig. Was denkt ihr, was macht man jetzt?"* (Turn 73), wechselt Juan auf die symbolische Darstellung ausgedrückt mittels formalbezogener Sprachmittel: *„Ich denke, dass vier durch zweiundvierzig."* (Turn 74). Sprachlich vertauscht er dabei Dividend und Divisor und bricht den Lösungsprozess nach der Erläuterung des ersten Lösungsschrittes (siehe Tabelle 6.1) ab. Er wechselt also von der bedeutungsbezogenen deutschen Sprache in die symbolische Darstellung, deutschsprachig realisiert mittels formalbezogener Sprachmittel [(74 *Wechseln($_S$):* bDe → SD/fDe)].

Im anschließenden Turn wechselt Clara auf die graphische Darstellung, wo sie die $\frac{4}{7}$ verortet, ohne eine Verknüpfung explizit zu machen *„Hier"* (Turn 75) [75 *Wechseln($_S$):* bDe → GD$_{rel.}$]. Die Lehrerin präzisiert Claras *„Hier"* durch den sprachlichen Verweis auf den Streifen: *„Okay, hier und was machen wir hier am Streifen?"* (Turn 77). Als Antwort scheint Clara im Turn 78 die Plättchen in den Blick nehmen zu wollen, um am Streifen zu agieren: *„Ähm, die Dinger, also die..."* (Turn 78). Sie bezieht sich durch das Wort *„cositas"* (Dinger) vermutlich auf die Plättchen, bricht aber ihre Formulierung ab, ohne eine eindeutige Verknüpfung sichtbar zu machen. Clara scheinen die Sprachmittel zu fehlen, um ihre Gedanken vollständig zu äußern und der von ihr eingeleitete Sprachenwechsel ins Spanische scheint ihr nicht weiterzuhelfen [78 *Wechseln$_{(S)}$*: De → Sp]. Da die Einführung des Materials hauptsächlich deutschsprachig stattfand, fehlt ihr möglicherweise das begriffliche Ausdrucksmittel für Plättchen auf Spanisch, so dass in der Formulierung keine angemessene Sprachmittelwahl getroffen wird [78 *Keine Verknüpfung:* GD$_{abs.}$].

Die Lehrerin initiiert die Verteilung der zweiundvierzig Plättchen auf den Streifen mit Hilfe der Lernenden (Turn 79). Die Visualisierung der verteilten Menge scheint Clara dabei zu unterstützen, den vorigen deiktischen Verweis auf den Anteil $\frac{4}{7}$ am Streifen (Turn 75) in die Bestimmung des gesuchten Teils in der symbolischen Darstellung durch Multiplikation zu übersetzen: *„Wie viel ist sechs mal vier?"* (Turn 98). Die Frage wird jedoch zu diesem Zeitpunkt nicht von der Lehrerin aufgegriffen [98 *Übersetzen$_{(S)}$:* GD$_{abs.}$ → SD$_{abs.}$/fDe].

Nachdem die Plättchen auf dem Streifen verteilt sind, versucht die Lehrerin die Situation vom konkreten Beispiel zu lösen und über die bedeutungsbezogenen Sprachmittel den Prozess der Bedeutungskonstruktion anzuregen. Sie elizitiert die Benennung der Menge als neues Ganzes: *„Das sind zweiundvierzig. Zweiundvierzig ist meine...?"* (Turn 99). Die Lernenden schlagen als Sprachmittel *„Anzahl"* (Turn 100), *„Alle"* (Turn 101) und *„Menge"* (Turn 102) vor. Folgend fragt die Lehrerin nach dem Bruch ($\frac{7}{7}$), der das Ganze im leeren Streifen beschreibt. Dabei will sie vermutlich einen Bedeutungstransfer auslösen bzw. an die Vorkenntnisse der Lernenden zu „Anteile vom Ganzen" knüpfen, um den Übergang zu „relativen Anteilen von Mengen" zu gestalten.

Dieser Impuls der Lehrerin scheint zwischen Turn 116 und Turn 120 fruchtbar zu werden. Auf die Frage, warum der gesuchte Teil vierundzwanzig entspricht, begründet Simón durch den deiktischen Hinweis auf den gesuchten Anteil *„weil bis hier ist vier Siebtel."* (Turn 116) bzw. auf die relative Facette über die Felder an der graphischen Darstellung [116 *Begründen$_{(L)}$:* SD → GD/bDe$_{abs.}$ ↔ GD/bDe$_{rel.}$]. Im Turn 120 nutzt er die symbolische Darstellung, um durch Multiplikation die Erweiterung des Teils zu einem Feld auf den gesuchten Teil zu vollziehen: *„Und dann sechs mal vier vierundzwanzig."* (Turn 120) [116/120 *Versprachlichen$_{(L)}$:* GD/bDe$_{rel.}$ ↔ GD/bDe$_{abs.}$ ↔ SD/fDe].

Clara setzt zum ersten Mal die (bis dahin zwei Mal geäußerte) Berechnung des gesuchten Teils (Turns 98, 112) mit der graphischen Darstellung in Verbindung. Das macht sie, indem sie auf den Anteil zu einem Feld zeigt und mit der Deixis *„hier"* verstärkt: *„Weil bis hier..."* (Turn 117a) und anschließend auf die absolute Anzahl von Plättchen hindeutet: *„Und es hat hier, ähm..."* (Turn 117b). Danach greift sie auf die symbolische Darstellung zurück. Dieses Mal aber nicht als Frage, sondern als Verstehenselement in der Versprachlichung ihres

Gedankengangs und konkret als weiterer Schritt ihres Verfahrens, nämlich um die Erweiterung der Anzahl von Plättchen in einem Feld (Teil zu einem Feld) auf den gesuchten Teil zu bestimmen: *„und ja, sechs mal vier"* (Turn 119) [117/119 *Versprachlichen$_{(L)}$:* GD/bDe$_{rel.}$ ↔ GD/bDe$_{abs.}$ ↔ SD/fDe].

Die Äußerungen von Clara und Simón deuten auf ein vernetztes Denken der graphischen und der symbolischen Darstellung hin. Die Aufbereitung des Lerngegenstands basiert auf dem Prinzip der Darstellungs- und Sprachenvernetzung. Dies ermöglicht bereits mit wenigen Sprachmittel erste Elemente von Vernetzungsgedanken sichtbar zu machen, selbst, wenn sie nicht explizit versprachlicht werden. Anders als im Fall von Marcela werden im vorliegenden Fall fast alle integrierende Verknüpfungsaktivitäten durch die Lehrkraft initiiert. Bemerkenswert ist, dass die Sprache der Lehrkraft an vielen Stellen unpräzise und ebenfalls von vielen Deiktika geprägt ist.

Die Episode ist mehrheitlich deutschsprachig. An drei Stellen gibt es lernendeninitiierte Sprachenwechsel von der deutschen in die spanische Sprache. Diese sind festzustellen in Momenten, in denen den Lernenden konkrete Sprachmittel fehlen, wie z. B., Plättchen (Turn 78) oder, um die Kommunikation mit den anderen Lernenden einzuleiten (Turn 112–113).

Die identifizierten Verknüpfungsaktivitäten im Fall Clara werden zusammenfassend in Abbildung 7.5 visualisiert.

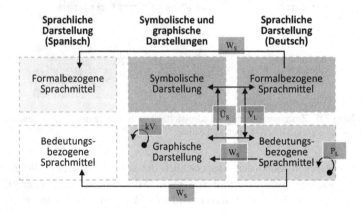

Abbildung 7.5 Zusammenfassung der adressierten Darstellungen und Sprachebenen sowie der Verknüpfungsaktivitäten für den Fall Clara

Im Fall Clara wird in den meisten initiierten Verknüpfungsaktivitäten auf eine Darstellung implizit zugegriffen, um von ihr aus eine andere Darstellung aufzugreifen. Das begründet die zahlreichen Übersetzungen oder Wechsel. Clara springt zwischen den Darstellungen, bis sie durch Scaffolding seitens der Lehrerin dazu kommt, die vorher isoliert erwähnten Facetten des Lerngegenstands in Bezug zu setzen. Im Kontrast zu Marcela versprachlicht Clara nicht den inhaltlichen Bezug zwischen der graphischen und der symbolischen Darstellung, sondern führt schrittweise eine Verteilprozedur an beiden Darstellungen durch. An zwei Stellen wechselt Clara von der deutschen in die spanische Sprache, einmal scheint dies auf Grund fehlender Sprachmittel zu erfolgen. Das zweite Mal wiederholt sie die bereits eingebrachte deutschsprachige Äußerung nun spanischsprachig, welche bis zu diesem Zeitpunkt weder von der Lehrkraft noch von den Mitlernenden angesprochen wird.

Die identifizierten Verknüpfungsaktivitäten im Fall Simón werden zusammenfassend in Abbildung 7.6 visualisiert.

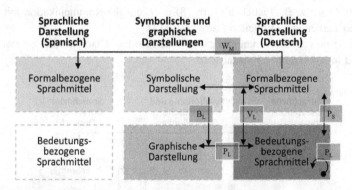

Abbildung 7.6 Zusammenfassung der adressierten Darstellungen und Sprachebenen sowie der Verknüpfungsaktivitäten für den Fall Simón

Simón dagegen mobilisiert hauptsächlich die deutsche Sprache. Die einzige spanischsprachige Äußerung wird von seiner Mitschülerin Clara angeregt. Im Fall Simón sowie im Fall Marcela wird ein Merkmal des Unterrichtens im Sprachlernkontext besonders sichtbar: Die Präzisierung der Sprachmittel und die namentliche Benennung der Konzepte, die sie beschreiben, scheinen hier einen wichtigen Stellenwert zu haben.

7.2 Fallbeispiele aus den Kleingruppen mit deutsch-türkischsprachigen Bildungsinländer:innen

Die betrachteten Fälle aus den deutsch-türkischsprachigen Konstellationen erfolgen im Lehrformat der *geteilten Mehrsprachigkeit zwischen Lehrkraft und Lernenden.* Die Lernenden und die Lehrkraft haben Deutsch und Türkisch als gemeinsame Sprachen. Die Lernenden begegneten zum Zeitpunkt der Erhebung dem Lerngegenstand der relativen Anteile von Mengen zum ersten Mal, insbesondere war er noch nicht formal erarbeitet.

In beiden Fällen wird die Aufgabe im Kontext eines Wettbewerbs eingebettet, bei dem man Sonnenblumenkerne (im Türkischen „Çekirdek") als Preis erhalten kann. Im Unterschied zu den Fällen in 7.1 und 7.3 wird hierdurch die kontextuelle Darstellung hinzugezogen. Sonnenblumenkerne im Familienkreis zu essen, ist eine verbreitete Tradition im türkischsprachigen Raum.

Das Transkript aus dem Fall wurde bereits – mit anderen analytischen Instrumenten und Perspektiven – in Wagner et al. (2018, S. 11–15) analysiert. Eine vorläufige Version der Transkriptanalyse aus den hier ausgeführten Gesichtspunkten wurde bereits in Uribe & Prediger (2021, S. 11–14) vorgestellt. Im Kontext dieser Arbeit erfolgt nun eine weiterführende, detailliertere Analyse.

7.2.1 Fall Halim

Im ersten Fall sind an der Kleingruppe Akasya (14 Jahre alt), Halim (14 Jahre alt), Hakan (14 Jahre alt) und Ilknur (14 Jahre alt) beteiligt. In der Episode steht die Teilhabe von Halim im Vordergrund, daher konzentriert sich die Analyse auf seinen Lernprozess. Die analysierte Episode, die in Abbildung 7.7 im Analyseschema dargestellt wird, gibt Einblicke in den Moment, in dem die Lernenden und der Lehrer die Bedeutung der Aufgabe *(Wie viel ist $\frac{2}{8}$ von 24?)* darstellungsvernetzend konstruieren.

Episode im Analyseschema und seine Analyse
Die Episode beginnt mit der Einführung der Aufgabe $\frac{2}{8}$ von 24 auf dem Streifen mit verteilten Sonnenblumenkernen. Der Lehrer leitet im Turn 68 den Austauschprozess ein: *„Wir haben nun vierundzwanzig Stück aufgeteilt. Gut, wo können wir zwei Achtel sehen?"* (Turn 68). Als Antwort gestikulieren Akasya und Halim und zeigen eine fehlerhafte Übersetzung der symbolischen Darstellung in die graphische Darstellung: *„Das hier"* (Turn 69). Die Lernenden zeigen dabei auf

Symbolische Darstellung / formalbezogene Sprachmittel	Graphische Darstellung / bedeutungsbezogene Sprachmittel		Identifizierte Verknüpfungs-aktivitäten
	relative Facetten	*absolute Facetten*	
	69 *Aka/Hal:* Das hier 0/8 1/8 2/8 3/8 4/8 5/8 6/8 7/8 8/8	68 *Leh:* Wir haben nun vierundzwanzig Stück aufgeteilt. Gut, wo können wir zwei Achtel sehen?	68 *Übersetzen(L):* SD↔GD 69 *Übersetzen(L):* SD→GD *falsch*
		70 *Hal:* Nein. Äh, das sind drei Stück? 71a *Leh:* Drei Stück jetzt in einem Feld. Insgesamt vierunzwanzig...	70 *Übersetzen(L):* GD→GD/bDe_abs. *falsch* 70 *Wechseln(S):* Tr→ De
		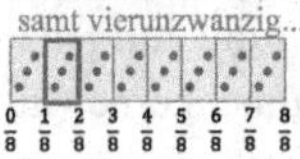 0/8 1/8 2/8 3/8 4/8 5/8 6/8 7/8 8/8	71a *Wechseln(L):* Tr↔De
71b *Leh:* Ja, ja, wir suchen nun zwei Achtel. 72a *Hal:* (Auf dem Tisch) ist zwei Achtel *[zeigt auf die grüne Anteilskarte]*	72b *Hal:* Ach so, das dann ja. 76 *Leh:* Warum?	75 *Hak:* Das ist sechs? 77 *Hak:* Ich habe geraten.	71 *Wechseln(L):* GD/bTr_abs.→ SD_rel. 72 *Wechseln(L):* Tr↔De 72 *Wechseln(L):* SD→GD *falsch* 75/77 *Keine Verknüpfung in GD*
	78a *Leh:* Du hast nicht geraten [...]. Wir haben nun bis hierhin gesagt. Nicht wahr? 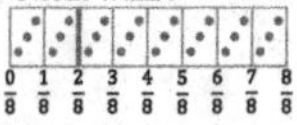 0/8 1/8 2/8 3/8 4/8 5/8 6/8 7/8 8/8 78b *Leh:* Zwei Achtel ist hier 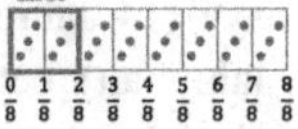 0/8 1/8 2/8 3/8 4/8 5/8 6/8 7/8 8/8		78 *Versprachlichen(L):* GD_abs./bTr↔ GD_rel./bTr↔SD_rel.
	79a *Hal:* Ich habe es verstanden [...]. Bis hierhin von acht *[zeigt auf den ganzen Streifen]*, bis zwei, also so. *[zeigt auf die ersten beiden Felder]*	79b *Hal:* Wie viele rauskommen. 80 *Leh:* Aha, wie viele Kerne gibt es hier? 0/8 1/8 2/8 3/8 4/8 5/8 6/8 7/8 8/8 81 *Aka:* Drei Stück... *[leise]* Sechs *[lauter]*	79 *Versprachlichen(L):* GD↔ bTr_rel↔SD_abs. 80 *Übersetzen(L):* bTr_rel.→bTr_abs. 81 *Wechseln(L):* GD→bTr_abs.

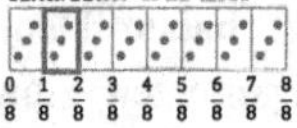

Abbildung 7.7 Transkript und Analyseschema für den Fall Halim

das zweite Feld, wo sich drei Sonnenblumenkerne befinden, was auf eine ordinale Interpretation des Zählers (Achtel in der zweiten Position), statt auf eine kardinale Interpretation des Anteils hindeutet, wie in Kuzu (2019) ausführlich analysiert [69 *Übersetzen$_{(L)}$: SD $\rightarrow$ GD falsch*].

Im anschließenden Turn 70 verneint Halim seine Antwort: *„Nein. Äh, das sind drei Stück?"* (Turn 70). Dabei bleibt er jedoch in der Verknüpfung des Feldes mit der beinhalteten Anzahl von Plättchen, ohne das Ganze zu betrachten [70 *Übersetzen$_{(L)}$: GD $\rightarrow$ GD/bDe$_{abs.}$ falsch*]. Der Lehrer ordnet das artikulierte Wissen und leitet die weiteren Schritte des Lernprozesses ein, in dem er die falsche Antwort von Halim sprachlich in deutscher Sprache richtig einrahmt: *„Drei Stück jetzt in einem Feld..."*, die Aufmerksamkeit auf die ganze Menge türkischsprachig lenkt: *„...Insgesamt vierundzwanzig..."* (Turn 71a), und den gesuchten Anteil als die eigentliche Aufgabenstellung wieder in den Raum platziert: *„Ja, ja, wir suchen nun zwei Achtel."* (Turn 71b) [71 *Wechseln$_{(L)}$: GD/bTr$_{abs.}$ $\rightarrow$ SD$_{rel}$*]. Halim scheint den Impuls des Lehrers misszuverstehen und zeigt auf die Anteilskarte mit der $\frac{2}{8}$, die auf dem Tisch liegt [72 *Wechseln$_{(L)}$: SD $\rightarrow$ GDfalsch*].

Im Turn 75 benennt Hakan das richtige Ergebnis: *„Das ist sechs?"* (Turn 75). Dabei gibt er keine Begründung an bzw. erklärt, die Antwort geraten zu haben, obwohl der Lehrer diese durch die Nachfrage nach dem *„Warum?"* (Turn 76) elizitiert [75/77 *Keine Verknüpfung in GD*]. Ab diesem Moment und vermutlich mit dem Ziel, den noch nicht konsolidierten Verknüpfungsprozess weiter zu unterstützen und das Gemachte wieder einzuordnen, bietet der Lehrer ausgeprägteres Scaffolding an. Er adressiert dabei die inhaltliche Deutung des Ergebnisses am Streifen mit Bezugnahme auf die absolute und relative Facette sowie ihre bedeutungsbezogene Versprachlichung: *„Du hast nicht geraten [...]. Wir haben nun bis hierhin gesagt. Nicht wahr? Zwei Achtel ist hier"*. Der Lehrer benutzt den Ausdruck *„bis hierhin"* (bezogen auf die Trennungslinie zu $\frac{3}{8}$) begleitet von der bedeutungsnäheren Bewegungsgeste über das erste und das zweite Feld: *„Zwei Achtel ist hier"*, dabei schließt er gestisch die ersten beiden Felder ein. Genauso wie die Lernenden benutzt der Lehrer vornehmlich Deiktika [78 *Versprachlichen$_{(L)}$: GD$_{abs}$/bTr. $\leftrightarrow$ GD$_{rel.}$/bTr $\leftrightarrow$ SD$_{rel}$*].

Nach dieser Systematisierung ruft Halim verstanden zu haben: *„Ich habe es verstanden [...]. Bis hierhin von acht..."*, dabei adressiert er das Ganze zum ersten Mal explizit und verstärkt so die relative Perspektive. Er setzt seine Äußerung fort: *„...Bis zwei, also so. Wie viele rauskommen"* (Turn 79a). Halim scheint dabei die relative mit der absoluten Facette zu verknüpfen. *„Wie viele rauskommen"* (Turn 79b) bezieht sich also auf den gesuchten Teil bzw. die gesuchte Lösung, die anschaulich abgeleitet wurde [79 *Versprachlichen$_{(L)}$: GD $\leftrightarrow$ bTr$_{rel.}$ $\leftrightarrow$ SD$_{abs.}$*].

Die Lösung wird am Schluss von Akasya genannt: *„Drei Stück... Sechs"* (Turn 81). Ob Akasya genauso wie Halim den graphischen Prozess selbst vollziehen kann, kann aus der Episode nicht entnommen werden, da ihre Äußerung als Antwort auf die konkrete Frage des Lehrers: *„Aha, wie viele Kerne gibt es hier?"* (Turn 80) losgelöst von den durch Halim erläuterten Prozess gegeben wird.

Die identifizierten Verknüpfungsaktivitäten im Fall Halim werden zusammenfassend in Abbildung 7.8 visualisiert.

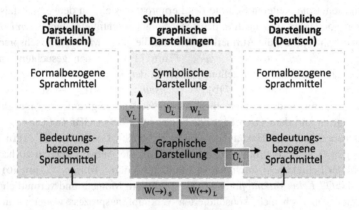

Abbildung 7.8 Zusammenfassung der adressierten Darstellungen und Sprachebenen sowie der Verknüpfungsaktivitäten für den Fall Halim

Im Laufe der Episode ist ein fließender Wechsel zwischen den Sprachen zu beobachten. Der Lehrer fordert permanent die Nutzung der türkischen Sprache ein und bietet ein Sprachvorbild für die fließenden Wechsel an [72 *Wechseln$_{(L)}$:* Tr ↔ De]. Entgegen vieler anderer Lehr-Lern-Situationen in dieser Sprachenkonstellation (Kuzu 2019; Schüler-Meyer, Prediger, Wagner & Weinert 2019) gelingt es dem Lehrer dadurch, dass die Lernenden die türkische Sprache in der Produktion öfter als gewöhnlich mobilisieren. (Ein typisches Beispiel wird im Fall Deniz in Abschnitt 7.2.2 exemplarisch vorgestellt.)

Im Kontrast zu den vorigen Fällen 7.1.1 und 7.1.2 wird die symbolische Darstellung, die durch die Aufgabenstellung hervorgerufen wurde, hauptsächlich als Ausgangsmedium benutzt. Sie wird außerdem von Halim nur noch einmal zur Bestimmung des Ergebnisses aktiviert. Das formalbezogene Register wird in keiner der beiden Sprachen mobilisiert. Halim nutzt primär die graphische Darstellung, auch wenn er sie zunächst mehrmals falsch deutet.

Fast alle Aktivitäten der Verknüpfung werden im Fall Halim durch den Lehrer angestoßen. Darüber hinaus wird ein starkes Scaffolding benötigt, bevor mathematisch korrekte Bearbeitungen entstehen.

7.2.2 Fall Deniz

Der zweite Fall mit deutsch-türkischsprachigen Bildungsinländer:innen stammt aus der Kleingruppe von Emrah (14 Jahre alt), Deniz (14 Jahre alt), Ceylan (14 Jahre alt) und Yusuf (14 Jahre alt), die vom gleichen türkisch-deutschsprachigen Lehrer wie im vorangegangenen Beispiel begleitet werden. Bearbeitet wird die Aufgabe „Wie viel ist $\frac{7}{8}$ von 16?". Die zuvor gezogene Aufgabe *(Wie viel ist $\frac{7}{8}$ von 8?)* wechselten die Lernenden aus, vermutlich, um nicht die gleiche Menge an Plättchen wie die Anzahl von Feldern zu haben. Die Äußerungen zwischen Turn 56 und Turn 58 beziehen sich auf die Reaktion der Lernenden, als sie die neue Mengenkarte 16 aus dem Stapel ziehen. In Abbildung 7.9 wird die analysierte Episode im Analyseschema dargestellt.

Episode im Analyseschema und seine Analyse
Die Lernenden legen die Mengenkarte 8 zur Anteilskarte $\frac{7}{8}$ zurück und ziehen die neuen Mengenkarte 16 aus dem Stapel. Deniz und Yusuf reagieren schmunzelnd sofort. Sie scheinen dabei festzustellen, dass die neue Aufgabe keinen höheren Schwierigkeitsgrad aufweist: „*Das ist genau dasselbe.*" (Turn 56), sagt Deniz. „*Das Doppelte*" (Turn 57), sagt Yusuf [56 & 57 *Übersetzen(S)*: SD → bDe]. Deniz stellt bedeutungsbezogen fest, dass beide Aufgaben „*[...] dasselbe*" (Turn 56) darstellen und begründet dies mittels formalbezogener Sprachmitteln in der symbolischen Darstellung: „*Weil man acht durch sechzehn teilen kann.*" (Turn 58) [58 *Begründen(S)*: bDe → SD/fDe].

Deniz entfaltet ihre Äußerung weiter: „*Sechszehn durch zwei kann man ja teilen, also die acht ist durch sechszehn teilbar, sagen wir das mal so...*". Direkt im gleichen Turn geht sie in die graphische Darstellung über und deutet daran das Ergebnis ihrer (sprachlich verdrehten) Erläuterung: „*... Das Ergebnis ist dann zwei und dann kann man überall nochmal zwei Sonnenblumenkerne reintun.*" (Turn 62). Der fließende Übergang zwischen den Darstellungen ist auffällig. Deniz erläutert, inwiefern das Ergebnis der Rechnung graphisch darzustellen ist, und macht dabei die Verknüpfung beider Darstellungen explizit [62 *Begründen(S)*: SD/fDe ↔ $GD_{abs.}$/bDe].

Symbolische Darstellung / formalbezogene Sprachmittel	Graphische Darstellung / bedeutungsbezogene Sprachmittel		Identifizierte Verknüpfungsaktivitäten
	relative Facetten	*absolute Facetten*	
56 *Den:* Das ist genau dasselbe.			56 *Übersetzen$_{(S)}$:* SD→bDe
57 *Yus:* Das Doppelte			
58 *Den:* Weil man acht durch sechzehn teilen kann.			57 *Übersetzen$_{(S)}$:* SD→bDe
62a *Den:* 16 durch zwei kann man ja teilen, also die acht ist durch 16 teilbar sagen wir das mal so. Das Ergebnis ist dann zwei…	62b *Den:* und dann kann man überall nochmal zwei Sonnenblumenkerne reintun.		58 *Begründen$_{(S)}$:* bDe→SD/fDe
	63 *Leh:* Mach das mal, genau.		62 *Begründen$_{(S)}$:* SD/fDe↔GD$_{abs}$/bDe
	64 *Den:* [verteilt jeweils zwei Sonnenblumenkerne pro Feld]		
68a *Leh:* Also, wie viel ist sieben Achtel von 16?	66 *Leh:* Ceylan, wo kannst du sieben von acht sehen?		66 *Übersetzen$_{(L)}$:* bTr→GD
	67 *Cey: [zeigt auf das siebte Feld]*		67 *Übersetzen$_{(L)}$:* bTr$_{rel}$→GD
	68b *Leh:* Bis wohin müssen wir gucken?		68 *Übersetzen$_{(L)}$:* GD→SD/fTr$_{abs}$→GD
	69 *Emr:* Bis hierhin *[zeigt auf 7/8 im Streifen]*		69 *Übersetzen$_{(L)}$:* bTr$_{rel}$→GD
70 *Den:* Man muss hierhin gucken. *[zeigt auf 7/8 im Streifen]*	71 *Leh:* Nur dahin? Nur hierhin?		70 *Übersetzen$_{(L)}$:* bTr$_{rel}$→GD
	72 *Den:* Nein, man muss von hier bis hierhin gucken, weil da sieben Kästchen von acht sind.		72 *Begründen$_{(L)}$:* bDe$_{rel}$↔GD
	73 *Leh:* Aha, also wir gucken sieben von acht, also was denkst du dir, wenn du sieben von acht sagst?		73 *Wechseln$_{(L)}$:* bTr$_{rel}$/GD→bTr/KD
	74 *Den:* Sieben von acht. Ich esse sieben Sonnenblumenkerne **von acht**		74 *Wechseln$_{(L)}$:* bDe$_{rel}$/GD→bDe$_{rel}$/KD
	75 *Leh:* Genau du isst **sieben** Sonnenblumenkerne **von acht oder** hier isst du wie viele Sonnenblumenkerne **von wie vielen?**		75 *Übersetzen$_{(L)}$:* bDe$_{rel}$/KD↔bDe$_{rel}$/GD
	76 *Den:* Ähm 14 von 16		76 *Übersetzen$_{(L)}$:* bDe$_{rel}$/KD↔bDe$_{rel}$/GD
	79 *Leh:* 14 ist es, schön		

Abbildung 7.9 Transkript und Analyseschema für den Fall Deniz

Nachdem Deniz die Sonnenblumenkerne auf Aufforderung des Lehrers (Turn 63) auf den Streifen verteilt hat, fragt der Lehrer Ceylan auf Türkisch, wo sieben von acht zu sehen sind: *„Ceylan, wo kannst du sieben von acht sehen?"* (Turn 66). Die Frage des Lehrers adressiert die „von" Facette, präzisiert dabei jedoch nicht die Menge. Als Antwort zeigt Ceylan auf das siebte Feld (Turn 67). Daraufhin stellt der Lehrer eine weitere Nachfrage an die Gruppe: *„Also, wie viel ist sieben Achtel von 16? Bis wohin müssen wir gucken?"* (Turn 68) Emrah und Deniz zeigen auf den Bruch $\frac{7}{8}$ im Streifen, dabei begleiten sie ihre Gesten sprachlich. Emrah begleitet seine Bewegung durch das Sprachmittel *„bis hierhin"* (Turn 69) und gibt zu verstehen, dass er den Anteil richtig deutet. Deniz begleitet dieselbe Geste mit dem Sprachmittel *„[...] hierhin gucken"* (Turn 70), so dass es offen bleibt, ob sie nur den symbolischen Bruch lokalisiert oder den Anteil des Streifens tatsächlich im Blick hat [69 & 70 *Übersetzen$_{(L)}$:* bDe$_{rel.}$ → GD].

Der Lehrer erfordert eine Präzisierung: *„Nur dahin? Nur hierhin?"* (Turn 71). Deniz begründet dann ihre Antwort, durch Einbezug des relativen Aspektes, indem sie die sieben Felder im Bezug zum Ganzen nimmt: *„Nein, man muss von hier bis hierhin gucken, weil da sieben Kästchen von acht sind."* (Turn 72) [72 *Begründen$_{(L)}$:* bDe$_{rel.}$ ↔ GD].

Den darauffolgenden Abschnitt beginnt der Lehrer mit einem türkischsprachigen Beitrag, indem er herauszufinden versucht, wie Deniz das Sprachmittel *„sieben von acht"* deutet. Möglicherweise nutzt der Lehrer gezielt den türkischsprachigen Ausdruck, um den relativen Aspekt deutlicher hervorzuheben. Deniz expliziert ihre Denkweise mittels der kontextuellen Darstellung *„Sieben von acht. Ich esse siebe Sonnenblumenkerne von acht."* (Turn 74). Sie bezieht die Sonnenblumenkerne mit ein und übersetzt „7 von 8" in „7 Sonnenblumenkerne von 8 Sonnenblumenkernen essen" [74 *Wechseln$_{(L)}$:* bDe$_{rel.}$/GD. ↔ bDe$_{rel.}$/KD]. In Turn 75 scheint der Lehrer den Übergang zur Bestimmung des relativen Anteils der gegebenen Menge 16 zu unterstützen: *„[...] oder hier isst du wie viele Sonnenblumenkerne von wie vielen?"* (Turn 75). Dieser Transferprozess scheint fruchtbar zu werden und Deniz übersetzt den Anteil eines Ganzen in die Teil-Ganzes-Beziehung der verteilten Menge: *„Ähm, vierzehn von sechzehn"* (Turn 76) [76 *Übersetzen$_{(L)}$:* bDe$_{rel.}$/KD ↔ bDe$_{rel.}$/GD].

Insgesamt versucht der Lehrer die türkische Sprache durch die wiederholte eigene Nutzung zu elizitieren, jedoch aktivieren die Lernenden diese nicht selbst in ihrer Sprachproduktion. Nur vereinzelte Sprachmittel, wie in dem geschilderten Fall die Sonnenblumenkerne, werden durchgängig türkischsprachig versprachlicht. Dieses Merkmal tritt wiederholt in den analysierten Lernprozessen der türkisch-deutschsprachigen Konstellation von in Deutschland aufgewachsenen mehrsprachigen Lernenden auf (Kuzu 2019; Schüler-Meyer, Prediger, Wagner & Weinert 2019).

Die Abbildung 7.10 visualisiert die Zusammenfassung der identifizierten Verknüpfungsaktivitäten.

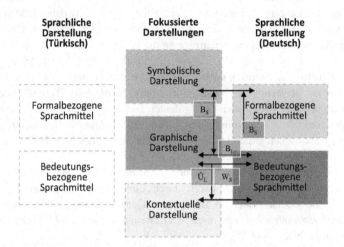

Abbildung 7.10 Zusammenfassung der adressierten Darstellungen und Sprachebenen sowie der Verknüpfungsaktivitäten für den Fall Deniz

Zusammenfassend lässt sich sagen, dass Deniz ihre türkischsprachigen Ressourcen zwar kaum produktiv mobilisiert, es jedoch an zwei Stellen jedoch zu vermuten ist, dass die Nuancierung der türkischsprachigen Erfassung des Anteilsbegriffs sie im Konzeptualisierungsprozess unterstützt und epistemisch wirkungsvoll wird. In der symbolischen Darstellung erkennt Deniz ein Muster, das sie bedeutungsbezogen auffasst und – auf die symbolische Ebene erneut zurückgreifend – begründet. Diese formalbezogenen Erläuterungen nutzt Deniz, um schließlich zur graphischen Darstellung zu kommen, an der sie das Verteilungsverfahren vollzieht. Die intensive Beschäftigung von Deniz mit formalen Aspekten scheint eine Art Exkurs zu sein, der durch die Entdeckung einer nummerischen Regel oder eines Musters ausgelöst wurde. Die graphische Darstellung scheint das vertrautere Medium zu sein, aus dem Deniz Verknüpfungen mit den weiteren Darstellungen vollzieht.

7.3 Fallbeispiele aus den Kleingruppen mit arabischsprachigen deutschlernenden Neuzugewanderten

Die dritte analysierte Sprachenkonstellation richtet den Blick auf arabischsprachige neuzugewanderte Lernende. Die hier konkret analysierten Fälle gehören zu Jugendlichen, die zwei Jahre vor dem Zeitpunkt der Erhebung aus Syrien nach Deutschland einreisten. Seitdem lernen sie Deutsch als weitere Sprache. In ihrem regulären deutschsprachigen Mathematikunterricht wird die Nutzung der arabischen Sprache für die Kommunikation untereinander in der Regel erlaubt, die Lehrkräfte sprechen jedoch meist selbst kein Arabisch.

Die Lernumgebung im Designexperiment ist für die Lernenden die erste Begegnung mit dem Lerngegenstand der *Anteile von Mengen*, sowie die erste Gelegenheit der Teilnahme an einem bilingualen Mathematikunterricht, indem sowohl die Lehrkräfte als auch die Materialien deutsch- und arabischsprachig sind. Die Daten dieser Sprachenkonstellation wurden im Lehrformat *deutschsprachige Lehrkraft mit arabischsprachiger Assistenz* erhoben. Der als Leh_{De} codierte Lehrer ist der deutsch-türkisch mehrsprachige Lehrer, der bereits in der Kleingruppe von Halim (Abschnitt 7.2.1) sowie in der Kleingruppe von Deniz (Abschnitt 7.2.2) gearbeitet hat und anfängliche Kenntnisse der arabischen Sprache besitzt. Die assistierende Lehrkraft, Leh_{Ar}, ist eine arabisch-deutsch mehrsprachige Lehramtsstudentin des Faches Mathematik.

Eine vorläufige Version der Transkriptanalyse aus dem Fall Badrie und Maher wurde bereits in Uribe & Prediger (2021, S. 14–17) vorgestellt. Im Kontext dieser Arbeit erfolgt nun eine weiterführende, detailliertere Analyse.

7.3.1 Fall Badrie und Maher

Badrie (14 Jahre alt), Maher (14 Jahre alt) und Nabila (15 Jahre alt) sind die teilnehmenden Lernenden im ersten Fall der Kleingruppen mit arabischsprachigen deutschlernenden Neuzugewanderten. Im Laufe der Episode beschäftigen sich die Lernenden sowie die deutschsprachige (Leh_{De}) und die arabischsprachige Lehrkraft (Leh_{Ar}) mit der inhaltlichen Deutung der Aufgabe *(Wie viel ist $\frac{1}{6}$ von 12?)*. Für diesen Fall werden zwei Episoden analysiert, da sich der Lernprozess über zwei Aufgaben hinweg in interessanter Weise ausschärft. Die analysierten Episoden werden in den Abbildungen 7.11 und 7.12 im Analyseschema dargestellt.

Symbolische Darstellung / formalbezogene Sprachmittel	Graphische Darstellung / bedeutungsbezogene Sprachmittel		Identifizierte Verknüpfungsaktivitäten
	relative Facetten	*absolute Facetten*	
1b *Leh$_{De}$:* So und was ist jetzt ein Sechstel davon? 2 *Mah:* Hier (0/6 1/6 2/6 3/6 4/6 5/6 6/6)		1a *Leh$_{De}$:* Wir haben überall zwei Plättchen. (0/6 1/6 2/6 3/6 4/6 5/6 6/6)	1a *Übersetzen$_{(L)}$:* GD↔GD/bDe$_{abs.}$ 1b *Übersetzen$_{(L)}$:* SD→GD/bDe$_{rel.}$ 2 *Keine Verknüpfung:* SD
	3 *Leh$_{De}$:* Ah okay, und was bedeutet das? Bis wohin muss man schauen? Bis wohin schaust du? 4 *Mah:* Da (0/6 1/6 2/6 3/6 4/6 5/6 6/6)	5 *Leh$_{De}$:* Genau so ist wo du hinzeigst, wie viele sind das also? 6 *Bad:* Vier *[meint Plättchen]*	3 *Wechseln$_{(L)}$:* SD→GD/bDe$_{rel.}$ 4 *Wechseln$_{(L)}$:* GD→GD/bDe$_{rel.}$ 5 *Übersetzen$_{(L)}$:* GD→bDe$_{abs.}$ 6 *Übersetzen$_{(L)}$:* GD→bDe$_{abs.}$ *falsch*
	7 *Mah:* Sechs *[meint Felder]* 8 *Bad:* Nein, das sind zwei. *[deutet auf die ersten beiden Felder, und dann zählt die vier Plättchen ab.]* (0/6 1/6 2/6 3/6 4/6 5/6 6/6)		7 *Wechseln$_{(L)}$:* GD→bDe$_{rel.}$ 8 *Wechseln$_{(S)}$:* De→Ar 8 *Übersetzen$_{(S)}$:* bAr$_{abs.}$↔GD/bAr$_{rel.}$ *falsch*
17 *Leh$_{De}$:* Ein Sechstel ist nicht nur der Strich, sondern was ist ein Sechstel. (0/6 1/6 2/6 3/6 4/6 5/6 6/6)	18 *Bad:* Zwei *[zeigt auf die Felder]* 20 *Leh$_{De}$:* Genau, warum? *[zu Badrie]*	19 *Mah:* Er meint nicht hier, er meint hier *[zählt die Plättchen auf den ersten zwei Feldern ab.]* (0/6 1/6 2/6 3/6 4/6 5/6 6/6) 21/23 *Bad:* *[keine Erklärung]*	17 *Übersetzen$_{(L)}$:* GD/bDe→bDe$_{rel.}$ 18 *Übersetzen$_{(L)}$:* GD→GD$_{rel.}$ 19 *Wechseln$_{(S)}$:* De→Ar 19 *Übersetzen$_{(M)}$:* GD$_{rel.}$→GD$_{abs.}$ *falsch*
24a *Leh$_{De}$:* Ein Sechstel 25a *Leh$_{De}$:* Zwei Sechstel		24b *Leh$_{De}$:* Das sind zwei 25b *Leh$_{De}$:* Wäre das *[zeigt auf die zweite Trennungslinie]*, vier (0/6 1/6 2/6 3/6 4/6 5/6 6/6)	24 *Übersetzen$_{(L)}$:* SD→GD$_{abs.}$ 25 *Übersetzen$_{(L)}$:* SD→GD$_{abs.}$

Abbildung 7.11 Transkript und Analyseschema für den ersten Teil des Falles Badrie und Maher

Episode im Analyseschema und seine Analyse
In der Episode beschäftigen sich die Lernenden und die Lehrkräfte mit der Aufgabe *(Wie viel ist $\frac{1}{6}$ von 12?)*, nachdem die Plättchen bereits auf dem Bruchstreifen verteilt wurden.

Der Lehrer macht den Einstieg *„Wir haben überall zwei Plättchen."* (Turn 1a) mit Bezugnahme auf die graphische Darstellung und fragt die Lernenden in Turn 1b, was ein Sechstel davon ist. Als Antwort zeigt Maher auf den symbolisch dargestellten Bruch $\frac{1}{6}$ am 6er-Streifen, begleitet vom Sprachmittel *„hier"* (Turn 2), aber ohne eine explizite Verknüpfung mit der graphischen Darstellung des Streifens selbst sichtbar zu machen [2 *Keine Verknüpfung$_{(L)}$:* SD).

Der Lehrer scheint herausfinden zu wollen, wie diese Antwort zu deuten ist *„[...] was bedeutet das? [...] Bis wohin schaust du?"* (Turn 3). *„Da"* (Turn 4), antwortet Maher. In diesem zweiten Versuch bezieht er sich auf die Trennungslinie zwischen dem ersten und dem zweiten Feld, was auf eine möglich richtige Interpretation hindeutet. Der Lehrer leitet den weiteren Schritt zur Erfassung der gesuchten Menge bzw. des gesuchten Teils an: *„[...] Wie viele sind das also?"* (Turn 5). Maher gibt als Antwort *„sechs"* (Turn 7) und zeigt auf den gesamten Streifen, was die mögliche Interpretation zulässt, dass er die Gesamtanzahl von Feldern meint. Es bleibt also offen, wie er die Trennungslinie zwischen erstem und zweitem Feld deutet. Maher scheint verschiedene Bestandteile des Streifens bzw. der graphischen Darstellung abwechselnd in den Blick zu nehmen. Es bleibt jedoch unklar, inwiefern die Bewegungen innerhalb der Darstellung zusammengedacht werden. Es kann vermutet werden, dass Maher mit der graphischen Darstellung nicht sehr vertraut ist, sich jedoch auf diese einlässt und versucht, sich dabei zu orientieren [7 *Wechseln$_{(L)}$:* GD $\rightarrow$ bDe$_{rel.}$].

Badrie dagegen scheint ihre Aufmerksamkeit auf die Plättchen zu richten, so wie es vom Lehrer intendiert wurde. Auf die Frage, wie viele Plättchen $\frac{1}{6}$ von 12 sind, nimmt sie jedoch eine falsche Anzahl in den Blick: *„vier"* (Turn 6) [6 *Wechseln$_{(L)}$:* GD $\rightarrow$ bDe$_{abs}$. *falsch*]. Nachdem Maher die sechs (Felder) als Antwort anbietet, korrigiert sie ihn mit einer erstmaligen arabischsprachigen Äußerung: *„Nein, das sind zwei."* (Turn 8). Sie zeigt dabei auf die ersten beiden Felder und zählt die Plättchen ab. Die scheinbare richtige Antwort *„zwei"* ist jedoch (der Geste zu entnehmen) vermutlich auf die Felder bezogen und somit fehlerhaft [8 *Übersetzen$_{(S)}$:* bAr$_{abs}$. $\leftrightarrow$ GD/bAr$_{rel}$. *falsch*].

Im Laufe der Äußerungen werden die angesprochenen Inhaltsfacetten (absolut und relativ) nicht explizit miteinander verknüpft. In den Turns 5 bis 18 benennen die Lernenden isolierte Zahlen, ohne ihnen eine klare Bedeutung zuzuordnen. Es ist bemerkenswert, dass der Lehrer dieses Mal kein Scaffolding anbietet, um die Lernenden dabei zu unterstützen, die Darstellungen inhaltlich zu verknüpfen.

Selbst er fokussiert mehrfach nur auf isolierte Elemente und bietet keine Gelegenheit, um die Felder mit verteilten bzw. gebündelten Plättchen und dem Ganzen
zu verknüpfen.

Die Lernenden kommunizieren sehr oft unter Nutzung lokaler Deixis, sowohl
wenn sie Deutsch als auch Arabisch sprechen. Sie benutzen die Sprachen adres-
satengerecht und sprechen unter sich vorwiegend auf Arabisch. Dabei zeigen sich
Indizien, dass sie in einer vertrauteren Art und Weise kommunizieren, z. B. in
dem sie sich auf den Lehrer in der dritten Person beziehen *„Er meint nicht hier,
er meint hier."* (Turn 19). Wenn die Lernenden zu Arabisch wechseln, verspach-
lichen sie auch keine Verknüpfungen innerhalb einer Darstellung oder zwischen
Darstellungen. So übersetzt z. B. Maher im Turn 19 Badries falsche Antwort
aus Turn 18 in eine absolute Perspektive, indem er die Plättchen statt die Felder des Streifens in den Blick nimmt [19 *Übersetzen$_{(M)}$:* GD$_{rel.}$ → GD$_{abs.}$ *falsch*].
Das Bestreben des Lehrers, Erklärungen zu elizitieren, gelingt nicht; Badrie und
Maher bieten keine Erklärung an. Im Hinblick auf die fehlenden Lerngelegenheit paraphrasiert der Lehrer die Antworten am Ende der Aufgabenbearbeitung
in Turn 24 und 25: *„Ein Sechstel. Das sind zwei. Zwei Sechstel wäre das, vier."*
[24/25 *Übersetzen$_{(L)}$:* SD → GD$_{abs.}$].

Um den Lernprozess weiter verfolgen zu können, wird auch die Bearbeitung
der darauffolgenden Aufgabe *(Wie viel ist $\frac{6}{6}$ von 24?)* betrachtet (siehe Abbildung
7.12). Diese gibt außerdem Einblicke in die Nutzung der arabischen Sprache, da
die Lernenden dieses Mal unter sich aktiver in den Austausch treten.

Zu Beginn, in Turn 68, ist ein schriftliches Produkt von Badrie zu sehen. Die
Bearbeitung deutet auf einen Wechsel zwischen dem formalbezogenen Register
und der symbolischen Darstellung hin, ohne die bereits kennengelernte graphische Darstellung miteinzubeziehen. Badrie verbindet den Anteil $\frac{6}{6}$ und die Menge
24 mit einem Bogen und notiert daran „4 x". Im Antwortsatz gibt sie 4 als Ergebnis an. Eine mögliche Deutung kann als Analogie zur davor bearbeiteten Aufgabe
formuliert werden: In der vorherigen Aufgabe *($\frac{1}{6}$ von 12)* lautete das Ergebnis 2,
da 6×2 zwölf ergibt. Eine fehlerhafte Verallgemeinerung davon könnte für die
Lernenden bedeuten, dass das Ergebnis der neuen Aufgabe *($\frac{6}{6}$ von 24)* 4 lautet,
da 6×4 vierundzwanzig ergibt [68 *Wechseln$_{(S)}$:* fAr → SD *falsch*].

Als Badrie nach einer Erläuterung ihrer Antwort gefragt wird, wechselt sie
in Turn 76 in die arabische Sprache und antwortet *„mit Multiplizieren"*, dabei
scheint sie die auf dem Arbeitsblatt (Turn 68) festgehaltene symbolische Darstellung im formalbezogenen Register auszudrücken. Der deutschsprachige Lehrer
fragt nicht nach, da er offenbar die arabischsprachige Äußerung nicht versteht
[76 *Übersetzen$_{(S)}$:* SD → SD/fAr].

Symbolische Darstellung / formalbezogene Sprachmittel	Graphische Darstellung / bedeutungsbezogene Sprachmittel		Identifizierte Verknüpfungs- aktivitäten
	relative Facetten	*absolute Facetten*	
68 *Bad:*			68 *Übersetzen$_{(S)}$:* fAr→SD *falsch*
		69 *Leh$_{De}$:* [...] sechs Sechstel von 24, das ist ...	69 *Übersetzen$_{(L)}$:* SD→GD$_{abs.}$
		70 *Mah:* vierundzwanzig	70 *Übersetzen$_{(L)}$:* SD→GD$_{abs.}$
76 *Bad:* Mit Multiplizie- ren	77 *Mah:* Warum, wir müs- sen hier vierundzwan- zig aufschreiben, hier kommt wirklich vier- undzwanzig hin *[zeigt auf die letzte Tren- nungslinie am Strei- fen]..*		76 *Wechseln$_{(S)}$:* De→Ar 76 *Übersetzen$_{(S)}$:* SD→SD/fAr 77 *Entlehnen$_{(S)}$:* De→Ar 77 *Übersetzen$_{(M)}$:* SD→GD$_{rel.}$
78 *Bad:* Nein, weil sechs und sechs und vierund- zwanzig *[zeigt auf die Symbolkarten auf dem Tisch.].*		79a *Mah:* Er hat das vor uns gerechnet, das sind vierundzwanzig Stück, ...	78 *Wechseln$_{(M)}$:* GD$_{rel.}$→SD 79 *Übersetzen$_{(L)}$:* GD$_{abs.}$↔SD↔GD$_{rel.}$
79b *Mah:* das ist sechs- undsechzig.	79c Mah: *[Zeigt auf die letzte Trennungslinie am Streifen]* wir haben die so gelegt.		

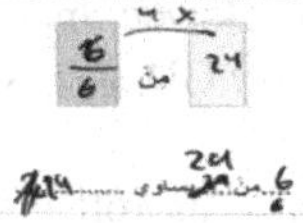

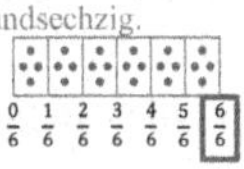

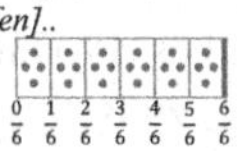

Abbildung 7.12 Transkript und Analyseschema für den zweiten Teil des Falles Badrie und Maher

In den nachfolgenden zwei Abschnitten initiieren Maher und Badrie einen ara- bischsprachigen Austausch, indem keine der beiden Lehrkräfte involviert wird. Möglicherweise durch Badries Antwort im Turn 76 ausgelöst, fragt Maher sie nach einer Begründung: *„Warum, wir müssen hier vierundzwanzig aufschrei- ben, hier kommt wirklich vierundzwanzig hin."* (Turn 77). Dabei entlehnt er das deutschsprachige interrogative Sprachmittel „warum" im Laufe seiner ara- bischsprachigen Äußerung [77 *Entlehnen$_{(S)}$:* De→ Ar]. Zusammen mit der Frage äußert Maher, welche Lösung er für richtig hält. Dabei verortet er die symboli- sche Darstellung in der graphischen Darstellung, indem er auf das Ende der sechs Felder zeigt. Er adressiert eine neue inhaltliche Facette beim Übersetzen, nämlich die relative Sicht auf die Felder als Teil des ganzen Streifens, jedoch versprach- licht er diese nicht [77 *Übersetzen$_{(M)}$:* SD→ GD$_{rel.}$]. Badrie widerspricht und wechselt dabei wieder zur symbolischen Darstellung: *„Nein, weil sechs und sechs und vierundzwanzig."* (Turn 78). Es ist bemerkenswert, dass sie ausschließlich Zahlenwörter benutzt und diese durch Gesten im Material, an den Symbolkarten auf dem Tisch, symbolisch verortet. Dabei benutzt sie keine konnektiven Sprachmittel oder inhaltsbezogenen Nomen, wie Sechstel [78 *Wechseln$_{(M)}$:* GD$_{rel.}$ → SD/ fAr.].

Maher bestreitet Badries Antwort erneut und begründet seine Antwort unter Bezugnahme auf die Autorität der Lehrkraft: *„Er hat das von uns gerechnet, das sind vierundzwanzig Stück. Das ist sechsundsechzig [gemeint ist sechs Sechstel]. Wir haben die so gelegt."* (Turn 79). Maher übersetzt dabei zwischen der absoluten Anzahl von Plättchen auf dem Streifen, der symbolischen Darstellung der sechs Sechstel (die er als sechsundsechzig versprachlicht) und der graphischen Darstellung der Felder durch lokale Deixis am Streifen [79 *Übersetzen$_{(L)}$:* GD$_{abs.}$ ↔ SD ↔ GD$_{rel.}$].

Am Ende korrigiert Badrie ihr schriftliches Produkt. Bis dahin zeigt sie jedoch nicht, dass sie den Zusammenhang zwischen sechs Sechsteln einer ganzen Menge, und einer 4er-Gruppe in einem Feld versteht. Der Lehrer unterstützt nicht weiter, vielleicht, weil er den Austausch nicht sprachlich verfolgen kann und die arabischsprachige Assistenz ·beteiligt sich nicht intensiv in der Aufgabenbearbeitung.

Die Abbildung 7.13 visualisiert die Zusammenfassung der identifizierten Verknüpfungsaktivitäten.

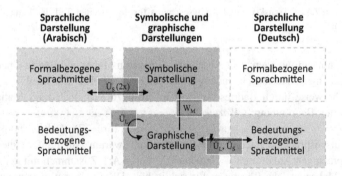

Abbildung 7.13 Zusammenfassung der adressierten Darstellungen und Sprachebenen sowie der Verknüpfungsaktivitäten für den Fall Badrie

Badrie wechselt zwischen verschiedenen Darstellungen und spricht unterschiedliche Elemente innerhalb der graphischen Darstellung an, ohne Bezüge zwischen den Darstellungen zu versprachlichen. Die Nutzung der Sprachebenen ist asymmetrisch: Während in der arabischen Sprache hauptsächlich das formalbezogene Register adressiert wird, wird auf Deutsch eher das bedeutungsbezogene Register benutzt. Im Kontrast zu den vorigen Fällen ist im vorliegenden Fall ein nicht vertrauter Umgang mit der graphischen Darstellung zu erkennen, der im Laufe der Episode und trotz Anstrengung der Lernenden nicht überwunden werden kann.

Wie auch in anderen Untersuchungen gezeigt wird, stellt sich auch im Laufe des Transkripts heraus, dass die Lernenden die symbolische Darstellung oft fokussieren. Gleichzeitig zeigen sich Schwierigkeiten dabei, die symbolisch durchgeführten Verfahren inhaltlich zu deuten.

7.3.2 Fall Malik

Malik (14 Jahre alt) und Zarah (15 Jahre alt) sind die teilnehmenden Lernenden im zweiten Fall der Kleingruppen mit arabischsprachigen deutschlernenden Neuzugewanderten. Im Laufe der Episode beschäftigen sich die Lernenden sowie die deutschsprachige (Leh_{De}) und die arabischsprachige Lehrkraft (Leh_{Ar}) mit der inhaltlichen Deutung der Aufgabe *(Wie viel ist $\frac{5}{8}$ von 16?)*. Die analysierte Episode wird in Abbildungen 7.14 im Analyseschema dargestellt.

Episode im Analyseschema und seine Analyse
In dieser Episode agieren sowohl der deutschsprachige Lehrer als auch die arabischsprachige Assistenz. Die Episode findet vorwiegend auf Arabisch statt.

Um die Aufgabe $\frac{5}{8}$ von 16 zu thematisieren, fragt die arabischsprachige Lehrkraft zunächst nach der Bedeutung von $\frac{5}{8}$: *„Was heißt das, wenn wir fünf Achtel sagen?"* (Turn 27). Als Antwort fokussiert Malik sofort die graphische Darstellung und formuliert daran den Zahlenwert fünf *„Hier schauen wir auf die fünf."* (Turn 31). Er bezieht sich zwar auf den Streifen, scheint jedoch die Fünf symbolisch als Faktor der Multiplikation zu deuten, die er zwischen Turn 41 und 42 einleitet [31 *Wechseln(S): SD → GD*].

Die arabischsprachige Lehrkraft übersetzt in Turn 34 Maliks Beitrag mittels bedeutungsbezogener Sprachmittel am Streifen: *„Hier schauen wir auf die fünf"*, paraphrasiert sie als *„[...] bis hier hin"* und bezieht somit die graphische Darstellung stärker für die Bedeutungskonstruktion ein. Der deutschsprachige Lehrer kann zwar nicht aktiv am arabischsprachigen Diskurs teilnehmen, jedoch scheint er aktiv auf Indizien zu achten, die ihm das Mitsprechen ermöglichen. So fragt er in Turn 38 nach der Bestimmung des gesuchten Teils: *„Und wie viel sind das?"* (Turn 38). Als Antwort bündelt Malik die Anzahl der Plättchen pro Feld und

Symbolische Darstellung / formalbezogene Sprachmittel	Graphische Darstellung / bedeutungsbezogene Sprachmittel		Identifizierte Verknüpfungsaktivitäten
	relative Facetten	*absolute Facetten*	
27 *Leh$_{Ar}$:* Was heißt das, wenn wir fünf Achtel sagen?	31 *Mal:* Hier schauen wir auf die fünf. 34 *Leh$_{Ar}$:* Richtig, also bis hier. (0 1 2 3 4 5 6 7 Achtel)	38 *Leh$_{De}$:* Und wie viel sind das?	31 *Wechseln$_{(S)}$:* SD→GD 38 *Wechseln$_{(L)}$:* GD→SD
40 *Mal:* Mal zwei? 41 *Leh$_{Ar}$:* Mal zwei, wie mal zwei? 42 *Mal:* Ergibt zehn.		43 *Leh$_{Ar}$:* Ergibt zehn, und wie kannst du das hier sehen? 44a *Mal:* Da ist es doch, zwei, vier, sechs, acht, zehn. (0 1 2 3 4 5 6 7 8 Achtel)	40/42 *Übersetzen$_{(S)}$:* GD/bAr$_{abs.}$→SD/fAr. 43 *Übersetzen$_{(L)}$:* SD→GD 44a *Übersetzen$_{(L)}$:* SD/fAr→(bAr$_{abs.}$/GD↔ bAr$_{rel}$/GD) 44b *Wechseln$_{(S)}$:* Ar→De 44 *Versprachlichen$_{(L)}$:* (bAr$_{abs}$/GD↔ bAr$_{rel}$/GD)↔fAr$_{rel}$/SD 50 fragt *Übersetzen$_{(S)}$:* GD/bAr→SD/fAr
50a *Zar:* Wie sollen wir das machen, ohne die Plättchen zu legen?	44b *Mal:* Zehn von sechzehn sind es jetzt 50a *Zar:* Und wenn wir den Streifen nicht vor uns hätten, …	55 *Leh$_{De}$:* Zehn heißt zehn? 56 *Zar:* Ja	56 *Wechseln$_{(L)}$:* Ar→De

Abbildung 7.14   Transkript und Analyseschema für den Fall Malik

übersetzt sie nun in die symbolische Darstellung als zweiter Faktor der Multiplikation: *„Mal zwei?"* (Turn 40). Die symbolische Darstellung scheint hier also das Lösungswerkzeug zu sein und die graphische Darstellung ein Medium der Visualisierung einer etablierten Prozedur. Auf die implizite Frage des Lehrers nach einer Begründung in Turn 41, antwortet er mit dem Ergebnis der Rechnung: *„ergibt zehn"* (Turn 40) [40 *Übersetzen$_{(S)}$:* GD/bAr$_{abs}$. → SD/fAr].

Die arabischsprachige Lehrkraft leitet anschließend in Turn 43 die Verknüpfung der symbolischen mit der graphischen Darstellung ein, indem sie konkret einfordert, das rechnerische Vorgehen am Streifen zu erläutern: *„Ergibt zehn und wie kannst du das hier sehen?"* (Turn 43). Dies wird durch Malik realisiert, indem er die 2er-Bündel addierend bis zum fünften Feld durchzählt [44a *Übersetzen$_{(L)}$:* SD/fAr→ (bAr$_{abs}$./GD ↔ bAr$_{rel}$./GD)]. Malik formuliert anschließend auf Deutsch in Turn 44b *„zehn von sechzehn sind es jetzt."*, und beantwortet dadurch die Frage des deutschsprachigen Lehrers aus Turn 38. Er nimmt den gesuchten Teil in Bezug zur ganzen Menge in den Blick und drückt dieses als relative Beziehung aus [44 *Versprachlichen$_{(L)}$:* (bAr$_{abs}$./GD ↔ bAr$_{rel}$./GD) ↔ fAr$_{rel}$./SD].

Zarah schließt diese Phase mit der Frage ab, wie man die Aufgabe lösen kann, ohne auf die graphische Darstellung zuzugreifen und initiiert dadurch den Rückgriff auf die symbolische Darstellung *„und wenn wir den Streifen nicht vor uns hätten...?"* [50 fragt *Übersetzen$_{(S)}$: GD/bAr $\rightarrow$ SD/fAr].

Die Abbildung 7.15 visualisiert die Zusammenfassung der identifizierten Verknüpfungsaktivitäten.

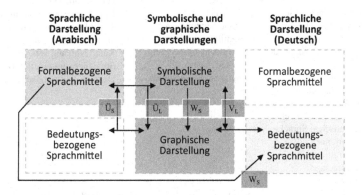

Abbildung 7.15 Zusammenfassung der adressierten Darstellungen und Sprachebenen sowie der Verknüpfungsaktivitäten für den Fall Malik

Maliks Fall lässt uns einen Einblick in einen komplexeren arabischsprachigen Teil des Lernprozesses gewinnen. Malik erbringt die Leistung, im Prozess auf die Impulse beider Lehrkräfte zu achten und anschließend der deutschsprachigen Lehrkraft eine Antwort auf die mehrere Turns zuvor gestellte Frage zu geben. Der Fall lässt sich mit dem Fall von Deniz in Abschnitt 7.2.2 kontrastieren: Während Deniz auf die symbolische Darstellung an erster Stelle zugreift, anschließend aber in die vertraute graphische Darstellung übergeht, erwähnt Malik als erstes die graphische Darstellung, geht jedoch sofort in die symbolische Darstellung über, die vertrauter zu sein scheint.

7.4 Kontrastierung der Repertoires-in-Use

Im vorliegenden Abschnitt 7.4 werden die Analyseergebnisse aus den sechs Fällen tabellarisch zusammengefasst und konstellationsübergreifend kontrastiert. Die *Repertoires-in-Use* werden hinsichtlich der *Sprachen-in-Use*, der *Sprachebenen-in-Use*, der *Darstellungen-in-Use* und der *Verknüpfungsarten* jeweils verglichen.

Tabelle 7.1 Vergleich der *„Sprachen-in-Use"*

Kleingruppen mit spanischsprachigen Deutschlernenden an Auslandsschule	Kleingruppen mit deutsch-türkischsprachigen Bildungsinländer:innen	Kleingruppen mit arabischsprachigen deutschlernenden Neuzugewanderten
Fall Marcela • Gezielter Wechsel zwischen beiden Sprachen • Vornehmlich Deutsch als benutzte Sprache, wenn auch auf basalem Niveau • Frage nach Erlaubnis der Nutzung der Familiensprache, selbst, wenn Lehrkraft sie elizitiert • Nutzung der spanischen und deutschen Sprache klar getrennt • Selbstinitiierte zweisprachige Vokabelsicherung	*Fall Halim* • Fließender Wechsel zwischen beiden Sprachen • Hohe Nutzung der Familiensprache im Vergleich zu weiteren Fällen dieser Sprachenkonstellation	*Fall Badrie und Maher* • Adressatenbedingte Nutzung beider Sprachen • Unterbestimmte Äußerungen sowohl im Arabischen als auch im Deutschen • Keine Nutzung von Sprachlernstrategien trotz Deutsch als Fremdsprache
Fall Clara • Wechsel ins Spanische als Kompensationsstrategie • Vornehmlich Deutsch als benutzte Sprache, wenn auch auf basalem Niveau *Fall Simón* • Gezielte Benennung nominaler Sprachmittel • Vornehmlich Deutsch als benutzte Sprache, wenn auch auf basalem Niveau	*Fall Deniz* • Hauptsächliche Nutzung der deutschen Sprache in der Produktion und Türkisch in der Rezeption	*Fall Malik* • Fließende Nutzung der arabischen Sprache, hauptsächlich erläuternd und weniger begründend • Keine Nutzung von Konjunktionen (weil, denn)

Vergleich der „Sprachen-in-Use"

Die Ergebnisse hinsichtlich der *Sprachen-in-Use* sind in Tabelle 7.1. zusammengefasst. In allen untersuchten Fällen wurde die Familiensprache (Spanisch, Türkisch, Arabisch) als Ressource im Prozess der Bedeutungskonstruktion mobilisiert.

Bei den spanischsprachigen Deutschlernenden fand ein gezielter Sprachwechsel zwischen Deutsch und Spanisch statt, insbesondere wenn ihnen deutschsprachige Sprachmittel fehlten. Beispiele hierfür bieten Clara und Marcela: Clara

(Abschnitt 7.1.2) griff bei der Suche nach spezifischen deutschen Sprachmittel auf Spanisch zurück (Turn 78, Turn 112). Marcela (Abschnitt 7.1.1), kündigte einen Sprachenwechsel für diskursiv anspruchsvolle Beiträge vorab an (Turn 16) oder entlehnte, wie Clara, bei Bedarf Begriffe aus der anderen Sprache (Turn 46). In allen Fällen wurde vornehmlich Deutsch gesprochen, auch wenn das Sprachniveau eher rudimentär war.

Die in Deutschland aufgewachsenen deutsch-türkischsprachigen Lernenden sprachen konstellationsbedingt überwiegend Deutsch, vermutlich da dies ihre etablierte Unterrichtssprache in Mathematik ist (siehe Abschnitt 6.2.2). Dem Lehrer gelang es dennoch, bei Halim (Abschnitt 7.2.1) eine unerwartet hohe Nutzung der Familiensprache zu elizitieren, indem er selbst oft auf Türkisch wechselte. Wenn diese Lernenden die türkische Sprache in der Produktion verwendeten, geschah dies fließend und spontan (Turn 72 im Fall Halim). Im Fall Deniz (Abschnitt 7.2.2) war die wahrnehmbare Aktivierung der Familiensprache erwartungsgemäß (siehe Tabelle 6.2) seltener (siehe Abbildung 7.10), dennoch konnte sie die türkische Sprache in epistemischer Funktion aktivieren, zum Beispiel in Turn 74. Auch wenn die kommunikative Sprachaktivierung vermutlich eine längerfristige Etablierung mehrsprachiger Praktiken im schulischen Kontext erfordert, konnte eine epistemische Aktivierung mittelfristig angestoßen werden.

Im Fall der arabischsprachigen deutschlernenden Neuzugewanderten wurde die Familiensprache aktiviert, entweder für die Kommunikation untereinander oder mit der arabischsprachigen Assistenz. Im Fall Badrie und Maher (Abschnitt 7.3.1) gab es kurze Austausche untereinander, die parallel zum Unterrichtsdiskurs verliefen (Turn 19). Malik (Abschnitt 7.3.2) zeigte einen systematischeren fachlichen Austausch mit der arabischsprachigen Assistenz, der sich durch die gesamte Sequenz zog. Dabei wurden die Koordination beider Sprachen und das Erfüllen der von beiden Lehrkräften gestellten Anforderungen deutlich. Da in diesem Lehr-Lern-Format eine der Lehrkräfte nicht die Familiensprache der Lernenden beherrschte, zeigte sich eine zielgruppenorientierte Nutzung beider Sprachen.

Entlehnungen aus der deutschen Sprache traten ausschließlich bei den Deutschlernenden auf, nämlich bei den spanischsprachigen und den arabischsprachigen Lernenden.

Vergleich der „Sprachebenen-in-Use"
In Bezug auf die Aktivierung der (bedeutungs- und formalbezogenen) Sprachebenen innerhalb beider Sprachen lassen sich in Tabelle 7.2 bei den Lernenden bemerkenswerte Unterschiede und Gemeinsamkeiten feststellen:

Tabelle 7.2 Vergleich der „*Sprachebenen-in-Use*"

Kleingruppen mit spanischsprachigen Deutschlernenden an Auslandsschule	Kleingruppen mit deutsch-türkischsprachigen Bildungsinländer:innen	Kleingruppen mit arabischsprachigen deutschlernenden Neuzugewanderten
Fall Marcela • Nutzung formalbezogener Sprachmittel vornehmlich auf Spanisch • Bedeutungsbezogene Sprachmittel in deutscher Sprache	*Fall Halim* • Vornehmliche Aktivierung bedeutungsbezogener Sprachmittel • Keine Mobilisierung der formalbezogenen Sprachebene in beiden Sprachen	*Fall Badrie und Maher* • Keine explizite Verbalisierung bedeutungsbezogener Sprachmittel, sondern jeweils implizit an der graphischen Darstellung • Formalbezogene Sprachmittel stärker in arabischer Sprache
Fall Clara • Hauptsächliche Nutzung von formalbezogenen Sprachmitteln und Deiktika *Fall Simón* • Flexible Bewegung zwischen den Sprachebenen auf einfachem Niveau	*Fall Deniz* • Formalbezogene Erläuterungen, die jedoch bedeutungsbezogen an der graphischen Darstellung gedeutet werden • Bedeutungsbezogene Sprachmittel begleitet durch zahlreiche Deiktika	*Fall Malik* • Nutzung von formalbezogenen Sprachmitteln, die an der graphischen Darstellung richtig gedeutet werden

Die spanischsprachigen Deutschlernenden setzten eher bedeutungsbezogene Sprachmittel ein, die in Beziehung zur graphischen Darstellung stehen (Turn 20b im Fall Marcela). Die formalbezogenen Sprachmittel scheinen stärker in der Familiensprache vorhanden zu sein (Turn 20a im Fall Marcela). Es handelt sich jedoch bei der betrachteten Sequenz um „einfache" Sprachmittel, die möglicherweise aus dem spanischsprachigen Unterricht aus der Primarschule stammen.

Die in Deutschland aufgewachsenen deutsch-türkischsprachigen Lernenden nutzten häufiger deutschsprachige bedeutungsbezogene Sprachmittel als familiensprachliche. Dies geschah ähnlich wie bei den spanischsprachigen Deutschlernenden hauptsächlich verbunden mit der graphischen Darstellung (Turn 79 im Fall Halim). Die formalbezogene Sprachebene wurde seltener aktiviert.

Die neuzugewanderten arabischsprachigen Lernenden sowie die spanisch-sprachigen Deutschlernenden benutzten häufiger formalbezogene Sprachmittel in ihren Familiensprachen als in der deutschen Sprache (Turn 76 im Fall Badrie und Maher). Für diese Gruppen scheint die deutsche Sprache stärker mit einem bedeu-tungsbezogenen Zugang zur Mathematik verbunden zu sein als ihre jeweilige Familiensprache.

Vergleich der „Darstellungen-in-Use"
Die Unterschiede in Bezug auf die genutzten Darstellungen kommen in der Tabelle 7.3 zum Ausdruck.

Die spanischsprachigen Deutschlernenden zeigten einen vertrauten Umgang sowohl mit der graphischen (Turn 24a im Fall Marcela) als auch mit der symboli-schen Darstellung (Turn 24b im Fall Marcela). Diese wurden von den Lernenden in unterschiedlichen Momenten des Lehr-Lern-Prozesses routiniert miteinander verknüpft.

Auf der anderen Seite griffen die in Deutschland aufgewachsenen deutsch-türkischsprachigen Lernenden hauptsächlich auf die graphische Darstellung zurück (siehe Abbildung 7.8 für den Fall Halim). Einige von ihnen, wie im Fall Deniz, aktivierten auch die symbolische Darstellung, allerdings nicht iso-liert, sondern in Bezug auf die graphische Darstellung (siehe Turn 62). Der Inhalt der symbolischen Darstellung wurde dabei anhand der graphischen Darstellung gedeutet.

Im Kontrast dazu schienen die neuzugewanderten Lernenden eher mit der sym-bolischen Darstellung vertraut zu sein als mit der graphischen. Sie ließen sich jedoch auf die graphische Darstellung ein. Im Fall Badrie und Maher gelang es den Lernenden nur mit etwas Aufwand, sinnstiftende Verknüpfungen zu etablie-ren. Der Fall Malik (Turn 40–44) zeigte hingegen einen sichereren Umgang mit beiden Darstellungen.

Tabelle 7.3 Vergleich der „*Darstellungen-in-Use*"

Kleingruppen mit spanischsprachigen Deutschlernenden	Kleingruppen mit deutsch-türkischsprachigen Bildungsinländer:innen	Kleingruppen mit arabischsprachigen deutschlernenden Neuzugewanderten
Fall Marcela • Aktivierung der graphischen Darstellung auf eigenen Antrieb • Nicht nur Nutzung, sondern auch verbal-sprachliche Adressierung der graphischen Darstellung • Streben nach Präzision in den Äußerungen (sprachliche Darstellung) • Nutzung von Darstellungen, um andere Darstellungen oder Inhaltliches zu deuten	*Fall Halim* • Keine Aktivierung der symbolischen Darstellung • Durchgängige Aktivierung der graphischen Darstellung • Deutung der symbolischen Darstellungen anhand der graphischen Darstellung	*Fall Badrie und Maher* • Zulassen der graphischen Darstellung, aber noch kein vertrauter Umgang damit • Symbolische Darstellung selbstinitiiert benutzt
Fall Clara • Ausgangsdarstellung in der Äußerung oft nicht explizit aufgegriffen • In Folge angesprochenen Darstellungen als einzelne Schritte eines Verfahrens *Fall Simón* • Isolierte Betrachtung einzelner Darstellungen als erster konzeptueller Zugang • Holistisch-verknüpfende Adressierung der graphischen und symbolischen Darstellungen nach Scaffold durch Lehrerin	*Fall Deniz* • Symbolische Darstellung wird in Verbindung mit der graphischen Darstellung aktiviert • Graphische Darstellung als vertrautes Medium • Einbezug der kontextuellen Darstellung	*Fall Malik* • Graphische Darstellung als Visualisierung eines formalbezogenen Verfahrens

Vergleich der Verknüpfungsaktivitäten des „Repertoires-in-Use" und ihre Initiierende
Die Fälle unterscheiden sich insbesondere hinsichtlich der Art und Weise, wie die Lernenden die aktivierten Komponenten verknüpften, wie der Tabelle 7.4 zu entnehmen ist. Die spanischsprachigen Deutschlernenden verknüpften die mobilisierten Komponenten ganzheitlich, wobei die Tiefe zwischen den Fällen variierte. Im Fall von Marcela war ihre holistische Betrachtung der graphischen Darstellung und ihre sprachliche Realisierung bemerkenswert präzise (Turn 35/36). Bei Clara und Simón war dies weniger ausgeprägt; stattdessen war ihre alternierende Nutzung der Darstellungen innerhalb einer kurzen Sequenz bemerkenswert (Turn 116–120). Dies könnte darauf hindeuten, dass die Darstellungen möglicherweise zusammengedacht wurden, auch wenn die Verknüpfung noch nicht explizit versprachlicht wurde.

Tabelle 7.4 Vergleich der *Verknüpfungsaktivitäten* des „Repertoires-in-Use"

Kleingruppen mit spanischsprachigen Deutschlernenden	Kleingruppen mit deutsch-türkischsprachigen Bildungsinländer:innen	Kleingruppen mit arabischsprachigen deutschlernenden Neuzugewanderten
Fall Marcela • Selbstinitiierung der meisten Verknüpfungen • Selbstinitiierung integrierender Verknüpfungsaktivitäten, die ein vernetztes Denken mehrerer Darstellungen vermuten lassen	*Fall Halim* • Lokale Vernetzungsarten, aber am Ende vernetzte Versprachlichung der symbolischen und graphischen Darstellung mit nicht sehr elaborierten Sprachmitteln	*Fall Badrie und Maher* • Keine integrierende Verknüpfungsaktivitäten rekonstruierbar • Lokale Verknüpfungsaktivitäten, die sich durch ein „Hier und her Wechseln" zwischen isolierten Elementen an der graphischen und der symbolischen Darstellung auszeichnen
• Initiierung integrierender Verknüpfungsaktivitäten durch die Lehrkraft *Fall Clara* • Hauptsächlich lokale Vernetzungsarten *Fall Simón* • Streben nach Präzision	*Fall Deniz* • Fast alle Verknüpfungen sind lehrkraftinitiiert • Viel Unterstützung der Lehrkraft zum erfolgreichen Verknüpfen benötigt	*Fall Malik* • Lokale Verknüpfungen oft selbstinitiiert • Integrierende Verknüpfungen durch Anstoß der Lehrkraft

Die deutsch-türkischsprachigen Bildungsinländer:innen schienen eher einen
Modus der lokalen Aktivierung zu bevorzugen. Ihre Denkprozesse vollzogen sie
hauptsächlich anhand der graphischen Darstellung und nutzten dabei bedeutungsbezogene Sprachmittel. Zwar aktivierten sie auch andere Darstellungen, doch die
Verknüpfungen bezogen sich vorrangig auf die graphische Darstellung (Turn 79
im Fall Halim, Turn 72 im Fall Deniz).

Die mehrsprachigen neuzugewanderten Lernenden hingegen sprachen wiederholt isolierte Elemente innerhalb einer Darstellung an, ohne sie miteinander zu
verknüpfen. Sie wechselten zwischen diesen isolierten Elementen, insbesondere
in der graphischen Darstellung. Dies könnte darauf zurückzuführen sein, dass sie
diese Darstellungsform im Kontext der relativen Anteile von Mengen erst neu
kennenlernen mussten. Die symbolische Darstellung schien ihnen zwar vertrauter
zu sein, doch blieben die Verknüpfungen auf der Ebene des Wechselns und des
Übersetzens, also der lokalen Verknüpfungen.

Die Vergleiche zeigen insgesamt, dass die Lernenden – abhängig von Sprachenkonstellation, gewohnter Unterrichtskultur und individuellen Präferenzen
– unterschiedliche Sprachen, Sprachebenen und Darstellungen als vertraut ansehen und nutzen und von dort aus Zugang zu anderen Sprachebenen sowie
Darstellungen finden (Uribe & Prediger 2021). Das Konstrukt des *Repertoires-
in-Use* ermöglicht die Charakterisierung dieser verschiedenen Ressourcen und
Lernbedarfe. Dabei sollte die Abhängigkeit von den Sprachenkonstellationen
angesichts des kleinen Samples nicht überinterpretiert werden. Dennoch lassen sich Muster erkennen, die in zukünftige Design-Überlegungen systematisch
einbezogen werden sollten. Beispielsweise erschlossen sich Neuzugewanderte
aus eher formalbezogenen Unterrichtskulturen die bedeutungsbezogenen Lern-
inhalte ausgehend von den symbolischen Darstellungen. Das bedeutet, dass die
Lernpfade je nach Vorerfahrungen unterschiedlich zu strukturieren sind.

In Kapitel 8 werden die Konsequenzen aus Studie 1 „Lehr-Lern-Prozesse
in Kleingruppen der geteilten Mehrsprachigkeit" vorgestellt, die das Design der
Lerngelegenheiten in Studie 2 „Lehr-Lern-Prozesse in superdiversen Regelklassen
mit nicht-geteilter Mehrsprachigkeit" geprägt haben.

Konsequenzen der Analyseergebnisse der Studie 1 für das Design der Lerngelegenheiten in Studie 2

Die gewonnenen empirischen Erkenntnisse aus der Studie 1 werden in der Studie 2 als relevante Hintergründe für die Entwicklung des Lehr-Lern-Arrangements in sprachlich heterogenen Klassen betrachtet. Abbildung 8.1 fasst die Kernaussagen aus Abschnitt 7.4 zusammen und zeigt dabei, welche Konsequenzen daraus für die Entwicklung des Lehr-Lern-Arrangements zu proportionalen Zusammenhängen zur Erprobung in der superdiversen Klasse gezogen werden konnten. Diese Konsequenzen werden anschließend näher erläutert.

Wie in Kapitel 9–12 zu erläutern sein wird, fließen die in der Studie 1 (Kapitel 6–8) gewonnenen Erkenntnisse zu sprachenvernetzenden Lernprozessen in Gruppen der geteilten Mehrsprachigkeit in die Studie 2 unter Bedingungen nicht-geteilter Mehrsprachigkeit hinein. Sie dienen also als Grundlage für die Gestaltung eines mehrsprachigkeitseinbeziehenden Fachunterrichts in sprachlich superdiversen Klassen in Deutschland. Die Aussagen in diesem Abschnitt stützen sich in den Analysen in Kapitel 7 und ihre Zusammenfassung in Abschnitt 7.4.

© Der/die Autor(en), exklusiv lizenziert an Springer Fachmedien Wiesbaden   129
GmbH, ein Teil von Springer Nature 2024
Á. Uribe, *Mehrsprachigkeit im sprachbildenden Mathematikunterricht*,
Dortmunder Beiträge zur Entwicklung und Erforschung des
Mathematikunterrichts 53, https://doi.org/10.1007/978-3-658-46054-9_8

		Kernaussagen aus Studie 1			Konsequenzen für Studie 2
		Spanischsprachigen Deutschlernenden	Deutsch-türkischsprachigen Bildungsinländer:innen	Arabischsprachigen deutschlernenden Neuzugewanderten	Gruppenübergreifend
Was?	Sprachen-in-Use	Mobilisierung der Familiensprache als Kompensationsstrategie	Hauptsächlich Mobilisierung der deutschen Sprache	Mobilisierung der Familiensprache untereinander	Gezieltes Einfordern → der Sprachen-aktivierung
	Sprachebenen-in-Use	Regelmäßige Nutzung formalbezogener Sprachmittel in der Familiensprache	Seltene Nutzung formalbezogener Sprachmittel in der Familiensprache	Häufige Nutzung formalbezogener Sprachmittel in der Familiensprache	Aufträge zum Übersetzen → bedeutungsbezogener statt formalbezogener Sprachmittel
	Darstellungen-in-Use	Vertrauter Umgang sowohl mit graphischen als auch mit symbolischen Darstellungen	Rückgriff auf die graphische Darstellung	Bereitschaft zum Umgang mit der graphischen Darstellung aber hauptsächliche Aktivierung der symbolischen Darstellung	Graphische Darstellung als sprachlichen → Scaffold anbieten, z.B. doppelter Zahlenstrahl
Wie?	Art und Weise der Verknüpfung	Ganzheitliche Verknüpfung der aktivierten Komponenten, allerdings mit unterschiedlicher Tiefe	Lokale Verknüpfungen unter starker Berücksichtigung der graphischen Darstellung	Isolierte Elemente werden adressiert	Unterstützung globaler → Darstellungsvernetzung sprozesse
Wer?	Initiierende	Initiierung sowohl durch die Lehrkraft als auch durch die Lernenden	Starke Initiierung durch die Lehrkraft	Starke Initiierung durch die Lehrkraft	Einbau gezielter Impulse zur Sprachen- → und Darstellungsvernetzung im Material

Abbildung 8.1 Kernaussagen aus Studie 1 und Konsequenzen für Studie 2

Bezogen auf die „Sprachen-in-Use": Gezieltes Einfordern der Sprachenaktivierung
In allen analysierten Fällen aktivierten die Lernenden sowohl Deutsch als auch ihre Familiensprachen mindestens einmal in der Produktion. Obwohl es keine Selbstverständlichkeit ist, dass mehrsprachige Lernende ihre Familiensprachen im unterrichtlichen Rahmen für Lernzwecke aktivieren, zeigen die Analyseergebnisse, dass es durch gezieltes Anregen und schrittweise Etablierung neuer Unterrichtspraktiken möglich ist, diese zu mobilisieren. Dies führte zu einem flexiblen und teilweise spontanen Sprachenwechsel in allen Sprachenkonstellationen.

Für die Entwicklung des Lehr-Lern-Arrangements für die sprachlich heterogene Klasse in Studie 2 bedeutet es, dass nicht nur das Zulassen weiterer Sprachen, sondern auch das gezielte Einfordern ihrer Aktivierung berücksichtigt werden sollte. Unter Bedingungen der *nicht-geteilten Mehrsprachigkeit* mit der Lehrkraft kann die Sprachnutzung nicht durch Vorbild elizitiert werden. Daher wird im Lehr-Lern-Arrangement beachtet, dass Aufträge zum gezielten Aktivieren und Nutzung der Familiensprachen integriert werden, allerdings aufgabenbezogen.

Eine in Studie 2 zu untersuchende Frage ist vor diesem Hintergrund, ob trotz des fehlenden mehrsprachigen Inputs eine Mobilisierung der Familiensprachen in der Produktion durch die Aufträge allein gelingt und ob letztlich eine Aktivierung für die Bedeutungskonstruktion auch ohne Lehrkraft initiiert werden kann.

Bezogen auf die Sprachebenen-in-Use: Aufträge zum Übersetzen bedeutungsbezogener Sprachmittel und flexiblere Lehr-Lern-Lernpfade
Die Analyse und Kontrastierung der sechs Fälle zeigte, dass die Nutzung verschiedener Sprachebenen je nach Sprachenkonstellation variiert. So nutzten die spanischsprachigen Deutschlernenden regelmäßig formalbezogene Sprachmittel in ihrer Familiensprache. Bei bedeutungsbezogenen Sprachmitteln knüpften sie an die Nutzung der graphischen Darstellung. Letzteres zeigte sich auch bei den deutsch-türkischsprachigen Bildungsinländer:innen. Die formalbezogenen Sprachmittel in der Familiensprache waren hingegen weniger stark ausgeprägt.

Da die meisten Lernenden in den zu untersuchenden Klassen in Deutschland aufgewachsen sind, liegt die Analyse nahe, dass das Lehr-Lern-Arrangement in Studie 2 stärker an die familiensprachlichen bedeutungsbezogenen Sprachmittel anknüpfen sollte. Formalbezogene Sprachmittel in den Familiensprachen können nicht vorausgesetzt werden. Durch das Designelement DE2 – *„Aufträge zum Übersetzen zentraler bedeutungsbezogener Sprachmittel"* werden die Lernenden dazu angeregt, sich nicht auf Fachtermini zu konzentrieren, die in ihrem Repertoire möglicherweise nicht vorhanden sind, sondern sich mit Sprachmitteln auseinanderzusetzen, die einen diskursiven Austausch ermöglichen.

Bei den arabischsprachigen deutschlernenden Neuzugewanderten war eine stärkere Nutzung formalbezogener Sprachmittel in der Familiensprache und ein anfänglicher Aufbau von bedeutungsbezogenen Sprachmitteln in der „neuen" Unterrichtssprache Deutsch zu beobachten. Formalbezogene Sprachmittel in der Familiensprache scheinen für Neuzugewanderte eine vorhandene Ressource zu sein, die fruchtbar gemacht werden kann. Daher sollte das Lehr-Lern-Arrangement nicht strikt darauf ausgerichtet sein, formalbezogene Sprachmittel erst am Ende zu etablieren, sondern den Lernenden die Möglichkeit bieten, diese auch zu Beginn zu aktivieren und sie im weiteren Prozess bedeutungsbezogen zu interpretieren.

Diese Analyseergebnisse ergänzen sich mit denen zu den *Darstellungen-in-Use*.

Bezogen auf die Darstellungen-in-Use: Graphische Darstellung als sprachlichen Scaffold anbieten
Die Analysen in Kapitel 7 verdeutlichen, dass die Lernenden unterschiedliche Schwerpunktsetzungen in der Nutzung der Darstellungen setzen. Während die in Deutschland aufgewachsenen Lernenden sich hauptsächlich in der graphischen Darstellung bewegt haben, aktivierten die neuzugewanderten Lernende stärker die symbolische Darstellung. Gerade, wenn die sprachlichen Ressourcen noch im Aufbau sind, scheint es umso wichtiger zu sein, Gelegenheiten zur Darstellungsvernetzung zu geben. In solchen Fällen kann die Versprachlichung der inhaltlichen Beziehungen nicht immer ausschließlich in der sprachlichen Darstellung erfolgen.

Dies steht nicht im Widerspruch zum Ziel, formalbezogene Sprachmittel bei neuzugewanderten Lernenden gezielt miteinzubeziehen. Die Analysen zeigen, dass gerade die inhaltliche Deutung solcher Sprachmittel und der stärker verankerte symbolischen Darstellung durch die Arbeit an der graphischen Darstellung gefördert werden kann. Der Bruchstreifen war beispielsweise ein konkretes Mittel für die Lernenden, um symbolische Verfahren bedeutungsbezogen zu deuten. Das Darstellungsvernetzungsprinzip hat sich somit bewährt. Für das Lehr-Lern-Arrangement in Studie 2 sollte ebenfalls ein konkretes graphisches Darstellungsmittel angeboten werden. Hierfür wird der gezielte Einbezug des doppelten Zahlenstrahls (siehe Abschnitt 6.1.3) vorgeschlagen.

Ähnlich wie bei den *Sprachebenen-in-Use*, scheint bei den *Darstellungen-in-Use* für einige neuzugewanderte Lernende (in diesem Fall aus Syrien) vielversprechender zu sein, an die mitgebrachten formalen Ressourcen anzuknüpfen und die graphische Darstellung nicht als isoliertes Werkzeug, sondern als Mittel einzuführen, das dazu dient, Bedeutung durch Verknüpfung mit formalen Verfahren zu erzeugen. Dies haben teilweise die spanischsprachigen Deutschlernende selbst gemacht. In einem sprachlich diversen Kontext bedeutet dies, dass die Lehr-Lern-Pfade flexibler und adaptierbarer sein sollten.

Das bessere Verständnis der *Repertoires-in-Use* ermöglicht es den Lehrkräften, mehrere Lehr-Lern-Pfade zu berücksichtigen, die die Darstellungen in unterschiedlicher Gewichtung je nach Lernphase und Sprachenkonstellation einbeziehen und die Sprachen der Lernenden gezielt aktivieren.

Bezogen auf die Verknüpfungsaktivitäten und auf die Initiierende: Übergang von lokalen zu integrierenden Darstellungsvernetzungsprozessen unterstützen
In Hinblick auf die Vernetzungsarten und die initiierende Person scheint die Unterstützung des Übergangs von lokalen zu integrierenden Vernetzungsprozessen entscheidend.

Die Aktivitäten zur Präzisierung, Versprachlichung und Begründung der Verknüpfungen, also die integrierenden Vernetzungsarten, erscheinen in den Analysen als reichhaltiger, lernförderlicher und bedeutungstragender als wechselartige oder Übersetzungsaktivitäten, also die lokalen Vernetzungsarten. Sie kommen jedoch seltener vor. In fast allen Fällen, außer im Fall Badrie und Maher (Abschnitt 7.3.1), konnten sowohl lokale als auch integrierende Vernetzungsarten rekonstruiert werden. Allerdings waren die integrierenden Vernetzungsarten seltener und benötigten oft mehr Unterstützung durch die Lehrkraft. Dies bedeutet für die Studie 2, dass diese Verknüpfungsaktivitäten expliziter eingefordert und gezielt unterstützt werden sollten. Dazu werden in Studie 2 die Lehr-Lern-Materialien entsprechend überarbeitet, z. B. mit dem Designelement 1 *„Aufträge zum mehrsprachigen Erklären bedeutungsbezogener Sprachmittel"*. Dabei scheint es wichtig zu sein, die Reflexion anhand der Sprachmittel zu fördern, um die inhaltliche Reflexion mittels der sprachlichen Darstellung zu unterstützen. An dieser Stelle spielen Klassengespräche eine wichtige Rolle im Design.

Es bleibt in Studie 2 zu untersuchen, inwiefern die unmittelbare und intensive Lernbegleitung der Kleingruppen durch die Lehrkraft bei den Vernetzungsaktivitäten durch schriftliche Aufträge und Impulse im Klassengespräch zumindest partiell ersetzt werden kann, und zwar auch bei *nicht-geteilter Mehrsprachigkeit.*

Teil III

Studie 2: Lehr-Lern-Prozesse in superdiversen Regelklassen mit nicht-geteilter Mehrsprachigkeit

Im vorliegenden dritten Teil der Dissertation wird die Studie 2 vorgestellt, die als Ziel die Entwicklung eines mehrsprachigkeitseinbeziehenden Mathematikunterrichts in sprachlich heterogenen Klassen innehat. Die spezifischen methodologischen Entscheidungen, die für diese Studie getroffen wurden, werden in Kapitel 9 vorgestellt und ergänzen die Darstellung des allgemeinen methodischen Vorgehens aus Abschnitt 5.2.

In Kapitel 10 werden die Entwicklungsprodukte präsentiert, die im Rahmen der Studie 2 entstanden sind. Beleuchtet werden der (dem Lehr-Lern-Arrangement zugrundeliegende) Lernpfad sowie die Spezifika der Designprinzipien für den mehrsprachigkeitseinbeziehenden Mathematikunterricht, die in Kapitel 3 für den einsprachigen Unterricht vorgestellt wurden. Insbesondere wird die Adaption dieser Designprinzipien vom monolingualen über den zweisprachigen bis hin zum mehrsprachigkeitseinbeziehenden Unterricht vorgestellt. Darüber hinaus wird die Entwicklung konkreter Designelemente nachvollzogen, die darauf abzielen, das epistemische Potenzial der Mehrsprachigkeitsaktivierung in superdiversen Klassen zu nutzen. Diese Designelemente sind in das iterativ erprobte Lehr-Lern-Arrangement eingeflossen.

Im darauffolgenden Kapitel 11 werden die situativen Potenziale und Herausforderungen der Designelemente anhand empirischer Belege aus dem gewonnenen Datenmaterial analysiert, Hypothesen zu Potenzialen und Gelingensbedingungen generiert sowie weiterhin diese Hypothesen durch Analyseergebnisse gestützt. Schließlich werden in Kapitel 12 die didaktischen Konsequenzen dargelegt.

Konkretisierungen des methodischen Rahmens der Studie 2

9

Die Untersuchung der Transfermöglichkeiten zwischen dem Kontext der geteilten (Studie 1) und der nicht-geteilten Mehrsprachigkeit (Studie 2) wurde im methodologischen Rahmen der fachdidaktischen Entwicklungsforschung („Design-Research") durchgeführt. Da das Forschungsformat in beiden Studien der Dissertation zur Anwendung kam, wurde es bereits übergreifend in Abschnitt 5.2 ausführlich vorgestellt. Im vorliegenden Kapitel werden die spezifischen Aspekte der Studie 2 ausgeführt.

9.1 Methodologische Einbettung in Design-Research

In Anbetracht dessen, dass der fachdidaktisch gezielte Einbezug mehrsprachiger Ressourcen in sprachlich heterogenen Klassen ohne geteilte Mehrsprachigkeit im deutschen Kontext bisher kaum untersucht wurde (Prediger & Özdil 2011), wird die Notwendigkeit sowohl von Forschungs- als auch Entwicklungsarbeit deutlich. Dies erfordert einen Ansatz, der es erlaubt, ein Konzept zu entwickeln und zu erproben, um konkreten praktischen Nutzen für die Schulpraxis zu generieren und gleichzeitig Beiträge zur Forschung auf diesem Gebiet zu liefern.

Wie bereits in Abschnitt 5.2 ausgeführt, wird dazu das Forschungsformat *Design-Research* im FUNKEN-Modell (Hußmann et al. 2013) genutzt, um das Unterrichtsdesign empirisch begründet zu optimieren und zur Theoriebildung in der Fachdidaktik beizutragen. Die konkreten Arbeitsbereiche im FUNKEN-Modell, die in Abschnitt 5.2.2 vorgestellt werden, werden hier für Studie 2 konkretisiert:

- *Lerngegenstände spezifizieren und strukturieren:* In Studie 2 sind die proportionalen Zusammenhänge Lerngegenstand. Dieser wurde in Kapitel 4 fachlich und sprachlich spezifiziert. Die Strukturierung wurde mittels eines dualen Lernpfads unternommen, in dem die fachlichen und sprachlichen Lernziele koordiniert sind. Diese mithilfe der Designexperiment-Zyklen weiterentwickelte Strukturierung des Lerngegenstands wird in Kapitel 10 vorgestellt.

- *Design (weiter) entwickeln:* Parallel zur Erläuterung der Stufen des dualen Lernpfades werden in Kapitel 10 Einblicke in die konkreten Aufgaben und die dabei fokussierten Designelemente gegeben.

- *Designexperimente durchführen und auswerten:* Die Auswertung der in den verschiedenen Designexperiment-Zyklen erhobenen Daten entlang der entwickelten Designelemente wird in Kapitel 11 dargelegt. Dabei wird an punktuellen Stellen rekonstruiert, welche Anpassungen im Design im Laufe der Zyklen unternommen wurden und zu seiner Weiterentwicklung beigetragen haben.

- *Lokale Theorien weiter (entwickeln):* In Kapitel 12 wird die Ableitung didaktischer Konsequenzen aus den Analysen der Studie 2 aufgezeigt. Im Teil IV der Arbeit zur Diskussion und Ausblick werden die theoretischen Beiträge aus den beiden Studien der Dissertation in Verbindung mit bestehender Theorie erläutert.

9.2   Forschungsfragen und Entwicklungsprodukte

Studie 2 verfolgt ein innovatives Ziel im Kontext der fachbezogenen Mehrsprachigkeitsforschung. Dabei werden nicht nur kontrollierte Designexperimente in sprachhomogenen Kleingruppen durchgeführt, sondern auch die komplexe Situation der Sprachenvielfalt im regulären Unterricht berücksichtigt. Dies geschieht selbst unter den Bedingungen, dass die Nutzung der Mehrsprachigkeit in den untersuchten Klassen nicht vertraut war. In diesem konkreten Feld sind bisher wenige Studien vorhanden (Meyer et al. 2016). Angesichts des Mangels an Studien, die den Einbezug von Mehrsprachigkeit in sprachlich heterogenen Klassen fördern, wird in Studie 2 die folgende übergeordnete Frage, die die Umsetzbarkeit solcher Unterrichtsansätze ergründet, behandelt:

(F2.1)   Inwiefern lässt sich die Mehrsprachigkeit in sprachlich heterogenen Klassen für das fachliche Lernen nutzen?

Zur Bearbeitung von Forschungsfrage 2.1 (F2.1) werden die Designprinzipien des sprachbildenden Mathematikunterrichtes einbezogen und für den mehrsprachigkeitseinbeziehenden Unterricht adaptiert. Mit Forschungsfrage 2.2 (F2.2) wird der Fokus stärker auf die Konkretisierung der Aspekte, die den Einbezug der Mehrsprachigkeit zur Unterstützung der Bedeutungskonstruktion fördern sollen, gelegt:

(F2.2)   Durch welche Designelemente können die mehrsprachigen Repertoires der Lernenden in den mathematischen Lehr-Lern-Prozesse sprachlich heterogener Klassen möglichst lernförderlich einbezogen werden?

Mit Forschungsfragen 2.1 und 2.2 wird Kapitel 10 eingeleitet, in dem die drei Entwicklungsprodukte der Studie 2 vorgestellt werden: 1) Lehr-Lern-Arrangement am Beispiel der proportionalen Zusammenhänge mit dualem Lernpfad; 2) Adaptierte Designprinzipien für den mehrsprachigkeitseinbeziehenden Mathematikunterricht; 3) Entwicklung von Designelementen für den mehrsprachigkeitseinbeziehenden Mathematikunterricht. Beide Fragen werden anschließend in Kapitel 11 aus empirischer Sicht behandelt.

Um Forschungsfrage 2.2 weiter zu konkretisieren, werden nach der Identifikation von zwei Designelementen (siehe Abschnitt 10.3) zwei weitere Forschungsfragen (F2.2a und F2.2b) herangezogen, um den Aspekt der Lernförderlichkeit genauer zu untersuchen:

(F2.2a)   Welche situativen Potenziale der Designelemente in Bezug auf sprachenvernetzende Bedeutungskonstruktionsprozesse lassen sich rekonstruieren?

(F2.2b)   Unter welchen Gelingensbedingungen können sich diese Potenziale entfalten?

Im Abschluss der Studie 2 sollen die gewonnenen Erkenntnisse dazu beitragen, den Einbezug von Mehrsprachigkeit in sprachlich heterogenen Klassen für das fachliche Lernen besser zu verstehen und zu konkretisieren. In Kapitel 12 werden daraus Konsequenzen gezogen, die zur Definition konkreter Handlungsempfehlungen für Lehrkräfte beitragen sollen. Darüber hinaus soll die Studie den wissenschaftlichen Diskurs über Mehrsprachigkeit im Fachunterricht bereichern und als Grundlage für weitere Forschung dienen.

Insgesamt sind drei zentrale Entwicklungsprodukte entstanden, die eine besondere praktische Relevanz aufweisen. Diese werden in Kapitel 10 ausführlich präsentiert:

(E1)   Mehrsprachigkeitseinbeziehendes Lehr-Lern-Arrangement zu proportionalen Zusammenhängen für sprachlich heterogenen Klassen
(E2)   Adaptierte Designprinzipien für den mehrsprachigen Mathematikunterricht
(E3)   Relevante Designelemente für den mehrsprachigen Mathematikunterricht

9.3   Methoden der Datenerhebung

Wie in jeder Design-Research-Studie werden auch in Studie 2: „Lehr-Lern-Prozesse in superdiversen Regelklassen mit nicht-geteilter Mehrsprachigkeit" Designexperimente als zentrale Methode der Datenerhebung (Cobb et al. 2003) verwendet. Die Methode wird hier im Einzelnen vorgestellt.

9.3.1   Übersicht über die Designexperiment-Zyklen

Studie 2 umfasst drei Designexperiment-Zyklen und eine vorangehende erste Pilotierung der Aufgaben. Die Pilotierung und die Designexperiment-Zyklen 1 und 3 hat die Autorin dieser Arbeit als Designexperiment-Leiterin selbst durchgeführt. Im Designexperiment-Zyklus 2 war eine weitere Lehrkraft aktiv beteiligt. Details zur Datenerhebung können der Abbildung 9.1 entnommen werden. Sie werden im Folgenden beschrieben.

Studie 2: *Fachdidaktische Entwicklungsforschung in Klassensetting.*

Pilotierung	Zyklus 1	Zyklus 2	Zyklus 3
Deutsches Gymnasium	Deutsches Gymnasium	Deutsche Auslandsschule	Deutsche Sekundarschule
Klasse 7 4 Lernende 2 Sprachen neben Deutsch	Klasse 7 30 Lernende 10 Sprachen neben Deutsch	Klasse 7 21 Lernende 1 Sprache neben Deutsch	Klasse 7 15 Lernende 6 Sprache neben Deutsch
2 UE à 60 min	6 UE à 60 min	5 UE à 45 min	5 UE à 45 min
11.2018	**11.2018**	**03.2019**	**05.2019**

Abbildung 9.1   Überblick der Designexperimente in Studie 2

Pilotierung: Eingrenzen des Lerngegenstands
Die Pilotierung des ersten Entwurfs des Lehr-Lern-Arrangements erfolgte im gleichen Dortmunder Gymnasium wie der Designexperiment-Zyklus 1. In der Pilotierung wurde mit vier Lernenden gearbeitet, einem arabisch-deutsch und einem türkisch-deutschsprachigen Lernendenpaar. Im Gegensatz dazu fand Designexperiment-Zyklus 1 im Klassensetting statt.

Designexperiment-Zyklus 1: Erprobung der ersten Version des Lehr-Lern-Arrangements in einer superdiversen Regelklasse in Deutschland
Der Designexperiment-Zyklus 1 wurde in einer Klasse 7 eines Dortmunder Gymnasiums durchgeführt. Die teilnehmenden 30 Lernenden zeichneten sich durch eine hohe sprachliche Heterogenität aus, die sich in der Zusammensetzung der gesprochenen Sprachen zeigte: Alle Lernenden sprachen Deutsch und lernten Englisch als gemeinsame schulische Fremdsprache; weitere in der Klasse vertretenen Sprachen waren Türkisch (8 Lernende), Russisch (5 Lernende), Polnisch (4 Lernende), Arabisch (3 Lernende), Italienisch (1 Lernende) und Kurdisch (1 Lernende). Die Sprachen der Lernenden wurden vor dem Start des Designexperiments mittels Fragebogen erhoben.

Das Lehr-Lern-Arrangement wurde in den Sozialformen Einzelarbeit, Gruppenarbeit in sprachhomogenen Kleingruppen und Klassengespräche umgesetzt.

Im Designexperiment-Zyklus 1 wurde das Lehr-Lern-Arrangement während sechs Sitzungen à 60 Minuten erprobt. Alle Sitzungen wurden mit fünf Kameras aufgezeichnet. Die Positionierung der Kameras ist der Abbildung 9.2 zu entnehmen. Das Klassengespräch wurde mit einer – im hinteren Teil des Raums zentral platzierten – Kamera videographiert. Vor dem Unterricht wurde die Sitzordnung der Klasse so arrangiert, dass Lernende mit geteilter Mehrsprachigkeit Kleingruppen bildeten. Die Tische wurden so im Voraus vorbereitet, dass Arbeitsmappen, die mit den Namen der Lernenden beschriftet waren, auf den Plätzen lagen, so dass die Verteilung der Lernenden schnell erfolgen konnte. Dadurch konnten die in Studie 1 untersuchten sprachhomogenen Kleingruppen innerhalb des Regelunterrichts geschaffen (wenn auch ohne Begleitung einer Lehrkraft) und mit sprachheterogenen Plenumsgesprächen kombiniert werden. Insgesamt wurde Datenmaterial im Umfang von 360 Minuten erhoben.

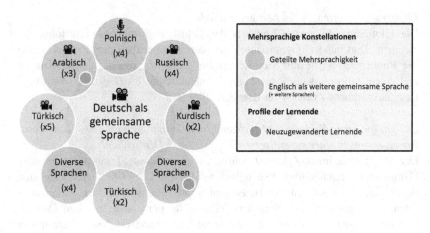

Abbildung 9.2   Für alle Designexperiment-Zyklen exemplarische Darstellung der Klassen-
zusammensetzung

*Designexperiment-Zyklus 2: Erprobung des Lehr-Lern-Arrangements unter Bedin-
gungen geteilter Mehrsprachigkeit ohne Begleitung der Kleingruppen durch eine
Lehrkraft*
Der Designexperiment-Zyklus 2 fand in einer Klasse 7 einer deutschen Auslandsschule unter Bedingungen der geteilten Mehrsprachigkeit (Spanisch-Deutsch)
statt. Es haben 21 Lernende an der Erhebung teilgenommen. Alle Lernenden
sprachen Spanisch als Erstsprache und lernten Deutsch sowie Englisch als Fremdsprachen. Alle drei Sprachen wurden mit der Lehrkraft geteilt. Es handelte
sich dabei um eine sprachhomogenere Konstellation als im Designexperiment-
Zyklus 1 und 3, jedoch im Kontext einer deutschen Auslandsschule, bei dem die
Unterrichtssprache Deutsch als exklusive Unterrichtssprache erwünscht wird. Die
weiteren Sprachen neben Deutsch wurden sonst kaum von der Lehrkraft als Lehr-
Lern-Ressourcen aktiviert, wohl aber produktiv von den Lernenden – im Fall vom
Spanischen – in Situationen benutzt, wenn die bereits aufgebaute Kenntnisse der
deutschen Sprache nicht ausreichend erschienen.
   In Designexperiment-Zyklus 2 wurde das Lehr-Lern-Arrangement in fünf
Sitzungen à 45 Minuten erprobt. Es waren zwei Lehrkräfte zur Begleitung
anwesend. Alle Sitzungen wurden mit vier Kameras aufgezeichnet. Das Klassengespräch wurde ebenfalls wie im Designexperiment-Zyklus 1 mit einer im
hinteren Teil des Raums zentral platzierten Kamera videographiert. Insgesamt
wurde Datenmaterial im Umfang von 225 Minuten erhoben.

Designexperiment-Zyklus 3: Erprobung des Lehr-Lern-Arrangements unter Bedingungen geteilter Mehrsprachigkeit ohne Begleitung der Kleingruppen durch eine Lehrkraft
Designexperiment-Zyklus 3 fand in einer deutschen Sekundarschule in Gelsenkirchen statt. Es haben 15 Lernende an der Erhebung teilgenommen. Alle Lernende sprachen Deutsch (und Englisch als gemeinsame schulische Fremdsprache). Weitere in der Klasse vertretenen Sprachen waren Türkisch (gesprochen von 12 Lernenden), Polnisch (4 Lernende), Arabisch (2 Lernende), Albanisch (1 Lernende) und Kurdisch (1 Lernende).

Ebenso wie in Designexperiment-Zyklus 2, wurden in Designexperiment-Zyklus 3 das Lehr-Lern-Arrangement in fünf Sitzungen à 45 Minuten durch die Autorin als Designexperiment-Leiterin erprobt. Alle Sitzungen wurden mit vier Kameras aufgezeichnet. Das Klassengespräch wurde ebenfalls wie in den vorigen Designexperiment-Zyklen mit einer im hinteren Teil des Raums zentral platzierten Kamera videographiert. Insgesamt wurde Datenmaterial im Umfang von 225 Minuten erhoben.

9.3.2 Datenkorpus: Videos, Transkription und Schriftprodukte

Die aufgezeichneten Videodaten aus den Designexperimenten aller drei Zyklen wurden anschließend gesichtet und teilweise transkribiert (siehe Abschnitt 9.4). Der Transkriptkopf (siehe Abbildung 9.3) enthält Informationen über den Dateinamen, die beteiligten Lernenden und die behandelte Aufgabe. Innerhalb der Transkripte wurden Handlungen, Äußerungen und Schriftprodukte kodiert, die einen Bezug zu den situativen Potenzialen der Designelemente haben.

KE1-A-AU-181102_T_V1-A2

„KE" steht für „Klassenerhebung" und „1" bezeichnet den Designexperiment-Zyklus. „A" kennzeichnet im Beispiel die erste Sitzung im gegebenen Designexperiment-Zyklus. „AU" ist das Kürzel der Designexperiment-Leitenden. Daraufhin folgt das Datum im Format JJMMTT. Anschließend wird die Sprache der videographierten Kleingruppen durch den ersten Buchstaben der jeweiligen Sprache gekennzeichnet, im Beispiel steht „T" für Türkisch. Abschließend gibt „V1" die Videonummer an.

Lernende: Ahmet (Ahm), Esra (Esr), Halil (Hal), Ömer (Öme), Lehrerin (Leh)

Im Transkriptkopf werden die Pseudonyme der Lernenden gelistet. In Klammern direkt nach jedem Pseudonym stehen die ersten drei Buchstaben desselben. Diese gekürzten Bezeichnungen werden innerhalb des Transkripts zur Identifikation verwendet.

Aufgabe:

An dieser Stelle wird die im Transkript behandelte Aufgabe ausgedruckt.

5   Nasıl yapcaz (Wie machen wir das?) ... Warum ist es so komisch, Türkisch zu reden?
7
...

Abbildung 9.3 Transkriptkopf von Transkript 10.1 zur Visualisierung

Die ausgewählten Sequenzen wurden nach den Regeln in Abbildung 9.4 transkribiert:

1	Durchlaufende Nummerierung der Codes innerhalb eines Sinnabschnitts
Leh	Kürzel für die Lehrkraft
Den	Lernendennamen mit den drei Anfangsbuchstaben verkürzt
[ ]	Kursiv Gedrucktes und in eckigen Klammern Gesetztes beschreibt die Handlungen, Gesten und Interaktionen.
[...]	Auslassungen im Transkript
( )	Grau Markiertes in Klammern sind Übersetzungen einer Originaläußerung ins Deutsche.

Abbildung 9.4 Transkriptionsregeln

Das Datenkorpus umfasst neben den Videos und den Transkripten auch Scans der Schriftprodukte, die die Lernenden während der Designexperimente erstellt haben. Die analysierten Schriftprodukte wurden zur Verbesserung der Lesbarkeit ggf. abgetippt und, wenn nötig übersetzt.

Aufgrund fehlender Expertise in allen Sprachen der Lernenden konzentrierten sich die Tiefenanalysen der Studie 2 hauptsächlich auf türkisch-, englisch- und spanischsprachigen Kleingruppen. Für die Transkription der Klassengespräche wurde zusätzliche Expertise für Polnisch, Russisch und Arabisch hinzugezogen.

Bei der Analyse der Klassengespräche wurden insbesondere jene aus·den Designexperiment-Zyklen 1 und 3 detailliert untersucht, da diese den superdiversen Kontext abbilden. Für die empirische Auswertung der Kleingruppenarbeiten wurden Episoden aus den Designexperiment-Zyklus 1 bis 3 qualitativ analysiert.

9.4   Methoden der Datenauswertung

In den Analysen aus Studie 2 wird untersucht, wie sich bestimmte Designelemente auf den Lehr-Lern-Prozess auswirken und inwieweit sie dazu beitragen, die sprachlichen Repertoires der Lernenden in epistemischer Funktion zu aktivieren (siehe Forschungsfrage 2.2). Dabei kommt ein hypothesengenerierendes Vorgehen zum Einsatz, um die situativen Potenziale der Designelemente auf die mehrsprachigen Lehr-Lern-Prozesse zu ergründen. Die aus den Daten abgeleiteten Hypothesen bezüglich der situativen Potenziale (F2.2a) und Gelingensbedingungen (F2.2b) der Designelemente werden durch Analyseergebnisse substantiiert. Gelingensbedingungen beziehen sich auf diejenigen rekonstruierbaren Bedingungen, unter denen sich die möglichen Potenziale als situative Wirkungen entfalten oder nicht entfalten konnten.

Analytisches Vorgehen
Nach der Aufbereitung (1) und Sichtung (2) des Datenmaterials, das in Abschnitt 9.3.2 beschrieben wurde, erfolgte die Analyse der Daten. Diese folgt dem Analyseprozess mit qualitativen Methoden (3–6):

(1) Aufbereitung der Daten
(2) Sichtung des Datenmaterials und Auswahl der Fokusstellen
(3) Offenes Kodieren in Hinblick auf die Designelemente
(4) Genaues Kodieren unter Anwendung des Analyseinstruments aus Studie 1 (siehe Abschnitt 6.3)
(5) Rekonstruktion der Zusammenhänge zwischen Designelementen und Lehr-Lern-Prozessen auf Kleingruppen- und Klassenebene
(6) Ableitung von Potenzialen und Gelingensbedingungen

Die aufgelisteten Schritte ermöglichten eine systematische Auswertung des Datensatzes. In einem zweiteiligen Prozess wurden sowohl Kleingruppen- als auch Klassengespräche aufbereitet (1). Die Kleingruppengespräche wurden basierend auf Fokusaufgaben gesichtet und gefiltert (2). Diese Fokusaufgaben wurden in Hinblick auf die Realisierung der Designelemente DE1 „Aufträge zum mehrsprachigen Erklären bedeutungsbezogener Sprachmittel" und DE2 „Aufträge zum Übersetzen zentraler bedeutungsbezogener Sprachmittel" ausgewählt (2) (siehe Abschnitt 10.3).

Diese Designelemente dienten auf diese Weise als übergeordnete Anfangskategorien zur Systematisierung des Datenmaterials (3). Nachdem das Videomaterial entsprechend sortiert und nach den Designelementen kategorisiert wurde, wurden die Sequenzen transkribiert, in denen die Mehrsprachigkeit mithilfe der zwei Designelemente mobilisiert wurde. Obwohl die Mehrsprachigkeit auch an weiteren Stellen mental aktiviert worden sein könnte, ist es mit den hier gewählten methodischen Zugängen nur möglich, die wahrnehmbaren Äußerungen und Handlungen zu analysieren. Aus den transkribierten und übersetzten Episoden wurden jene für eine detaillierte Analyse ausgewählt, die spezifische, in den übrigen Daten wiederkehrende Muster aufweisen und sich auf die Designelemente zurückführen lassen. Diese Muster werden in den Analysen durch Hypothesen konkretisiert und durch empirisch abgeleitete Pointierung dieser Hypothesen in Form von Analyseergebnissen untermauert.

Für die qualitativen Tiefenanalysen der Transkripte wurde das Analyseinstrument aus Studie 1 verwendet (4–5). Eine detaillierte Erläuterung des Instruments und der darin enthaltenen Kategorien findet sich in Abschnitt 6.3. Eine Besonderheit besteht in der lerngegenstandsspezifischen Konkretisierung für die proportionalen Zusammenhänge, wie aus Abbildung 9.5 zu entnehmen ist:

Kategorien der Verknüpfungsaktivitäten

Beispiele:

* Wechseln$_{(L)}$: Ar→De   Wechsel von der arabischen Sprache in die deutsche Sprache, Lehrkraft-initiiert
* Versprachlichen$_{(S)}$: SD↔GD   Versprachlichung der Verknüpfung zwischen der symbolischen und
                                    der graphischen Darstellung, Lernende-initiiert

Wie?	**Wer?**	**Was?**
Verknüpfungsart	**Initiierende**	**Verknüpfte Komponenten**
K: Keine Verknüpfung	$_L$ Lehrkraft-	Sp→De: vom Spanischen ins Deutsche
W: Wechseln	initiiert	Tr↔De: vom Türkischen ins Deutsche hin- und zurück
(nur zeitbedingte	$_S$ Lernende-	fSp, bSp, aSp: formalbezogene, bedeutungsbezogene,
Verknüpfung)	initiiert	alltagssprachliche Sprachmittel in der jeweiligen
E: Entlehnen	$_M$ Mitlernende-	Sprache. Hier am Beispiel Sp (Spanisch)
Ü: Übersetzen	initiiert	GD, SD, KD: graphische, symbolische, kontextuelle Darstellung
(innerhalb einer Darstellung,		
z.B. zwischen Sprachen oder		
Registern sowie zwischen		
Darstellungen)		
V: Versprachlichen der		**Lerngegenstandsspezifische Konkretisierung**
Verknüpfung		
P: Präzisieren der Verknüpfung		**Grundvorstellungen**
B: Begründen der Verknüpfung		Zu: Zuordnung
		Va: Variation
		Ko: Ko-variation

Zuordnungseigenschaften
fF: Fester Faktor
Qg: Quotientengleichheit
Vg: Verhältnisgleichheit

Kovariationseigenschaften
aÄ: Additive Änderung pro Schritt
Ae: Additionseigenschaft
Vf: Vervielfachungs-eigenschaft
Eb: Einheitsbildung

Abbildung 9.5 Analyseinstrument und lerngegenstandsbezogene Präzisierung

Die Analysen aus Studie 2 dienen der Hypothesengenerierung und konzentrieren sich sowohl auf die Lehr-Lern-Prozesse innerhalb der Kleingruppen als auch auf die Klassengespräche (5). Es wurden Episoden ausgewählt und aufbereitet, die die Designelemente realisieren. Diese wurden kodiert und analysiert. Als Teil des Analyseprozesses wurden Hypothesen aufgestellt, die die situativen Potenziale und Gelingensbedingungen der beiden Designelemente beschreiben (6).

Die aufgestellten Hypothesen wurden durch Analyseergebnisse untermauert und ausdifferenziert, um ein Verständnis für die Entwicklung eines mehrsprachigkeitseinbeziehenden Mathematikunterrichts zu schaffen. So geben die Analysen einen Einblick in die fortschreitende Realisierung des Zieles, das epistemische

Potenzial der Mehrsprachigkeit für das fachliche Lernen einzubeziehen. Dies beginnt bei der Herausforderung, das ganzheitliche Repertoire der Lernende im Unterrichtskontext überhaupt zu mobilisieren.

So ermöglicht dies die intendierte Formulierung von Konsequenzen für die konkrete Gestaltung eines mehrsprachigkeitseinbeziehenden Mathematikunterrichts.

Entwicklungsprodukte der Entwicklungsforschung 10

Das Ziel der vorliegenden Studie 2 ist die Entwicklung alltagstauglicher Unterrichtskonzepte und Beiträge zur Theoriebildung einer Didaktik des mehrsprachigen Fachunterrichts in sprachlich heterogenen Lerngruppen. Studie 1 (Kapitel 6–8) lieferte wichtige Erkenntnisse für die Konkretisierung des Entwicklungsinteresses des Dissertationsprojekts. Diese Erkenntnisse fließen in die Konzeption dreier Entwicklungsprodukte ein, die im Rahmen von Studie 2 entstanden:

- Konzeption eines sprachbildenden Lehr-Lern-Arrangements zum Lerngegenstand der proportionalen Zusammenhänge (Abschnitt 10.1);
- Ausdifferenzierung der Designprinzipien für den mehrsprachigen Unterricht bei nicht-geteilter Mehrsprachigkeit, ausgehend von den Designprinzipien des ein- und zweisprachigen Unterrichts (Abschnitt 10.2);
- Entwicklung bestimmter Designelemente zur Mobilisierung der Mehrsprachigkeit unter Bedingungen der nicht-geteilter Mehrsprachigkeit für die Bedeutungskonstruktion (Abschnitt 10.3).

Im Folgenden werden die drei Entwicklungsprodukte ausgeführt.

Á. Uribe, *Mehrsprachigkeit im sprachbildenden Mathematikunterricht*, Dortmunder Beiträge zur Entwicklung und Erforschung des Mathematikunterrichts 53, https://doi.org/10.1007/978-3-658-46054-9_10

10.1 Lehr-Lern-Arrangement am Beispiel der proportionalen Zusammenhänge mit dualem Lernpfad

Im Vorgängerprojekt MuM-Multi I (Kuzu 2019; Prediger, Kuzu et al. 2019; Schüler-Meyer, Prediger, Kuzu et al. 2019) und in der Studie 1 (Kapitel 6–8) wurde der Lerngegenstand Brüche untersucht. Um die Entwicklungsforschung zu einer mehrsprachigen Fachdidaktik anhand weiterer Lerngegenstände zu erproben, wurde für die Neuentwicklung der exemplarische mathematische Lerngegenstand der proportionalen Zusammenhänge gewählt, dessen Hintergründe bereits in Kapitel 4 spezifiziert wurden. Auch wenn das übergeordnete Ziel der Studie in auf andere Lerngegenstände generalisierbaren Erkenntnissen liegt, ist das Lehr-Lern-Arrangement zu *proportionalen Zusammenhängen* ein genau zu beschreibender Forschungskontext für die weiteren Fragestellungen und ein Entwicklungsprodukt für sich.

Die fachlichen Facetten des Lerngegenstands wurden strukturiert, dies bedeutet nach Hußmann und Prediger (2016), in eine Reihenfolge des Lernangebotes gebracht, kurz in einen fachlichen Lernpfad. Ein solcher, fachlicher Lernpfad charakterisiert die Schritte des Lehr-Lern-Arrangements im Vorstellungsaufbau. Gemäß dem Vorschlag von Pöhler und Prediger (2015) wird für sprachbildende Lehr-Lern-Arrangements der fachliche Lernpfad systematisch mit einem sprachlichen Lernpfad koordiniert. Im sprachlichen Lernpfad werden die Sprachhandlungen aufgeführt, die auf der jeweiligen fachlichen Lernstufe für die Aneignung relevant sind, sowie die Sprachmittel, die zu ihrer Realisierung benötigt werden (siehe Abschnitt 2.3.1). In diesem Sinne werden die fachliche und die sprachliche Sicht auf den Lerngegenstand der proportionalen Zusammenhänge auf verschiedenen Stufen miteinander verzahnt.

Basierend auf dem lehr-lern-theoretischen Ansatz der *Realistic Mathematics Education* (Freudenthal 1983; Gravemeijer & Doorman 1999; van den Heuvel-Panhuizen 2003) startet der intendierte Lernpfad bei den intuitiven, alltäglichen Ressourcen der Lernenden, d. h. bei ihren vorunterrichtlichen Vorstellungen zu proportionalen Zusammenhängen und den eigensprachlichen Mitteln, die eigenen Ideen auszudrücken. Diese werden zu den zentralen fachlichen Konzepten ausgebaut und schließlich auch formale Rechenwege daraus abgeleitet. Die Sprachhandlungen und Sprachmittel werden dazu sukzessive aufgebaut, so dass die fachlichen Verstehensprozesse auf jeder Stufe adäquat versprachlicht werden können (Pöhler & Prediger 2015).

Diese (zunächst einsprachige) Strukturierung des sprachlichen Lernpfads in der Unterrichtssprache ist auch für den mehrsprachigen Unterricht relevant: Zwar können im mehrsprachigen Mathematikunterricht die Sprachmittel nicht in jeder Sprache aller Lernenden identifiziert werden, doch ermöglicht die Strukturierung des einsprachigen Lernpfads in der Unterrichtssprache die Identifizierung von Lerngelegenheiten, bei denen die Aktivierung der individuellen sprachlichen Repertoires lernförderlich werden kann. Wie in den späteren empirischen Analysen (Kapitel 11) aufgezeigt werden wird, sind dies auch die Stellen, an denen eine mehrsprachige Öffnung des Unterrichts besonders fruchtbar gemacht werden kann.

Im Folgenden wird der fachliche Lernpfad für den Lerngegenstand der proportionalen Zusammenhänge vorgestellt, der aus vier aufeinander aufbauenden Stufen besteht:

10.1.1 Stufe 1: Intuitives Vorwissen zu proportionalen Zusammenhängen aktivieren

Der Lerngegenstand der proportionalen Zusammenhänge wird oft auf Rechenstrategien fokussiert, der Aufbau eines Verständnisses der grundlegenden Konzepte und Strukturen ist jedoch wichtig, um einen sinnstiftenden Zugang zu Rechenstrategien zu ermöglichen (Kirsch 1969; Lamon 2007). Die Alltagserfahrungen bzw. die inhaltlichen Vorerfahrungen und alltagssprachlichen Ressourcen der Lernenden bilden hierfür den Ausgangspunkt für den sukzessiven Aufbau von Wissen und Sprache.

Die Erkundung von graphischen Darstellungen bietet ebenfalls eine Möglichkeit, proportionale Zusammenhänge zu erfassen. Neben der tabellarischen Darstellung wird der doppelte Zahlenstrahl zur Veranschaulichung der Koordination zweier Größen verwendet und dient zur Unterstützung bei der Versprachlichung mathematischer Strukturen (Orrill & Brown 2012). Wie Küchenmann et al. (2011) darlegen, kann durch die Erkundung des doppelten Zahlenstrahls ein intuitiver Zugang zu multiplikativen Strukturen geschaffen werden, die für das Verständnis proportionaler Zusammenhänge wesentlich sind. Die Lernenden aktivieren zuweilen implizit das Zählen in Bündeln (siehe Abschnitt 4.2), oft auch intuitive Vorformen der Zuordnung und Kovariation der beiden beteiligten Größen, die dann durch Sprachhandlungen des Erklärens und Beschreibens explizit werden.

Die fachlichen Lernziele, die sprachlichen Lernziele in Form von Sprachhandlungen und die Sprachmittel zu ihrer Realisierung in der Stufe 1 des Lernpfads werden in Tabelle 10.1 konkretisiert:

Tabelle 10.1   Stufe 1 des fachlichen und sprachlichen Lernpfads

Fachliches Teilziel	Sprachhandlungen	Sprachmittel
• Intuitives Vorwissen zu proportionalen Zusammenhängen aktivieren • Zusammenhänge in verschiedenen Darstellungen erkunden und beschreiben • Bedeutung der multiplikativen und additiven Strukturen in Zuordnungs-, Kovariations- und Einheitsbildungsperspektive verstehen	• Erklären der Bedeutung der multiplikativen und additiven Strukturen in Zuordnungs-, Kovariations- und Einheitsbildungsperspektive • Beschreiben proportionaler Zusammenhänge in Abgrenzung von nicht-proportionalen Zusammenhängen • Erläutern charakteristischer Eigenschaften proportionaler Zusammenhänge anhand des doppelten Zahlenstrahls	*Bedeutungsbezogen:* **Zuordnung** • jeder Apfel kostet gleich viel. • für / je • der erste Wert ist bei beiden Größen gleich null. **Ko(variation)** • man zählt in Schritten. • es kommt immer dasselbe hinzu. • …steigt gleichmäßig an. • es wird immer gleichmäßig mehr. • der Preis steigt um 50 ct an. • doppelt so viel wie… **Einheitsbildung** • die Schritte können unterschiedlich lang sein, aber oben und unten jeweils immer gleich groß. • oben/unten • wenn immer eine Einheit hinzugenommen wird, dann wird die zweite Größe auch um die gleiche Zahl mehr.

Die Sprachhandlungen auf Stufe 1 sollen der Bedeutungskonstruktion für den Aufbau der Grundvorstellungen Zuordnung und Kovariation und z. T. Einheitsbildung dienen, letzteres wird in der zweiten Stufe stärker in den Blick genommen. Die dazu identifizierten Sprachmittel können einige Lernende aus alltagssprachlichen Erfahrungen kennen, andere nicht, daher werden sie sowohl in der Unterrichtssprache als auch mehrsprachig gesammelt und expliziert. Abbildung 10.1 zeigt eine exemplarische Aufgabe der Stufe 1, die im Kontext des Apfelverkaufs im Lehr-Lern-Arrangement den Lernenden vorgelegt wird. Vor diesem Schritt haben die Lernenden bereits die proportionale Beziehung zwischen der Anzahl der Äpfel und dem Preis erforscht, auch ohne die formelle Einführung des Begriffs „Proportionalität". Im Rahmen dieser Aufgabe setzen sie sich mit der Vervielfachungseigenschaft (Kovariation) auseinander und begründen diese im Kontext der gegebenen Situation.

a) Ergänze die folgenden Sätze auf Deutsch:

Wenn die Kinder doppelt so viele Äpfel verkaufen,

dann_____.

Das weiß ich, weil_____.

b) Übersetze die gleichen Sätze in eure andere Sprache(n):

Abbildung 10.1 Exemplarische Aufgabe aus Stufe 1 des dualen Lernpfads

In der ersten Stufe dient die Aktivierung der eigensprachlichen Ressourcen in allen verfügbaren Sprachen (sprich des individuellen Repertoires) dazu, alltägliche Ressourcen miteinzubeziehen und durch Verbalisierung die intuitiven Vorerfahrungen zu den fachlichen Lerngegenständen bewusst zu machen sowie diese vielseitig anzugehen.

10.1.2 Stufe 2: Das Konzept proportionaler Zusammenhänge bezüglich des Begriffs „pro Portion" verstehen

In der ersten Stufe, wie in Abschnitt 10.1.1 beschrieben, sollen die Lernenden Eigenschaften proportionaler Zusammenhänge hauptsächlich in Zuordnungs- und Kovariationsperspektive beschreiben, was meistens intuitiv bereits erfolgt.

Jedoch, wenn es um die multiplikativen Strukturen in proportionalen Zusammenhängen geht, zeigt sich, dass neben den bereits genannten Grundvorstellungen besonders die inhaltliche Vorstellung der Einheitsbildung von Bedeutung ist. Diese ist nicht bei allen Lernenden intuitiv vorhanden (Lamon 2005). Daher wird in der zweiten Stufe, um das Konzeptverständnis zu vertiefen, der fachliche Fokus besonders auf das flexible Bündeln gerichtet. Dies liegt den multiplikativen Strukturen zugrunde (Prediger 2019a). Durch die Aufgaben werden Situationen herangezogen, in denen die Lernenden verschiedene Einheiten bilden und die neuen, daraus entstandenen numerischen Strukturen versprachlichen. Dabei wird auch der gemeinsame bedeutungsbezogene Sprachschatz zur Bedeutungskonstruktion bei der Einheitenbildung etabliert. Die Aufgabe, die in Abbildung 10.2

dargestellt ist, illustriert das Zählen in 4er-Portionen sowie die Bestimmung ihres Preises, sowohl ohne als auch mit dem doppelten Zahlenstrahl. Obwohl das Zählen von Äpfeln in Portionen generell als unkonventionell angesehen werden könnte, ist hier das Hauptziel, die Portion als eine flexibel bündelbare Einheit neu zu definieren. Dies wird durch die Endung „-er" unterstützt, indem sie die multiplikative Struktur betont (Prediger 2019a).

Der Verkaufstag ist da. Eine Kundin bestellt ihren Einkauf bei Darja. Beim Einpacken nimmt Darja zwei Mal vier Äpfel hintereinander und sagt dabei:

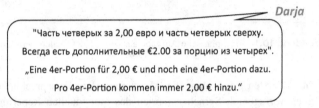

"Часть четверых за 2,00 евро и часть четверых сверху.

Всегда есть дополнительные €2.00 за порцию из четырех".

„Eine 4er-Portion für 2,00 € und noch eine 4er-Portion dazu.

Pro 4er-Portion kommen immer 2,00 € hinzu."

a) Am doppelten Zahlenstrahl ist der erste Schritt im Darjas Vorgehen abgebildet. Vervollständige das Bild. Denke daran den doppelten Zahlenstrahl zu beschriften.

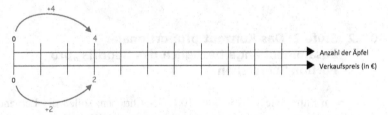

b) Besprich in der Gruppe:

- Was meint Darja mit dem Wort *Portion*?
- Würde das Zählen in 2er- oder 3er-Portionen auch funktionieren? Warum?

Abbildung 10.2 Exemplarische Aufgabe aus Stufe 2 des dualen Lernpfads

Der Fokus auf die Bündelung wird durch die Einführung des Sprachmittels „Portion" unterstützt. Das Substantiv Portion stammt aus dem lateinischen portio, welches (An)teil bedeutet. Dieses wird alltagssprachlich im Kontext von Speisen (Essenskontext) verwendet, um sich auf die Menge für eine Person zu beziehen

(Berlin-Brandenburgische Akademie der Wissenschaften o. J.). Das Wort Portion scheint sich also auf eine festgelegte Einheit zu beziehen. Pro Portion kann dann bedeuten, in Zuordungsperspektive die Menge einer Zutat für eine Person zu bestimmen. Flexible Einheitenbildung ermöglicht darüber hinaus, in Zuordnungsperspektive Portionen für größere Personenzahlen zu bestimmen, für eine 3er-Portion oder 4er-Portion. Werden die Personenzahlen flexibel gedacht und in Kovariationsperspektive dynamisiert, können wiederum entweder 1er-Portionen oder größere Portionen betrachtet werden: Pro eine 2er-Portion, pro eine 3er-Portion bzw. pro eine „n-er Portion" der ersten Größe kommt immer jeweils eine bestimmte gleichbleibende Menge der zweiten Größe hinzu (siehe Abschnitt 4.2). Durch die Verknüpfung beider Sprachmittel zum Konstrukt „pro Portion" wird fachlich die Einheitsbildung in Kovariationsperspektive angesprochen und sprachlich der Übergang von der lexikalischen zur syntaktischen Ebene ermöglicht. Dieses zeigt, inwiefern im Wort „Pro-portion" die Idee der Einheitsbildung und der Kovariation verdichtet ist und aufgefaltet werden sollte.

In der zweiten Stufe des Lehr-Lern-Arrangements werden diese bedeutungsbezogenen Sprachmittel explizit eingeführt und eingeübt (siehe Tabelle 10.2). Sie werden über den Essenskontext hinaus verwendet und als Sprachmittel zur Versprachlichung der multiplikativen Strukturen erfasst (Prediger 2019a).

Tabelle 10.2 Stufe 2 des fachlichen und sprachlichen Lernpfads

Fachliches Teilziel	Sprachhandlungen	Sprachmittel
• Flexible Einheitenbildung als Kern des Konzeptverständnisses in Zuordnungs- und Kovariationsperspektive	• Erklären der Wahl bestimmter Einheiten • Erklären der Bedeutung von „pro" als Charakteristikum	*Bedeutungsbezogen:* • eine 4er-Portion, eine 3er- Portion • der Preis pro x Liter beträgt... • größere/kleinere Portionen • immer der gleiche Wert / Preis pro Portion • pro Liter kommt immer das Gleiche hinzu. • jeweils eine 3er-Portion und 1,50 € • gleich große Portionen *Formalbezogen:* • Das Verhältnis bleibt gleich, also führt doppelt so viel auch zu doppelt so viel.

10.1.3 Stufe 3: Strategien im Umgang mit proportionalen Zusammenhängen

Wenn die Lernenden Verständnis für die Bedeutung der Strukturen proportionaler Zusammenhänge aufgebaut haben, können Rechenstrategien zum Umgang mit proportionalen Zusammenhängen erarbeitet und ihre bedeutungsbezogene Begründung verbalisiert werden (Lamon 2007; Wessel & Epke 2019). Dies ist Bestandteil der dritten Stufe des dualen Lernpfades (siehe Tabelle 10.3). Dabei wird die Nutzung informeller und flexibler Strategien über den Dreisatz hinaus gefördert, um vielfältige Kommunikationsanlässe zu schaffen. Der doppelte Zahlenstrahl wird als Denkmittel angeboten, um unterschiedliche Strategien zu erkunden, sowie als Kommunikationsmittel, um sie zu erläutern und zu begründen (Küchemann et al. 2011). Die tabellarischen Darstellungen und der doppelte Zahlenstrahl sollen die Lernenden bei der Entwicklung von Rechenstrategien zur Bestimmung unbekannter Werte in proportionalen Zusammenhängen unterstützen.

Tabelle 10.3 Stufe 3 des fachlichen und sprachlichen Lernpfads

Fachliches Teilziel	Sprachhandlungen	Sprachmittel
• Flexible Rechenstrategien mit und ohne Darstellungen finden und verstehen	• Erläutern verschiedener Rechenstrategien • Erklären von Rechenstrategien anhand unterschiedlicher Darstellungen • Begründen flexibler Rechenstrategien anhand der Eigenschaften proportionaler Zusammenhänge • Begründen der Strategiewahl	*Bedeutungsbezogen:* • wenn… doppelt so viel wie… ist, dann ist auch… doppelt so viel. • ich rechne mit der Portion. • ich zerlege… in jeweils… • ich rechne Schritt für Schritt. • man rechnet zuerst den Wert für eine Portion. • (und zur Begründung alle Sprachmittel der vorangehenden Stufen) *Formalbezogen:* • ich rechne durch und danach rechne ich mal, weil…. • ich rechne erst auf… runter, dann auf… hoch. • wenn ich…halbiere, dann… • auf beide Seiten… • das x-Fache von… • wenn sich eine Größe verdoppelt, verdoppelt sich auch die andere.

Lernende, die bereits über starke Ressourcen in der symbolischen Darstellung verfügen, können diese miteinbeziehen. Parallel dazu können sie dabei lernen, die symbolische Darstellung konzeptbezogen zu deuten. Die anderen Lernenden bekommen die Gelegenheit, die formalbezogenen Erläuterungen und zugehörigen Sprachmittel sukzessive aufzubauen. Auf diese Weise werden alle dort gefördert, wo sie bereits stehen.

Die Beispielaufgabe in Abbildung 10.3 zeigt, wie auf dieser Stufe das Erläutern von Rechenwegen mit dem Erklären am doppelten Zahlenstrahl verknüpft wird. Das Hauptziel bildet die Darstellungsvernetzung. Von der symbolischen Darstellung ausgehend, wird eine Verknüpfung mit der sprachlichen Darstellung

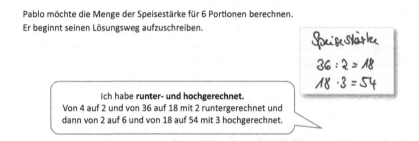

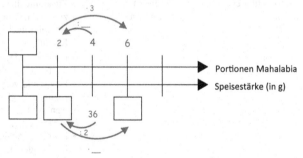

Abbildung 10.3 Exemplarische Aufgabe aus Stufe 3 des dualen Lernpfads

initiiert, danach werden beide Ebenen mit der graphischen Darstellung am doppelten Zahlenstrahl vernetzt. Die vorgegebene „Wenn-Dann"-Konstruktion am Ende ermöglicht die Einführung einer Formulierungsvariation.

10.1.4 Stufe 4: Proportionale Zusammenhänge erkennen und nutzen

In der letzten Stufe (siehe Tabelle 10.4) werden die Aufgaben geöffnet, indem auch nicht-proportionale Situationen miteinbezogen werden, so dass Lernende flexibel agieren können. Es geht nicht mehr um die Aneignung neuer Inhalte, sondern um die Anwendung des Gelernten und den Transfer der erfassten Eigenschaften des Zusammenhangs auf offene neue Kontextprobleme (Pöhler & Prediger 2015). Die Sprachhandlungen des Begründens spielen dabei eine wichtige Rolle, wenn die Zusammenhänge nicht proportional sind und eine Begründung der „Nicht-Proportionalität" erfordern.

Tabelle 10.4   Stufe 4 des fachlichen und sprachlichen Lernpfads

Fachliches Teilziel	Sprachhandlungen	Sprachmittel
• Proportionale Zusammenhänge in neuen Kontexten erkennen und nutzen • Nicht-Proportionalität erkennen und begründen	• Begründen der (Nicht-) Proportionalität • Begründen der Strategiewahl	*Formalbezogen:* • es besteht ein proportionaler Zusammenhang zwischen…, denn… • ich vereinfache die Rechnung. • ich überschlage… • ich berechne gleiche Preise und vergleiche die Mengen. • wenn sich das Gewicht verdoppelt… • ich berechne den Preis für die gleiche Menge.

Insgesamt entsteht ein dualer Lernpfad, mit dem das Designprinzip des Scaffolding mit fachlichem und sprachlichem Lernpfad in fach- und sprachintegrierter Weise umgesetzt werden kann (Pöhler & Prediger 2015). Abbildung 10.4 zeigt eine Aufgabe, in der die „Nicht-Proportionalität" eines Zusammenhangs erkundet wird und eine proportionale Situation daraus modelliert wird.

a)   Prüfe die Werte und erkläre, was Darja meint. Was stimmt nicht?

b)   Verändere die Tabelle so, dass der Zusammenhang zwischen der Länge des Balkonkastens
     und der benötigten Menge der Erde proportional ist.

Abbildung 10.4   Exemplarische Aufgabe aus Stufe 4 des dualen Lernpfads

Im folgenden Abschnitt 10.2 wird nun genauer ausgeführt, welche Designprinzipien dem Lehr-Lern-Arrangement zugrunde liegen, um in diese inhaltliche
Strukturierung nun Mehrsprachigkeit einzubeziehen.

10.2   Adaptierte Designprinzipien für den mehrsprachigkeitseinbeziehenden Mathematikunterricht

Designprinzipien bilden die theoretische präskriptive Grundlage des Designs in
der fachdidaktischen Entwicklungsforschung (Gravemeijer & Cobb 2006; Prediger 2019b). Der vorangehende Abschnitt hat an einem Beispiel gezeigt, wie
Prinzipien eines verstehensorientierten Mathematikunterrichts aus der *Realistic Mathematics Education* (Gravemeijer & Doorman 1999; van den Heuvel-
Panhuizen 2003) mit sprachdidaktischen Prinzipien zusammengeführt wurden.

Dazu leitend war das Prinzip des Makro-Scaffoldings im einsprachigen sprach-
und fachintegrierten Unterricht (Gibbons 2002; Pöhler & Prediger 2015).
Für den zweisprachigen Mathematikunterricht wurden dieses und weitere
Designprinzipien des einsprachigen sprachbildenden Mathematikunterrichts (Prediger 2020a; Prediger & Wessel 2018) für die geteilte Zweisprachigkeit erweitert
und ihre Wirksamkeit empirisch nachgewiesen (Schüler-Meyer, Prediger, Wagner & Weinert 2019).
Bei der Erweiterung auf sprachlich heterogene Klassen werden keine neue
Designprinzipien benötigt, sie können aus den Vorarbeiten zum zweisprachigen
Unterricht übernommen werden. Sie müssen jedoch so gestalten werden, dass
die Mobilisierung und Nutzung der mehrsprachigen Repertoires der Lernenden
in epistemischer Funktion möglich sind, selbst wenn nicht alle Lernenden die
gleichen Sprachen teilen. Diese Erweiterungen und Ausdifferenzierungen sollen
hier jeweils dargestellt werden.
Auf folgenden vier Designprinzipien gründen sprachbildende Lehr-Lern-
Arrangements (siehe Abschnitt 3.2). Sie schaffen Grundbedingungen, um die
mehrsprachigen Ressourcen für die Vertiefung des Konzeptverständnisses einzusetzen und werden für die Schaffung dieses Ziels konkret erweitert:

(DP1)   Prinzip der Darstellungs- und Sprachenvernetzung
(DP2)   Prinzip des Scaffolding mit fachlichem und sprachlichem Lernpfad
(DP3)   Prinzip der reichhaltigen Diskursanregung
(DP4)   Prinzip der Formulierungsvariation und des Sprachenvergleichs

10.2.1 Designprinzip 1: Prinzip der Sprachen- und Darstellungsvernetzung

Für den einsprachigen Unterricht
„Das Prinzip der Darstellungsvernetzung ist eine Weiterentwicklung des Prinzips des Darstellungswechsels zwischen grafischen, gestischen, symbolisch-
numerischen, symbolisch-algebraischen, verbalen und anderen Darstellungsformen. Die Darstellungsformen im Lernprozess immer wieder explizit miteinander
zu verknüpfen und dabei auch zu erklären, wie sie zueinander passen (und was sie
unterscheidet), hat sich als verstehens- und sprachförderlich erwiesen." (Prediger
2020a, S. 195)
Durch die Vernetzung verschiedener Darstellungsformen (graphisch, symbolisch, enaktiv, verbal, kontextuell) sowie Sprachregister (Alltags-, Bildungs-, und
Fachsprache) wird der Prozess der Bedeutungskonstruktion (Duval 2006; Lesh

1981) sowie der sukzessive Aufbau der Sprachregister angeregt (Prediger 2020b). Es reicht nicht aus, verschiedene Darstellungsformen zu mobilisieren und nebeneinanderzustellen, stattdessen muss sich das sprachlich-mentale Denken zu einem Konzept, insbesondere durch ihre gezielte multimodale Verknüpfung entfalten (Duval 2006; Prediger & Wessel 2013; Wagner et al. 2018, siehe Abschnitt 3.2.1).

Für den zweisprachigen Unterricht
Der zweisprachige Unterricht eröffnet Möglichkeiten zur Nutzung einer weiteren Unterrichtssprache bzw. für den Einbezug des ganzheitlichen sprachlichen Repertoires der Lernenden, das über einzelne Sprachen hinaus geht (Clarkson 2009; Prediger et al. 2016). In diesem Kontext erweitern sich die zu verknüpfenden Komponenten des Repertoires. Dabei kann eine weitere Sprache, die sprachlichen Register innerhalb dieser Sprache und die Relevanzsetzung der unterschiedlichen Darstellungen den Lehr-Lern-Prozess bereichern. Mit der Aktivierung einer weiteren Sprache werden unterschiedliche Register innerhalb dieser Sprache angestoßen, die spezifisch geprägt sein bzw. sprachgebundene Erfahrungen hervorrufen können. Diese Erweiterung ist jedoch nicht additiv, sondern integrativ zu verstehen. Die Vernetzung der Komponenten des Repertoires mittels integrierender Verknüpfungsaktivitäten (siehe Abschnitt 6.3) kann zu einem tieferen konzeptuellen Verständnis beitragen (Wagner et al. 2018), insbesondere im bilingual-konnektiven Modus (Prediger, Kuzu et al. 2019).

In diesem Sinne werden im zweisprachigen Unterricht durch die Möglichkeit, weitere Sprachen des individuellen Repertoires zu aktivieren und diese zu vernetzen, die im monolingualen Unterricht herkömmlichen Darstellungs- und Registervernetzungsprozesse um die Prozesse der Sprachenvernetzung erweitert. Die Analysen in Studie 1 dieser Arbeit zeigten dabei, wie hoch relevant der Unterschied zwischen Nebeneinanderstellen und echtem Vernetzen ist, und dass Lernende durch ihre jeweiligen Repertoires ganz unterschiedliche Wege finden, dies zu realisieren.

Für den mehrsprachigkeitseinbeziehenden Unterricht
Die dynamische, multimodal angelegte Konzeptualisierung mehrsprachiger Repertoires, so wie sie in dieser Dissertation konzeptualisiert wurden (siehe Abschnitt 2.2.1) erfährt Resonanz in Ansätzen, die die didaktischen Potenziale der Vernetzung verschiedener Register und Darstellungen zur Bedeutungskonstruktion betonen (Moschkovich 2002, 2015; Prediger et al. 2016). Das Prinzip der Darstellungs- und Sprachenvernetzung stellt sich auch im mehrsprachigkeitseinbeziehenden Unterricht als von großer Bedeutung heraus, wenn auch mit einer

anderen Art der Umsetzung. Unter den Kontextbedingungen der sprachlich superdiversen Regelklassen scheint die hierarchische Anordnung der Darstellungen in
sukzessiver Abstraktion von oben nach unten nicht immer zu fruchten (siehe
Abschnitt 7.4). Wie durch die Ergebnisse der Studie 1 gezeigt wird, bedarf
es einer flexibleren Einbettung der Darstellungen und die Wahl verschiedener
Startpunkte im Lehr-Lern-Prozess.

Darstellungen werden in sprachenvernetzenden Prozessen als vermittelnde
Elemente betrachtet, die dabei helfen, die Sprachen konnektiv zu benutzen
und zwischen den Sprachregistern zu wechseln. Darstellungen sind ebenso ein
„Bindeglied zwischen Merksatz und Vorstellung" (Heiderich & Hußmann 2013,
S. 27). Die Darstellungen haben also eine Bedeutung im Sinne der fachlichen
Erfassung des Lerngegenstands und der mehrsprachigen Aktivierung im kon-
nektiven Modus (siehe Abschnitt 2.3.3). Sie sind essenziell für mathematische
Praktiken und können die Mathematisierung von Alltagserfahrungen unterstützen
(Moschkovich 2002, 2015; Zahner et al. 2021).

Die Vernetzung von Darstellungen, Sprachen und Sprachregistern bildet so
den Kern des mehrsprachigen Mathematikunterrichts (Prediger et al. 2016; Wagner et al. 2018). Ihre Realisierung im mehrsprachigkeitseinbeziehenden Unterricht
kann durch den Einbezug von Aufgaben angeleitet werden, in denen die Lernenden im diskursiven Raum der sprachhomogenen Kleingruppe ihre Sprachen
mobilisieren. Aber sie erfolgt auch im sprachlich heterogenen Klassengespräch,
und zwar mit Aufgaben, bei denen die Lernenden über die konkreten Inhalte
hinaus gehen sollen, um sich reflexiv mit den sprachlichen Konkretisierungen zu
beschäftigen.

- Aufgaben, die mehrere Sprachen phasenweise innerhalb der gleichen Bearbeitung involvieren.
- Aufgaben, bei denen die Lernenden an graphischen Darstellungen als neutra-
  len Medien mehrsprachig handeln können.

Abbildung 10.5 fasst die Ziele des Prinzips der Darstellungs- und Sprachenvernetzung entlang der Kontextbedingungen zusammen.

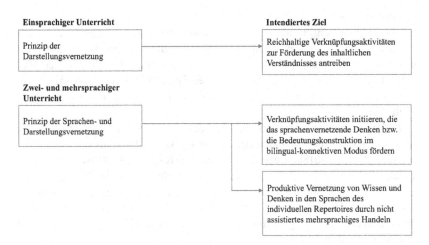

Abbildung 10.5 Überblick zum Prinzip der Darstellungsvernetzung entlang der Kontext-bedingungen

10.2.2 Designprinzip 2: Prinzip des Scaffolding mit fachlichem und sprachlichem Lernpfad

Für den einsprachigen Unterricht
Prediger (2020a) erläutert das Prinzip des Makro-Scaffolding wie folgt:

„Beim sprachbildenden Vorstellungsaufbau ist insbesondere der Aufbau der Sprach-handlungen und Sprachmittel entlang eines über eine ganze Unterrichtseinheit laufen-den Lernpfades relevant: Langfristig sequenziert wird mit einer didaktisch begründe-ten fachlichen Stufung des Lernpfads (vom Inhalt zum Kalkül), die durch die Sequen-zierung relevanter Sprachmittel und Sprachhandlungen im gestuften Sprachschatz begleitet wird." (Prediger 2020a, S. 196)

Das Prinzip sieht also für den einsprachigen Unterricht eine lerngegenstandbezo-gene, längerfristige Planung entlang eines dualen Lernpfades vor. Dabei wird die fachdidaktische fachliche Stufung des Lerngegenstandes mit der Identifizierung und Sequenzierung relevanter Sprachmittel und Sprachhandlungen verknüpft. Ein Beispiel für diese Vorgehensweise bei proportionalen Zusammenhängen findet sich in Abschnitt 10.1.

Für den zweisprachigen Unterricht
Dieser Planungsschritt, um den Vorstellungsaufbau sprachbildend zu gestalten, lässt sich für den zweisprachigen Mathematikunterricht weiter ausbauen, indem der sprachliche Lernpfad zu einem zweisprachigen dualen Lernpfad entwickelt wird. Dabei werden die relevanten Sprachmittel in der weiteren Sprache identifiziert und so können sie ebenfalls in die Materialentwicklung mit einfließen.

Es ist zu betonen, dass sich der Einbezug der zweisprachigen Ressourcen hauptsächlich für die Entfaltung der Bedeutungskonstruktion als relevant erwiesen hat (Barwell 2018a; Kuzu 2019; Prediger, Kuzu et al. 2019), während es vollkommen ausreicht, die formalbezogenen Sprachmittel nur in der eigentlichen Unterrichtssprache (im deutschen Kontext Deutsch) zu erlernen. Bei bilingualen Klassen (wie im Fall der Deutschlernenden in Auslandsschulen), kann allerdings auch eine Sicherung des formalbezogenen Wortschatzes in beiden Sprachen gewinnbringend sein.

Für den mehrsprachigkeitseinbeziehenden Unterricht
Für den Mathematikunterricht in sprachlich heterogenen Klassen ist die Identifizierung und Strukturierung der bedeutungsbezogenen Sprachmittel in der Unterrichtssprache mittels eines dualen Lernpfads ausschlaggebend, um die Stellen festzulegen, an denen die Aktivierung der Familiensprachen lohnenswert bzw. vielversprechend für eine fruchtbare Mobilisierung erscheinen. Bei nicht-geteilter Mehrsprachigkeit ist die Etablierung eines bedeutungs- bzw. formalbezogenen Vokabulars in allen Familiensprachen kein angemessenes Ziel, dennoch ergeben sich in der Planung mehrere Möglichkeiten der Umsetzung, je nach sprachlichem Profil der Lehrkraft.

- *Einsprachige Lehrkräfte und mehrsprachige Lehrkräfte*, deren Sprachen nicht mit den Lernenden geteilt werden, können im unterrichtlichen Alltag die Mehrsprachigkeit bereits auf der Basis des deutschsprachigen Lernpfades in sprachhomogenen Gruppen anregen. Das ist der Fall in der vorliegenden Studie 2. Konkrete Designelemente für den mehrsprachigkeitsaktivierenden Unterricht unter diesen Kontextbedingungen werden in Abschnitt 10.3 als wichtiges Produkt der vorliegenden Arbeit vorgestellt.
- *Mehrsprachige Lehrkräfte,* die Sprachen mit einem Teil der Lernenden teilen, können zusätzlich weitere Sprachmittel in den weiteren geteilten Sprachen identifizieren und sequenzieren. Nicht nur die betroffene Lernendengruppe kann davon profitieren. Der Ertrag erstreckt sich auf die ganze Klasse, indem die identifizierten mehrsprachigen Sprachmittel zur Reflexionsangelegenheit

werden können und die Lehrkraft die fachliche und sprachliche Expertise besitzt, um daran Lernchancen zu erkennen und diese auszuschöpfen (siehe Abschnitt 10.2.4).

- Um die Möglichkeiten der mehrsprachigen Lehrkräfte auch für einsprachige zugänglich zu machen, kann der punktuelle Einbezug anderer Sprachen bereits in das *Unterrichtsmaterial* integriert werden. Dadurch können anderssprachliche Sprachmittel sowie anderskodierte kulturell-geprägte Zugänge gezielt einbettet werden, um Sprachreflexion zu ermöglichen (siehe Prediger, Uribe & Kuzu 2019 für Beispiele). Am besten kann dies in Kooperation von mehrsprachigen Mathematikdidaktikern und Mathematikdidaktikerinnen, Lehrkräften und Entwickelnden erfolgen.

Abbildung 10.6 fasst die Ziele des Prinzips des Scaffolding mit fachlichem und sprachlichem Lernpfad entlang der Kontextbedingungen zusammen.

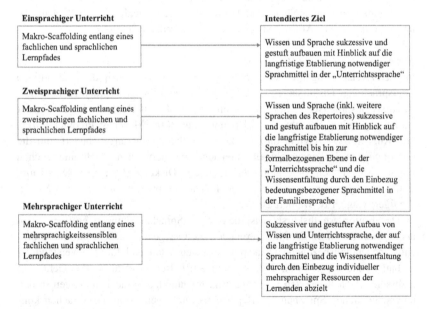

Abbildung 10.6 Überblick zum Prinzip Scaffolding mit fachlichem und sprachlichem Lernpfad entlang der Kontextbedingungen

10.2.3 Designprinzip 3: Prinzip der reichhaltigen Diskursanregung

Für den einsprachigen Unterricht
Prediger (2020a) erläutert das Prinzip der reichhaltigen Diskursanregung wie folgt:

> „Gemäß der Output-Hypothese von Swain (1985) ist es für den Spracherwerb erforderlich, immer wieder Sprachproduktionen der Lernenden einzufordern. Dabei kommt es jedoch nicht nur auf die Quantität der sprachlichen Äußerungen an, sondern auch auf deren diskursive Qualität. Lernförderlich für konzeptuelles Verständnis sind diskursiv anspruchsvolle Sprachhandlungen" (Prediger 2020a, S. 193).

Eine reichhaltige Diskursanregung kann also am besten erfolgen, indem diskursiv anspruchsvolle Sprachhandlungen im Unterricht eingefordert werden. Dies bedeutet, dass die Lernenden zum Erklären von Bedeutungen, Begründen, Beschreiben allgemeiner Zusammenhänge und Beurteilen durch reichhaltige mathematische und kommunikative Anlässe angeregt werden (Prediger 2020a).

Für den zweisprachigen Unterricht
Für den zweisprachigen Unterricht wird das Prinzip zum Prinzip der reichhaltigen zweisprachigen Diskursanregung erweitert, in dem die zweisprachige Lehrkraft diskursiv anspruchsvolle Sprachhandlungen sowohl auf Deutsch als auch in der weiteren geteilten Sprache einfordert und unterstützt. Meyer & Prediger (2011) und Kuzu (2019) zeigten, dass es dazu gezielter Forcierungen bedarf, um die Gewohnheiten des einsprachigen Unterrichts zu überwinden. Nach anfänglichen Forcierungen finden viele gemischtsprachliche Diskurse dann auch selbstläufig statt und tragen zur Intensität der fachlichen Lernprozesse bei (Schüler-Meyer, Prediger, Wagner & Weinert 2019).

Das Einfordern diskursiv anspruchsvoller Sprachhandlungen eröffnet einen diskursiven Raum, in dem die Lernenden die Gelegenheit haben, ihre mehrsprachige bedeutungsbezogene Denksprache zu entfalten und für den Verständnisaufbau zu nutzen (Barwell 2018a; Kuzu 2019; Redder et al. 2018). Gerade in mehrsprachigen Kontexten ist es wichtig, reichhaltige Sprachhandlungen in den unterschiedlichen Sprachen des Repertoires anzuregen, denn die Sprachen können weitere konzeptuelle Zugänge mit sich bringen (Prediger, Kuzu et al. 2019). Der Aufbau von Konzeptverständnis ist ein im Diskurs eingebetteter individueller Prozess, in dem die Lernenden ihr Vorwissen unterstützt durch die Mittel des ganzheitlichen persönlichen Repertoires hin zu den regulären Konzeptfacetten weiterentwickeln und verschiedene Konzeptfacetten verknüpfen (Prediger & Zindel 2017).

Für den mehrsprachigkeitseinbeziehenden Unterricht
Im mehrsprachigen Unterricht kann die Lehrkraft diskursiv anspruchsvolle Sprachhandlungen nicht in jeder Sprache der Lernenden selbst unterstützen. Daher ist die Arbeit in sprachhomogenen Kleingruppen hoch relevant, um zweisprachige Diskurse zu ermöglichen und die epistemischen Chancen der zweisprachigen Diskurse zu erhalten (siehe oben).

Für die Klassengespräche mit nicht-geteilter Mehrsprachigkeit wird versucht, das diskursive Handeln sprachübergreifend anzuregen, um auch hier mehrere Sprachen als Denkwerkzeuge nutzen zu können. Dies erfolgt vor allem durch Reflexionen im Sprachenvergleich (siehe Abschnitt 10.2.4).

Abbildung 10.7 fasst die Ziele des Prinzips der reichhaltigen Diskursanregung entlang der Kontextbedingungen zusammen.

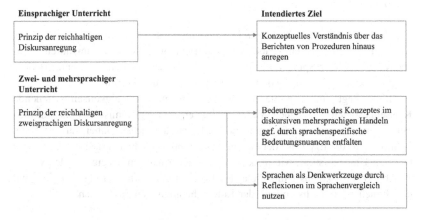

Abbildung 10.7   Überblick zum Prinzip der reichhaltigen Diskursanregung entlang der Kontextbedingungen

10.2.4   Designprinzip 4: Prinzip der Formulierungsvariation und des Sprachenvergleichs

Für den einsprachigen Unterricht
Zur Förderung der Sprachbewusstheit und des mathematisch tieferen Verständnisses wurde ein Prinzip der Kontrastierung in zwei Varianten eingeführt, sowohl als Sprachenvergleich als auch als Formulierungsvariation (Prediger 2020a, S. 197). Lernende mit unterschiedlichen Formulierungen zu konfrontieren und

diese vergleichen zu lassen, unterstützt die Entwicklung sprachlicher Bewusstheit (Dröse & Prediger 2020). Das Prinzip lässt auf die Schaffung von Gelegenheiten zur Sensibilisierung für sprachliche Feinheiten schließen (z. B. „reduziert auf 30 %" versus „reduziert um 30 %").

Darüber hinaus kann Formulierungsvariation auch genutzt werden, um für unterschiedliche Konzeptfacetten zu sensibilisieren (Zindel 2019).

Für den zweisprachigen Unterricht
Im zweisprachigen Unterricht bietet sich der systematische Vergleich von bedeutungsbezogenen Äußerungen in beiden Sprachen an. Die Lehrkraft kann das Vergleichen unterstützen und leiten, indem sie den orchestrierenden Rahmen ermöglicht. Dadurch wird eine Sprachreflexion ermöglicht, die auch unterschiedliche Konzeptfacetten verknüpfen kann (Kuzu 2019; Prediger, Kuzu et al. 2019).

Für den mehrsprachigkeitseinbeziehenden Unterricht
Der mehrsprachigkeitseinbeziehende Unterricht bietet sich an, um durch Sprachenvergleich über Sprachreflexion von sprachlichen Feinheiten zu einer Bedeutungsreflexion über verschiedene Konzeptfacetten zu gelangen.

Hierin liegt eine zentrale Möglichkeit für mehrsprachigkeitseinbeziehende Klassengespräche, in denen Mehrsprachigkeit eine epistemische Funktion entfalten kann, auch wenn die Sprachen nicht geteilt werden. Dabei muss sich die Lehrkraft auf die Expertise der Lernenden für ihre Sprachen verlassen, auch wenn diese an Grenzen stößt, wie in den empirischen Analysen gezeigt werden wird.

Abbildung 10.8 fasst die Ziele des Prinzips der Formulierungsvariation und des Sprachenvergleichs entlang der Kontextbedingungen zusammen.

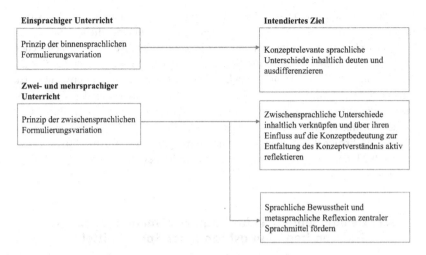

Abbildung 10.8   Überblick zum Prinzip der Formulierungsvariation und des Sprachenvergleichs entlang der Kontextbedingungen

10.3 Entwicklung von Designelementen für den mehrsprachigkeitseinbeziehenden Mathematikunterricht

Während die Ausweitung der Designprinzipien auf sprachlich heterogene Klassen zunächst eine theoretische Arbeit war, erfordert ihre unterrichtspraktische Umsetzung die iterative Entwicklung geeigneter Designelemente in mehreren Designexperiment-Zyklen. Dieser Abschnitt präsentiert daher im Vorgriff auf das empirische Kapitel 11 zentrale Ergebnisse der Designexperimente.

Es wurden dabei insbesondere zwei Designelemente entwickelt und iterativ verfeinert, die gezielt in ein Lehr-Lern-Arrangement eingebettet werden können, um die Vernetzung verschiedener Sprachen und Darstellungen im Prozess der Bedeutungsgenerierung und des inhaltlichen Verstehens unter kontextuellen Bedingungen einer nicht-geteilten Mehrsprachigkeit zu fördern. Die zwei Designelemente sind folgende:

(DE1)   Aufträge zum mehrsprachigen Erklären bedeutungsbezogener Sprachmittel

(DE2)   Aufträge zum Übersetzen zentraler bedeutungsbezogener Sprachmittel

Im Folgenden werden die zwei Designelemente näher erläutert, die in der Arbeit und in den Analysen in den Fokus stehen. Auf die ursprüngliche Unterscheidung zwischen der Nutzung der Sprache in kommunikativer und epistemischer Funktion (Abschnitt 2.3) wird für die Erläuterung der Designelemente zurückgegriffen. Diese Arbeit konzentriert sich auf die Sprachennutzung in epistemischer Funktion. Dabei wird unterschieden, ob durch die Umsetzung des Designelementes die sprachlichen Ressourcen epistemisch für sich selbst bzw. für andere Lernenden mit geteilter Mehrsprachigkeit oder für andere Lernenden mit nichtgeteilter Mehrsprachigkeit benutzt werden (Prediger, Uribe & Kuzu 2019). Diese Unterscheidung wirkt sich auf das Design und die gewählten Arbeitssettings im Unterricht aus.

10.3.1 Designelement 1: Aufträge zum mehrsprachigen Erklären bedeutungsbezogener Sprachmittel

Wichtig in den Prozessen der Wissenskonstituierung ist ihre diskursive Einbettung. An dieser Stelle bildet der sogenannte bedeutungsbezogene Sprachschatz eine Möglichkeit, die mehrsprachigen Ressourcen im epistemischen Modus zu mobilisieren (Prediger 2017; Wessel 2015), unabhängig davon, ob die Lernenden die mathematische Fachsprache beherrschen. Das Designelement DE1 sieht vor, dass die Lehrkräfte Aufträge als Teil ihrer unterrichtlichen Planung einbauen, bei denen die Lernenden zum mehrsprachigen Erklären angeregt werden. Um dadurch tatsächlich den Vorstellungsaufbau zu stärken, wird nicht das Erläutern von Rechenverfahren fokussiert, sondern das Erklären von bedeutungsbezogenen Sprachmitteln, wie Satzbausteinen oder Darstellungen, die einen diskursiv-reichhaltigen Austausch ermöglichen.

Es ist also nicht gedacht, dass ein Lehr-Lern-Arrangement komplett mehrsprachig ist, sondern dass mehrsprachigkeitseinbeziehende Aufträge nur an gezielten lerngegenstandspezifischen Stellen eingebettet werden, an denen der konkrete Lerngegenstand inhaltlich und sprachlich aufgefaltet werden kann. Der duale Lernpfad, der dem ersten Entwicklungsprodukt (siehe Abschnitt 10.1) des mehrsprachigkeitseinbeziehenden Lehr-Lern-Arrangements zu proportionalen Zusammenhängen zugrunde liegt, dient dazu, diese konzeptuell und potenziell diskursiv reichhaltigen Stellen zu identifizieren. An diesen Stellen können Lehrkräfte und Entwickelnde anknüpfen, um das Designelement umzusetzen.

Aufträge, die zum mehrsprachigen Erklären bedeutungsbezogener Sprachmittel anregen, können unterschiedlich aussehen:

(a) *Mehrsprachiges Erklären ausgehend von deutschsprachigen Sprachmitteln und*
   wieder zurück zum Deutschen

Eine erste Möglichkeit bildet die Vorgabe von Satzbausteinen in der Unterrichtssprache, im vorliegenden Fall Deutsch. Die Lernenden werden aufgefordert, die
vorgegebenen Sprachmittel in einer weiteren Sprache zu erklären und in einem
nächsten Schritt wieder zur Unterrichtssprache zurückzukehren. Letzteres, indem
eine weitere Sprachhandlung, wie Begründen oder Erklären, eingefordert wird.
Diese Form der Umsetzung des Designelements wurde im Rahmen der Studie
erprobt. Eine Beispielaufgabe in Abbildung 10.9 zeigt, wie die Lernenden ausgehend von der Aussage der deutschsprachigen Leitfigur Jan zum mehrsprachigen
Erklären des bedeutungsbezogenen Satzes aufgefordert werden. Dies gibt den
Lernenden die Möglichkeit, ihr individuelles Verständnis zu explizieren und die
Bedeutung des Satzes durch die eigenen sprachlichen Ressourcen aufzufalten.
Im zweiten Schritt werden die Lernenden zum Begründen angeregt, indem sie
sich zu Jans Aussage positionieren und ihre Position begründen. In einem nächsten Schritt überlegen die Lernenden weitere proportionale Situationen. Durch das
Überlegen weiterer Situationen wird den Lernenden die Möglichkeit gegeben,
individuelle sprachgebundene Kontexte hervorzurufen. Da der Auftrag offen ist
und darauf abzielt, dass die Lernenden kulturell-sensitive lebensweltliche Erfahrungen des ganzheitlichen sprachlichen Repertoires mobilisieren, wird an dieser
Stelle keine bestimmte Sprache für den Austausch festgelegt, die Lernenden
können die Sprache frei wählen. Lernende aus einsprachigen Familien werden
ermuntert, ihre schulische Fremdsprache Englisch zu nutzen.
    Der letzte Auftrag begünstigt die Vernetzung beider Sprachen. Nachdem die
Lernenden ein situationsbezogenes Verständnis der Sprachmittel „pro" und „pro
Portion" aufgebaut haben, werden sie aufgefordert weitere Sprachmittel zu fin-
den, die denselben inhaltlichen Kern wiedergeben. An dieser Stelle realisiert das
Designelement DE1 das Designprinzip des Sprachenvergleichs zum Aufbau von
Verständnis.
    Die Umsetzung dieser Form des Designelements DE1 eignet sich in sprachlich
heterogenen Kontexten, in denen die Lehrkraft und die Lernenden keine wei-
tere Sprache als die Unterrichtssprache teilen, aber Kleingruppen mit ähnlichen
Sprachen zu Sprachenfamilien zusammengefasst werden können.

> „10 Minuten pro 2 Kilometer und 5 Minuten pro 1 Kilometer beschreiben dasselbe. Ich kann immer kleinere oder größere Portionen nehmen. Wichtig ist, dass die andere Größe sich in gleich großen Schritten verändert."
>
> — *Jan*

a)   Erkläre Jans Ideen in deiner nicht-deutschen Sprache.
b)   Hat Jan Recht? Begründe deine Antwort auf Deutsch.
c)   Überlege dir eine neue Situation, in der man von „Portion" und „pro Portion" sprechen kann und schreibe sie auf.
d)   Schreibe andere Wörter oder Ausdrücke auf Deutsch und in deiner nicht-deutschen Sprache auf, die die gleiche Bedeutung wie „pro" in „pro Portion" ausdrücken.

Weitere Ausdrücke für „pro" in „pro Portion"

Auf Deutsch	Auf _____
• *Je*	
•	

Abbildung 10.9 Beispielaufgabe zum Designelement 1a) aus dem Lehr-Lern-Arrangement zur Stufe 2 des dualen Lernpfades

Solche Aufgaben eignen sich in individuellen Arbeitsphasen oder in sprachhomogenen Kleingruppen, da die Familiensprache kommunikativ und epistemisch aktiviert wird. Man kann jedoch auch ab Teilaufgabe b) von den sprachhomogenen Kleingruppen zu sprachheterogenen Kleingruppen übergehen. Dabei bedarf es einer längerfristigen Sensibilisierung der Lernenden, um bei ausschließlich deutschsprachigen Bearbeitungen die weiteren eigensprachlichen Ressourcen mental zu aktivieren.

(b) *Erklären in der Familiensprache anhand graphischer Darstellungen*

Die bedeutungsbezogenen Sprachmittel müssen jedoch nicht immer in der Unterrichtssprache vorgegeben sein. Eine zweite Umsetzungsvariante des Designelements bezieht das Designprinzip der Darstellungs- und Sprachenvernetzung mit ein. Dies geschieht durch Aufgaben, die Erklärungen in der Familiensprache anhand graphischer Darstellungen anfordern, wie es in Abbildung 10.10 veranschaulicht wird.

Die graphische Darstellungsform kann sprachliche Entlastung bieten, insbesondere wenn Lernende sich mit Mathematik in einer ihnen ungewohnten Familien- oder Fremdsprache auseinandersetzen. Durch den Auftrag in Abbildung 10.1 werden die Lernenden direkt mit dem substanziellen Gehalt der zu

erklärenden Satzbausteine konfrontiert, der inhaltliches Denken statt rein kalkül-
haftes Denken fokussiert. Damit wird der Erklärauftrag unter Einbezug der graphischen Darstellung in seiner epistemischen Funktion für den Vorstellungsaufbau
gestärkt.

Die Freunde besprechen ihre Ideen und Beobachtungen über den doppelten
Zahlenstrahl.

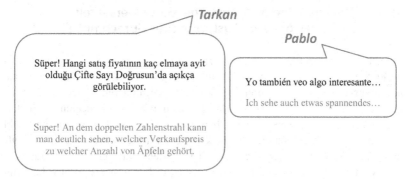

Schreibe zwei eigene Beobachtungen auf. Eine auf Deutsch und eine in deiner zweiten
Sprache.

Diese Fragen können dir dabei helfen auf Ideen zu kommen!

Wie sieht der doppelte Zahlenstrahl aus?   *Was fällt dir auf?*
Warum eignet er sich gut, um die Verkaufspreise zu bestimmen?

Abbildung 10.10 Beispielaufgabe zum Designelement 1b) aus dem Lehr-Lern-
Arrangement zur Stufe 1 des dualen Lernpfades

(c) *Deutschsprachiges Erklären ausgehend von mehrsprachigen Sprachmitteln*

Im Gegensatz zu den bisherigen Varianten des Designelements DE1, die vom
Deutschen oder von graphischen Darstellungen ausgehen und sich auf die Fami-
liensprachen richten, kann auch ein Wechsel der Sprachrichtungen von den
Familiensprachen zum Deutschen die mehrsprachigen Denkprozesse fördern.
Dies könnte durch den Einsatz von Internetquellen, Elternbefragungen oder

anderssprachigen Erklärvideos unterstützt werden, wie etwa durch das PhET-Applet „pro Einheit", das in mehr als 50 Sprachen verfügbar ist (Redder, Krause et al. 2022). Ebenso könnten mehrsprachige Lehr-Lern-Arrangements durch die Zusammenarbeit von mehrsprachigen Lehrkräften und Entwicklern konzipiert werden, die Mehrsprachigkeit nicht nur einfordern, sondern auch aktiv anbieten. Diese Möglichkeit wurde in dieser Studie jedoch nicht umfassend getestet.

10.3.2 Designelement 2: Aufträge zum Übersetzen zentraler bedeutungsbezogener Sprachmittel

Beim Designelement DE2 – *Aufträge zum Übersetzen zentraler bedeutungsbezogener Sprachmittel* stehen Aufträge im Vordergrund, bei denen die Lernenden bedeutungsbezogene Sprachmittel dieses Mal nicht erklären, sondern möglichst präzise übersetzen sollen. Durch das Erklären wird die Bedeutung aufgefaltet wiedergegeben, während des Übersetzens wird der Fokus auf die Wahl von Sprachmitteln gesetzt, die die Bedeutung verdichtet widerspiegeln (zu Auffalten und Verdichten siehe Prediger 2018). Mehrsprachigkeit kann fruchtbar eingesetzt werden, wenn die Lernenden einen diskursiven Freiraum haben, um ihre mitgebrachten Ressourcen zu entfalten. Aus diesem Grund wird durch das Designelement DE2 wiederum nicht auf die Übersetzung formalbezogener Sprachmittel abgezielt, sondern von Satzbausteinen, die zum Aufbau vom inhaltlichen Verständnis beitragen. Genauso wie beim Designelement DE1 – *Aufträge zum mehrsprachigen Erklären bedeutungsbezogener Sprachmittel* bildet der duale Lernpfad eine wichtige Grundlage für die Implementierung des Designelementes DE2. Als Teil der dualen Planung werden die relevanten Sprachmittel in der Unterrichtssprache identifiziert und mitunter auch die sprachlichen Mittel, die den konzeptuellen Kern erfassen und ausdrücken. Das Designelement kann unter anderen in einer Variante der aufgabenintegrierten und inhaltlich-gebundenen Anregung zum Übersetzen angeboten werden, die im Weiteren kurz vorgestellt wird:

In der Beispielaufgabe in der Abbildung 10.11 sollen die Lernenden Sprachmittel vorschlagen, die beim Erklären proportionaler Situationen am doppelten Zahlenstrahl hilfreich sind. Die Aufgabe wird im digitalen Kontext des Applets „pro Einheit" gestellt. Die Lernenden werden in die Rolle eines App-Entwicklenden hineinversetzt, der Satzanfänge und Wörter formuliert, welche die User sprachlich beim Erklären am doppelten Zahlenstrahl unterstützen. Da die App bereits mehrsprachig ist, werden die Lernenden authentisch angeregt, die Sprachmittel für die eigene Sprache ebenfalls mehrsprachig zu konzipieren

bzw. diese hin und her zu übersetzen. In diesem Sinne ist der Übersetzungsauftrag nicht die zentrale Aufgabe, sondern sie ist als Teil in einen komplexeren
diskursiven Prozess eingebettet.
   Wie die Transkriptanalysen in Abschnitt 11.2 zeigen, kann der Übersetzungsauftrag einen Prozess des Ringens um den präzisen gedanklich-konzeptuellen
Kern solcher Sprachmittel auslösen, wenn er eine Auseinandersetzung mit dem
konzeptuellen Gehalt bzw. mit der Bedeutung initiieren kann (aber auch nicht
immer muss, wie ebenfalls zu zeigen sein wird). Das präzise Bedeutungsver-
ständnis hat also die Schlüsselrolle beim Übersetzen und wird durch den Auftrag
im Idealfall vertieft.
   In der Beispielaufgabe in Abbildung 10.11 dürfen die Lernenden zudem
selbst weitere zu übersetzende Satzbausteine aussuchen. Dadurch werden sie im
Übersetzungsprozess zu kreativen Aktanten im sprachlichen Handlungsprozess,
da sie keine weiteren fertigen Textstücke zum Übersetzen vorgegeben bekommen. Sie sind sowohl für die ausgangssprachliche Äußerung als auch für den
translatorischen Prozess verantwortlich.

Die App hilft beim Erklären, indem sie einige Wörter der jeweiligen Sprachen anzeigt. Welche
weiteren Wörter oder Sätze sollte sie noch anzeigen, damit die User den Zahlenstrahl besser
erklären können? Erstellt eine Liste und vergleicht dann in der Klasse.

Deutsch	Dasselbe in einer zweiten Sprache
Je mehr Äpfel, desto...	
...	

Abbildung 10.11 Beispielaufgabe zum Designelement DE2 aus dem Lehr-Lern-
Arrangement

   Eine solche Umsetzung des Designelements DE2 wie in Abbildung 10.11
kann in sprachhomogenen Kleingruppen die Aktivierung der mehrsprachigen
Ressourcen in epistemischer Funktion für die jeweiligen Lernenden unterstützen.
   Eine Umsetzung in sprachheterogenen Kleingruppen, in denen die Lernenden
sich gegenseitig die durch ihre Sprachen entstandenen konzeptuellen Facetten
oder Übersetzungs-Herausforderungen erklären, ist ebenfalls möglich.
   Wie die empirischen Analysen in Abschnitt 11.2 zeigen, besteht bei diesem
Designelement die zentrale Herausforderung darin, dass die Lernenden sensibi-
lisiert sein müssen, um hinreichend sprachreflexiv auf sprachliche Feinheiten zu
achten und auf der sprachlichen Metaebene zu agieren. Nur so kann ein Ringen
um Präzision ausgelöst werden, wodurch die Konzeptfacetten reflektiert werden.
Das erfordert eine explizite Verbalisierung der Frage, wie die Bedeutungen und
Darstellungen zusammenhängen.

Situative Potenziale und Gelingensbedingungen der Designelemente

Das übergreifende Forschungsinteresse der Studie 2: „Fachdidaktische Entwicklungsforschung zum mehrsprachigkeitseinbeziehenden Mathematikunterricht in der Regelklasse" ist es, einen Beitrag für die Konzeption eines mehrsprachigkeitseinbeziehenden Mathematikunterrichts in Regelklassen zu leisten. Dazu wird in den Kapiteln 9–12 insgesamt die Entwicklung, Erprobung und Weiterentwicklung eines Lehr-Lern-Arrangements zu proportionalen Zusammenhängen und somit ihrer zugrundeliegenden Designprinzipien und Designelemente dokumentiert.

In diesem Kapitel 11 werden die erhobenen Daten in Hinblick auf die Rekonstruktion situativer Potenziale der zwei Designelementen DE1 und DE2 vertieft analysiert:

(DE1)   Aufträge zum mehrsprachigen Erklären bedeutungsbezogener Sprachmittel;

(DE2)   Aufträge zum Übersetzen zentraler bedeutungsbezogener Sprachmittel

Es wird situativ rekonstruiert, wie die Designelemente DE1 und DE2 dazu beitragen können, mehrsprachiges Handeln zu ermöglichen und den Prozess der individuellen und gemeinschaftlichen Bedeutungskonstruktion zu unterstützen. Die Analysen zielen dementsprechend auf Erkenntnisse über die Lernförderlichkeit mehrsprachigen Erklärens und Übersetzens, indem untersucht wird, ob und unter welchen Bedingungen die Designelemente das sprachenvernetzende Handeln zur Bedeutungskonstruktion unterstützen. Konkret werden also folgende Forschungsfragen bearbeitet:

© Der/die Autor(en), exklusiv lizenziert an Springer Fachmedien Wiesbaden   177
GmbH, ein Teil von Springer Nature 2024
Á. Uribe, *Mehrsprachigkeit im sprachbildenden Mathematikunterricht*,
Dortmunder Beiträge zur Entwicklung und Erforschung des
Mathematikunterrichts 53, https://doi.org/10.1007/978-3-658-46054-9_11

(F2.2a)   Welche situativen Potenziale der Designelemente in Bezug auf spra-
           chenvernetzende Bedeutungskonstruktionsprozesse lassen sich rekon-
           struieren?
(F2.2b)   Unter welchen Gelingensbedingungen können sich diese Potenziale
           entfalten?

Beide Forschungsfragen werden in Abschnitt 11.1 für das Designelement DE1
und in Abschnitt 11.2 für das Designelement DE2 untersucht.

11.1 Sprachenvernetzung durch das mehrsprachige Erklären bedeutungsbezogener Sprachmittel

In Abschnitt 10.3.1 wurde das Designelement DE1 *Aufträge zum mehrsprachigen Erklären bedeutungsbezogener Sprachmittel* ausführlich erläutert. In
Abschnitt 11.1.1 bis 11.1.4 werden die situativen Potenziale des Designelements untersucht, unter Rückgriff auf prototypische Episoden aus den drei
Designexperiment-Zyklen der Studie 2. In Abschnitt 11.1.5 werden schließlich
die Gelingensbedingungen dieser Potenziale rekonstruiert.

Durch die qualitativen Analysen zu den situativen Potenzialen mehrsprachiger
Erläufträge in sprachhomogenen Kleingruppen (ohne Moderation durch die
Lehrkraft) und zum anschließenden Unterrichtsgespräch wurden vier Hypothesen
generiert, die in diesem Abschnitt anhand von ausgewählten Episoden vorgestellt
und durch Analyseergebnisse substantiiert werden. Die vier Hypothesen zu den
situativen Potenzialen sind:
Durch mehrsprachige Erläufträge zeigen sich in den untersuchten sprachhomogenen Kleingruppen...

(H1)   eine sukzessiv steigende Nutzung der Familiensprache für das fachliche
        Lernen,
(H2)   mögliche Anknüpfungen an sprachspezifischen bedeutungsbezogenen
        Sprachmittel,
(H3)   mögliche Anstöße zum mehrsprachigen Erklären in den angebotenen
        graphischen Darstellungen

Nach der Arbeit in Kleingruppen zu mehrsprachigen Erläufträgen...

(H4)   ergeben sich im Unterrichtsgespräch Möglichkeiten, sich lernförder-
        lich mit dem propositionalen Gehalt der mehrsprachigen Äußerungen
        diskursiv auseinanderzusetzen

Die folgenden Abschnitte zum Designelement DE1 sind entlang dieser vier Hypothesen strukturiert.

11.1.1 Hypothese 1: Sukzessiv steigende Nutzung der Familiensprache für das fachliche Lernen

Hintergrund und Vorausblick zum Analyseergebnis
Im üblicherweise einsprachig-deutsch gestalteten Mathematikunterricht im deutschen Kontext (siehe Kapitel 2) ist ein spontan mehrsprachiges Handeln im Unterricht keineswegs als selbstverständlich vorauszusetzen, denn viele Lernende empfinden es im Übergang zum mehrsprachigen Unterricht anfänglich als ungewöhnlich, ihre Familiensprache im Klassenraum sprechen zu dürfen (Meyer & Prediger 2011). Die aktive Nutzung der Familiensprachen ist jedoch eine Voraussetzung für eine lernförderliche Realisierung des mehrsprachigen Erklärens. Während Hypothese 2 und 3 auf die lernförderliche Potenziale des Designelements mehrsprachiger Erkläraufträge fokussieren (siehe Abschnitt 11.1.2 und 11.1.3) untersucht dieser Abschnitt zunächst, inwiefern die Erkläraufträge tatsächlich zur (erstmaligen) Aktivierung der Familiensprache für das fachliche Lernen führen können, denn nur dann können sich die lernförderlichen Potenziale entfalten.

Die in diesem Abschnitt 11.1.1 analysierten Daten zeigen eine anfängliche Zurückhaltung der Lernenden bei der Nutzung ihrer Familiensprachen im Unterricht. Im Verlauf der Unterrichtseinheit wurde jedoch eine sukzessive Zunahme der Verwendung weiterer Sprachen neben der Unterrichtssprache Deutsch beobachtet. Diese Entwicklung lässt vermuten, dass die Lernenden im Laufe der Zeit immer selbstsicherer wurden, wenn es darum ging, ihre Familiensprachen im Unterricht zu nutzen. Damit wird anhand der empirischen Daten folgende Hypothese generiert:

Hypothese 1 zu Potenzialen mehrsprachiger Erkläraufträge
Die aktive Nutzung der mehrsprachigen Ressourcen der Lernenden für das fachliche Lernen bzw. für die Bedeutungskonstruktion entwickelt sich erst sukzessive und benötigt Zeit, um sich zu etablieren.

Die Hypothese 1 wird durch drei Analyseergebnisse gestützt, die im Folgenden an ausgewählten Auszügen aus dem Datenmaterial herausgearbeitet werden:

1.1 Die Nutzung der Familiensprachen für unterrichtliche Zwecke erfolgt nicht automatisch und erfordert eine gezielte Forcierung seitens der Lehrkraft, des Materials sowie das sich Einlassen innerhalb der Gruppe.

1.2 Am Anfang wird der Schwerpunkt hauptsächlich auf die kommunikative Funktion von Sprache gesetzt. Die Nutzung der Familiensprache in epistemischer Funktion erfolgt nicht automatisch. Es handelt sich dabei um einen langfristigen Prozess, der gezielte Aufträge bedarf.

1.3 Die gezielte Aktivierung der mehrsprachigen Repertoires der Lernenden für Erklärprozesse kann schrittweise zur Initiierung spontaner mehrsprachiger Aushandlungsprozesse führen, die epistemisch reichhaltig werden können.

Hintergrund zum mehrsprachigen Erklärauftrag und zur Kleingruppe
Eine erste Transkriptsequenz aus dem Designexperiment-Zyklus 1 (siehe Abschnitt 9.3.1) veranschaulicht den primären Kontakt der Lernenden mit der Möglichkeit des mehrsprachigen Handelns im Unterricht.

Im Folgenden wird ein Einblick in den Lernprozess von Ahmet, Esra, Halil und Ömer gegeben, unmittelbar nach der Einführung des mehrsprachigkeitseinbeziehenden Unterrichts. Die vier deutsch-türkischsprachige Lernende (siehe Abschnitt 6.2.2) bilden eine sprachhomogene Kleingruppe innerhalb der Klasse. Sie sind in Deutschland geboren und aufgewachsen. Die Nutzung der Familiensprache Türkisch für unterrichtliche Zwecke ist den Lernenden nicht vertraut, da sie keine bilinguale Schule mit Türkisch als Unterrichtssprache besuchen. Durch das mehrsprachigkeitseinbeziehende Lehr-Lern-Arrangement begegnen die Lernenden ihren sprachlichen Repertoires in einer neuen Rolle bzw. als Ressource im schulischen Kontext.

Bereits am Anfang der ersten Unterrichtsstunde im Rahmen des Projektes wird das Ziel des Mehrsprachigkeitseinbezugs durch die Lehrerin für die Lernenden transparent gemacht: *„[...] ihr seid heute Experten für eure Sprachen. Aber nicht nur die Sprachen, die ihr jetzt ja auch so gut sprechen könnt, sondern auch für diese Sprachen, die ihr lernt, ja? Weil diese Sprachen, die ihr lernt, die werden ja auch zu einem größeren Schatz.“* (Turn 34 aus KS1-A-AU-181102_KL_V1). Dadurch gibt die Lehrerin auch den Lernenden einer Fremdsprache, beispielsweise dem schulischen Englisch, die Möglichkeit, sich angesprochen zu fühlen.

Die Erläuterung der Lehrerin wird durch den einführenden Absatz im schriftlichen Material verstärkt, das jedem Lernenden vorliegt (siehe Abbildung 11.1).

Dabei werden die Lernenden aufgefordert, mindestens zwei Sprachen zu aktivieren. Die Lernenden sitzen in Kleingruppen (siehe Abschnitt 9.3.1) mit geteilter
Mehrsprachigkeit, d. h. sie teilen mindestens zwei Sprachen untereinander, so
dass sie sich leicht auf zwei Sprachen einigen können.

App ausprobieren: Wie viel kosten unterschiedlich viele Äpfel?

Heute arbeiten wir in vielen Sprachen, nicht nur in Deutsch! Wir wollen überlegen, wie man
ähnliche Ideen, Ansätze und Rechenwege in mehreren Sprachen ausdrücken kann. Nutzt in
euren Gruppen mindestens zwei Sprachen zum Diskutieren und schreibt dann die Antworten
in anderen Sprachen als Deutsch.

In welchen Sprachen arbeitet ihr?

Abbildung 11.1 Kopfteil zum Einstieg in das Lehr-Lern-Arrangement

Die erste Aufgabe nach der Einführung bearbeiten die Lernenden
mit Unterstützung des im Internet frei zugänglichen Applets namens
„pro Einheit" des PhET-Projekts der Colorado-Boulder-Universität
(https://phet.colorado.edu/sims/html/ unit-rates/latest/unit-rates_de.html).
Im PhET-Projekt wird Entwicklungsforschung zur Konzeption interaktiver
mathematischer und naturwissenschaftlicher Simulationen (Applets) betrieben. In
der digitalen Umgebung gibt es die Möglichkeit, die Applets in unterschiedlichen Sprachen aufzurufen. Dadurch können die Lernenden einen Input in ihren
jeweiligen Sprachen bekommen.
Das eingesetzte Applet „pro Einheit" ermöglicht die Visualisierung proportionaler Zusammenhänge anhand des doppelten Zahlenstrahls. Die Lernenden
können eine ausgewählte Anzahl einer bestimmten Gemüsesorte beliebig variieren. Dabei wird der Preis am doppelten Zahlenstrahl automatisch ermittelt. Im
Applet kommt eine Waage zum Einsatz (siehe Abbildung 11.2), die allerdings
nur die Anzahl, nicht das Gewicht für die Ermittlung des Preises berücksichtigt.
Trotz der mathematikdidaktischen Ungenauigkeit wird das Applet aufgrund sei-
nes mehrsprachigen Aufbaus und des Einbezugs des doppelten Zahlenstrahls in
das Lehr-Lern-Arrangement integriert.

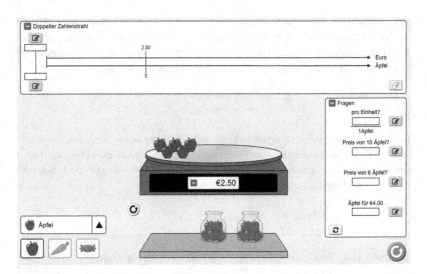

Abbildung 11.2 Maske des Applets „pro Einheit" aus dem PhET-Projekt

Transkript 11.1 und seine Analyse: Erste Erfahrungen zur Nutzung der Mehrspra-
chigkeit im Unterricht
Das Transkript 11.1 zeigt erste Momente des gemeinsamen Arbeitens in der
deutsch-türkischsprachige Kleingruppe. Das Ziel der bearbeiteten Aufgabe (siehe
Transkriptkopf 11.1) ist es, proportionale Zusammenhänge anhand des doppelten
Zahlenstrahls dynamisch zu erkunden und dabei die andere Sprache als Deutsch
gezielt zu aktivieren.

Am Anfang der ersten Arbeitsphase und bevor sich die Lernenden inhaltlich ausgetauscht haben, unterbricht Esra ihre türkischsprachige Äußerung *„Wie*
machen wir das?" wie folgt: *„Warum ist es so komisch, Türkisch zu reden?"*
(Turn 57). Der befremdliche Eindruck geht in einen Austausch über die sprachlichen Kompetenzen der Gruppenmitglieder über. Die unterschiedlich ausgeprägte
Sprachkompetenz der Lernenden wird dabei angesprochen (siehe Turn 61–63).
Anschließend motivieren sich die Lernenden selbst, die türkische Sprache zu
sprechen: *„Okay, lass jetzt auf Türkisch reden."* (Turn 64).

Transkript 11.1

KE1-A-AU-181102_T_V1-A2
Lernende: Ahmet (Ahm), Esra (Esr), Halil (Hal), Ömer (Öme), Lehrerin (Leh)
Aufgabenkontext:
Die Lernende können mithilfe des PhET-Applets „pro Einheit" die ersten Werte des Zusammenhangs Anzahl Äpfel → Preis bestimmen, indem sie die gesuchte Anzahl von Äpfeln auf eine Waage legen und nach Bedarf hin und her schieben. Die Anzahl und der dazugehörige Preis werden am doppelten Zahlenstrahl angezeigt. Damit die Lernende sich die Funktionen des Applets vertraut machen, wird folgende Aufgabe gestellt:

Findet heraus, wie die App funktioniert und bearbeitet damit folgende Fragen.
Schreibt die Antworten in einer anderen Sprache als Deutsch auf.
  a) Was kosten fünf Äpfel?
  b) Was kosten 10 Äpfel?
  c) Was kosten 8 Äpfel?

57	Esr	Nasıl yapcaz? (Wie machen wir das?) Warum ist es so komisch, Türkisch zu reden?
58	Leh	Ich höre ja kein Türkisch hier.
59	Öme	Ähm, ungewohnt.
60	Leh	Ungewohnt, das stimmt, ja.
61	Öme	Berat kann doch gar kein Türkisch. Also ist er eigentlich froh, dass er nicht da ist. *[Mitschüler Berat ist nicht anwesend.]*
62	Esr	Berat kann gar kein Türkisch?
63	Öme	Er kann nicht so gut Türkisch. Ganz wenig. Er würde einfach gar nichts checken.
64	Ahm	Okay, lass jetzt auf Türkisch reden.

Die Episode veranschaulicht, dass die Lernenden sich einlassen, verschiedene Sprachen ihres Repertoires zu benutzen, selbst, wenn dies ungewohnt ist. Deren Aktivierung passiert jedoch nicht automatisch, sondern wird durch die Aufgabenformulierung angestoßen und muss durch die Lehrkraft mehrfach ermutigt werden.

Dies führt zur ersten Generierung der Hypothese 1 durch Analyseergebnis 1.1:

Analyseergebnis 1.1
Die Nutzung der Familiensprachen für unterrichtliche Zwecke erfolgt nicht automatisch und erfordert eine gezielte Forcierung seitens der Lehrkraft, des Materials sowie das sich Einlassen innerhalb der Gruppe.

Die Fortsetzung des Transkripts sowie weitere empirische Auszüge zeigen eine allmählich vertrautere Aktivierung der Familiensprache. Anfangs scheint sich diese Aktivierung auf die kommunikative Funktion der mehrsprachigen Ressourcen zu beschränken.

Transkript 11.2 und seine Analye: Fließender Sprachenwechsel in Kleingruppen-gesprächen
Der folgende Auszug stammt aus der weiteren Zusammenarbeit der gleichen vier Lernenden (Ahmet, Esra, Halil und Ömer) etwa 10 Minuten später und verdeutlicht, dass sie inzwischen flüssiger beide Sprachen verwenden. Im Vergleich zur zurückhaltenden ersten Aktivierung scheinen die Lernenden nun mehr Vertrautheit im mehrsprachigen Handeln gewonnen zu haben.

Transkript 11.2

KE1-A-AU-181102_T_V1-A2
Lernende: Ahmet (Ahm), Esra (Esr), Halil (Hal), Ömer (Öme)
Aufgabenkontext:
Findet heraus, wie das Applet funktioniert und bearbeitet damit folgende Fragen.
Schreibt die Antworten in einer anderen Sprache als Deutsch auf.
    a)   Was kosten fünf Äpfel?
    b)   Was kosten 10 Äpfel?
    c)   Was kosten 8 Äpfel?

89	Öme	Mach Äpfel mal weg. Guck mal, guck mal wie viel fünf Stück kosten. Beş tanesi kaç? (Wie viel sind fünf Stück?)
90	Ahm	Zwei#
91	Esr	Sayamıyor. (Er kann nicht zählen.)
92	Ahm	Zwei Euro fünfzig, fünf Stück.
93	Esr	O beş tane mi? (Sind das fünf Stück?)
94	Ahm	Ja
118	Hal	So, jetzt kommt meine türkische Rechtschreibung.
119	Öme	Wie wird elma (Apfel) geschrieben?
120	Ahm	Das steht doch hier *[zeigt auf die türkische Übersetzung des Applets]*.
125	Esr	Jetzt schreibt er elmalar (Äpfel).
126	Öme	Elmanın (vom Apfel)
127	Esr	Beş elma (fünf Apfel) einfach.
128	Ahm	Äh warte, das ist irgendwie so komisch. Ne?
129	Öme	Beş elmanın fiyatı, elmanın. (Der Preis von fünf Äpfeln, vom Apfel.)
130	Ahm	Warte mal, sollen wir erstmal beş (fünf) schreiben oder Dings?
131	Öme	Junge schreib einfach beş (fünf) und dann elma (Apfel).
133	Öme	Beş elmanın fiyatı. (Der Preis von fünf Äpfeln.)
134	Ahm	Beş (Fünf). Wie hast du das geschrieben: mit b, e, s?
137	Esr	Ihr könnt auch einfach schreiben, beş elma iki elli (fünf Äpfel zwei fünfzig).

Am Anfang der Episode, zwischen den Turns 89 und 93 wechseln die Lernenden fließend zwischen beiden Sprachen: *„Mach Äpfel mal weg. Guck mal, guck mal wie viel fünf Stück kosten. Wie viel sind fünf Stück?"* (Turn 89). Dieser fließende Wechsel zwischen den Sprachen durch die türkisch-deutschsprachigen Bildungsinländer:innen war bereits in Studie 1 festzustellen (siehe Abschnitt 7.2).
    Während der ausgelassenen Turns im Transkriptausschnitt (Turn 95–117) wiederholen die Lernenden den Vorgang die Äpfel auf die Waage im Applet zu stellen. Dabei wechseln die Lernenden weiterhin fließend zwischen den Sprachen.

Zwischen Turn 118 und 134 führen die Lernenden einen Aushandlungsprozess auf Deutsch durch, in dem sie sich über den geschriebenen türkischsprachigen Satz einigen. Ausgehandelt wird kurz die Orthografie des türkischen Wortes Apfel: *„Wie wird Apfel geschrieben?"* (Turn 119), vor allem jedoch die Flexion des Wortes Apfel in Plural und anderen Fällen, also grammatische Aspekte, die im mündlichen Alltagstürkisch oft verschluckt werden (Turn 126–133).

Am Ende schlägt Esra eine Alternative vor, in dem sie die syntaktische Struktur vereinfacht und die Aneinanderreihung unflektierter Wörter bevorzugt: *„Ihr könnt auch einfach schreiben fünf Äpfel zwei fünfzig"* (Turn 137).

Die Nutzung der Familiensprache im Unterricht scheint die Richtigkeit der geschriebenen Sprache zu erfordern und die Lernenden investieren viel, sich auf die Orthografie und Flexion zu einigen. Die zentralen Ziele des in dieser Arbeit vertretenen mehrsprachigkeitseinbeziehenden Mathematikunterrichts gehen jedoch über die kommunikative Funktion hinaus zur epistemischen Funktion der Sprachaktivierung über. Damit bringt diese Art des mehrsprachigen Diskurses bzw., dass die Lernenden zunächst ausschließlich die Sprache korrigieren, auf dem ersten Blick keinen Mehrwert für die mathematischen Lehr-Lern-Prozesse. Es können dennoch Vorteile hervorgehoben werden, die im Lehr-Lern-Prozess von großer Bedeutung sind, nämlich die Anerkennung der sprachlichen Ressourcen in der Klasse und die Wertschätzung der sprachlichen Diversität. Die Frage, die im mathematikdidaktischen Kontext entsteht, ist jedoch, wie diese wertvollen Ressourcen gezielt für das fachliche Lernen eingesetzt werden können.

Zusammenfassend nutzen die Lernenden beide Sprachen für den mündlichen Austausch im Laufe der Episode. Die türkische Sprache hat vornehmlich eine kommunikative Funktion. Es zeigt sich dabei eine Weiterentwicklung gegenüber des Transkriptausschnitts 11.1, nämlich die Etablierung mehrerer Sprachen als Kommunikationsmittel, hier hauptsächlich bezogen auf die sprachlichen Aushandlungsprozesse und noch nicht vertieft auf das mathematische Handeln.

Auch in vielen anderen analysierten Episoden entfaltet der Einbezug der Sprachen nicht automatisch eine epistemische Funktion. Diese Pointierung wird in Analyseergebnis 1.2 festgehalten:

Analyseergebnis 1.2
Am Anfang wird der Schwerpunkt hauptsächlich auf die kommunikative Funktion von Sprache gesetzt. Die Nutzung der Familiensprache in epistemischer Funktion erfolgt nicht automatisch. Es handelt sich dabei um einen langfristigen Prozess, der gezielte Aufträge bedarf.

Transkript 11.3 und seine Analyse: Mathematikbezogenes mehrsprachiges Handeln
Das Transkript 11.3 (wiederum 15 Minuten später) gibt Einblick in einen weiteren Bearbeitungsmoment der gleichen Kleingruppe mit den Lernenden Ahmet, Esra, Halil und Ömer, als sie einen Erklärauftrag bearbeiten. Im Kontrast zu den ersten zwei Transkripten 11.1 und 11.2 zeigen sich nun erste lernförderliche situative Potenziale des Designelements *DE1 – Aufträge zum mehrsprachigen Erklären bedeutungsbezogener Sprachmittel* für das fachliche Lernen.

Mit der Aufgabe (siehe Transkriptkopf 11.3) wird inhaltlich das erste Ablösen des Applets durch die mentale Nutzung des doppelten Zahlenstrahls als graphischer Scaffold angestrebt. Die Lernenden werden dabei aufgefordert, den Preis für zwölf Äpfel ohne Nutzung der App zu bestimmen. Der Austausch erfolgt, nachdem die Lernenden bereits den ersten Zugang zum Zusammenhang (Anzahl Äpfel → Preis) mit der Funktionsvorschrift $y = 0,5 \cdot x$ hatten. Die Lernenden werden zum Erklären ihrer Bearbeitungen angeregt: *„Bestimmt den Preis für 12 Äpfel und schreibt auf, warum ihr so rechnet"* (Aufgabenstellung b)).

Die nun erstmalig sichtbar werdenden Prozesse der Bedeutungskonstruktion werden mit dem Modell der *Repertoires-in-Use* aus Studie 1 (siehe Abschnitt 6.3) analytisch rekonstruiert. Die identifizierten *Repertoires-in-Use* werden in der letzten Spalte im Transkript aufgeführt, mittels der Angabe der Verknüpfungsaktivitäten, der initiierenden Person, der adressierten Sprachebenen bzw. Darstellungen und der angesprochenen Konzeptfacetten (siehe Abschnitt 9.4). Die Angabe der Konzeptfacetten wird in tiefgestellter Formatierung als Index explizit angegeben und graphisch am doppelten Zahlenstrahl dargestellt.

Am Anfang der Bearbeitung gibt Halil eine falsche Lösung an, vermutlich durch Abschätzen am doppelten Zahlenstrahl: *„Okay, das sind fünf Euro fünfzig."* (Turn 19). Direkt danach widerspricht Ömer und nennt die richtige Antwort: *„Nein, das sind sechs Euro."* (Turn 20). Beide Turns werden als *Übersetzen$_{(A)}$*: GD → SD/fDe$_{Zu}$ kodiert. Durch die Aufgabenstellung$_{(A)}$ wurde die mentale Aktivierung des doppelten Zahlenstrahls (GD) angeregt. Beide Lernende übersetzen eine mentale Paarzuordnung (SD) in die sprachliche Darstellung, hier durch formalbezogene deutschsprachige Mittel (fDe), indem sie den gesuchten Preis (y-Wert) benennen. Der Index $_{Zu}$ gibt an, dass in beiden Fällen die Zuordnungsfacette adressiert wird.

Auf Halils Nachfrage: *„Was für sechs Euro?"* (Turn 21) erläutert Ömer im Turn 22 einen ersten Zugang zu seiner Lösung *„[...] Zwei Äpfel immer ein Euro [...]."*. Durch seine Äußerung adressiert Ömer die Konzeptfacette der flexiblen Einheitsbildung, denn er geht nicht auf die 1er-Einheit bzw. auf den Preis pro Portion zurück, sondern findet einen Zugang zur Aufgabe mit 2er-Bündeln. Ömer bildet dabei eine neue Einheit bzw. bündelt die Größen so, dass er das Verhältnis zwischen beiden kovariierenden Größen strategisch verallgemeinern kann. Diese Verallgemeinerung wird durch das Sprachmittel „immer" ausgedrückt. Ömers Äußerung kann ebenfalls auf das implizite Mitdenken der Kovariationsfacette hindeuten. Dies bedeutet, dass er nicht nur ein bestimmtes Wertepaar (2,1) in den Blick nimmt, sondern auch die parallele Veränderung beider Größen berücksichtigt (am doppelten Zahlenstrahl grau angedeutet). Ömer präzisiert durch seine Äußerung in Turn 22 die Bedeutung seiner knappen Antwort in Turn 20 [22 *Präzisieren(M):* GD $\leftrightarrow$ bDe$_{Eb/(Ko)}$].

Transkriptausschnitt 11.3a

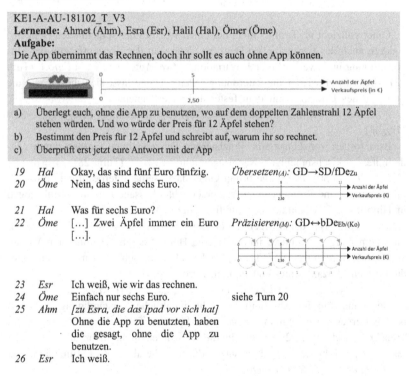

KE1-A-AU-181102_T_V3
Lernende: Ahmet (Ahm), Esra (Esr), Halil (Hal), Ömer (Öme)
Aufgabe:
Die App übernimmt das Rechnen, doch ihr sollt es auch ohne App können.

a) Überlegt euch, ohne die App zu benutzen, wo auf dem doppelten Zahlenstrahl 12 Äpfel stehen würden. Und wo würde der Preis für 12 Äpfel stehen?
b) Bestimmt den Preis für 12 Äpfel und schreibt auf, warum ihr so rechnet.
c) Überprüft erst jetzt eure Antwort mit der App

19	Hal	Okay, das sind fünf Euro fünfzig.	*Übersetzen(A):* GD→SD/fDe$_{Zu}$
20	Öme	Nein, das sind sechs Euro.	
21	Hal	Was für sechs Euro?	
22	Öme	[...] Zwei Äpfel immer ein Euro [...].	*Präzisieren(M):* GD↔bDe$_{Eb/(Ko)}$
23	Esr	Ich weiß, wie wir das rechnen.	
24	Öme	Einfach nur sechs Euro.	siehe Turn 20
25	Ahm	*[zu Esra, die das Ipad vor sich hat]* Ohne die App zu benutzten, haben die gesagt, ohne die App zu benutzen.	
26	Esr	Ich weiß.	

Die Kleingruppe geht nicht auf Ömers Erklärung ein und klärt stattdessen, dass die Antwort nicht mithilfe des Applets gefunden bzw. daran abgelesen werden darf. Ömer untermauert seine Argumente weiter, dieses Mal aber auf Türkisch. In Turn 27 wechselt er fließend von der deutschen in die türkische Sprache, wie es im folgenden Transkriptausschnitt 11.3b sichtbar wird.

Transkriptausschnitt 11.3b: Fortsetzung von 11.3a

27 *Öme* Hep yarısını alman lazım. (Du musst   *Wechseln(S):* bDe$_{Eb/(Ko)}$→SD/fTr$_{Zu-fF}$
            immer die Hälfte nehmen.)

28 *Esr* Ney? (Was?)
29 *Öme* Yarısını (Die Hälfte)
30 *Esr* Neyin yarısını? (Wovon die Hälfte?)
31 *Öme* Onikinin yarısı altı. (Die Hälfte von   *Wechseln(M):* SD/fTr$_{Zu-fF}$→KD/fTr
            zwölf ist sechs.) […]
33 *Öme* Oniki elmanın fiyatı altı euro. (Der   *Präzisieren(S):* fTr$_{Zu-Werte}$→bTr$_{Zu-Größen}$
            Preis von zwölf Äpfeln ist sechs
            Euro.) Ich schwöre. Glaubt nicht.

Ömer vollzieht im Turn 27 nicht nur einen Wechsel des sprachlichen Denkens, sondern auch des konzeptuellen Denkens, denn statt der Konzeptfacette der Einheitsbildung und eventuell der Kovariation: *„Zwei Äpfel immer ein Euro."* (Turn 22) adressiert er wieder die Zuordnungsfacette. Dabei lässt sich dieses Mal die Strategie des Umgangs mit dem festen Faktor erkennen: *„Du musst immer die Hälfte nehmen."* (Turn 27), also $f(x) = x \cdot 0,5$ [27 *Wechseln(S):* bDe$_{Eb/(Ko)}$ → SD/fTr$_{Zu-fF}$].

Esra fordert von Ömer eine Präzisierung der gemeinten Größen durch wiederholtes türkischsprachiges Nachfragen ein: *„Was?"* (Turn 28) *„Wovon die Hälfte?"* (Turn 30). Die Frage bringt Ömer dazu, seine unterbestimmte prozedural orientierte und formalbezogen versprachlichte Aussage nun aufgabenbezogen in Hinblick auf Bedeutungskonstruktion aufzufalten: *„Die Hälfte von zwölf ist sechs."* (Turn 31), dabei wechselt er implizit von der symbolischen Darstellung zum Aufgabenkontext, indem er „die Hälfte" durch die konkreten Werten ergänzt [31 *Wechseln(M):* SD/fTr$_{Zu-fF}$ → KD/fTr]. Danach, im Turn 33, bindet er die Größen (Anzahl Äpfel und Preis in Euro) explizit ein: *„Der Preis von zwölf Äpfeln ist sechs Euro"* [33 *Präzisieren(S):* fTr$_{Zu-Werte}$ → bTr$_{Zu-Größen}$].

Der komplette Sinnabschnitt bzw. die inhaltliche Verständigung zwischen beiden Lernenden erfolgt in der geteilten Sprache Türkisch. Im Kontrast zum Transkriptauschnitt 11.2 verhandeln die Lernenden nicht mehr über die Korrektheit des Türkischen, sondern nutzen die Sprache als neues Lernmedium und *Werkzeug des fachlichen Lernens.*

Transkriptausschnitt 11.3c: Fortsetzung von 11.3b

34	Ahm	Mach mit Çifte Sayı Doğrusu (Doppelter Zahlenstrahl).	*Entlehnen(S):* fDe→fTr
36	Ahm	*[zu Esr]* Guck mal, wenn schon acht Äpfel vier Euro sind, dann zehn Äpfel fünf Euro und dann sind sechs Äpfel, ähm, zwölf Äpfel, sechs Euro.	*Versprachlichen(M):* GD↔bDe$_{Ko-aÄ}$

37	Öme	Ehrenmann. Zwölf Äpfel sind sechs Euro
39	Öme	Hä, sollen wir das auch auf Türkisch jetzt aufschreiben, oder was?
40	Hal	Nein
41	Öme	Nein?
43	Ahm	*[Ahm verweist auf das Arbeitsblatt]* wir sollen das#
44	Öme	#guck mal, du musst einfach schreiben, pro Apfel fünfzig Cent und so... Du kannst jetzt einfach so machen: Du schreibst einfach fünf Äpfel und danach, wenn du das mathematisch machen willst, teilst du das durch fünf#

Übersetzen(M): bDe$_{fF}$→fDe/SD$_{Qg}$

50	Ahm	Wir müssen das auf dem doppelten Zahlenstrahl machen.
51	Esr	*[zu Öme]* Was hast du gesagt? Altı (Sechs) ... Hast du sechs Euro gesagt? Soll ich nochmal nachgucken?

Wechseln(S): fDe↔fTr

52	Ahm	Nein, wir dürfen die App nicht benutzen.
56	Öme	Das ist doch so leicht. Einfach fünf Äpfel gleich zwei Euro fünfzig. Dann durch fünf teilen, weil es fünf sind. Dann kommt man auf fünfzig pro Apfel. Dann mal zwölf#

Präzisieren(S): SD/fDe↔SD/bDe

57	Ahm	Aber wir müssen das am doppelten Zahlenstrahl machen.

Im Turn 34 benutzt Ahmet den türkischsprachigen Begriff für doppelten Zahlenstrahl, welcher durch das Applet vorgegeben wurde [34 *Entlehnen(S):* fDe → fTr]. Im Turn 36 wechselt Ahmet zurück ins Deutsche und erklärt Esra in Bezug auf die Kovariationsfacette, wie die Aufgabe durch „miteinander Wachsen lassen der Größen" zu lösen ist: *„Guck mal, wenn schon acht Äpfel vier Euro sind, dann zehn Äpfel fünf Euro und dann sind sechs Äpfel, ähm, zwölf Äpfel, sechs*

Euro." (Turn 36). Durch Gesten scheint Ahmet gedanklich am doppelten Zahlenstrahl zu markieren, wie die zwei gebündelten Größen kovariieren. Dabei scheint er die Beziehung zwischen der graphischen Darstellung mit der sprachlichen Darstellung mittels bedeutungsbezogenen Sprachmitteln zu versprachlichen [36 *Versprachlichen(M):* GD $\leftrightarrow$ bDe$_{Ko/aÄ}$].

Im Laufe der Episode greift hauptsächlich Ömer auf unterschiedliche Möglichkeiten der Erläuterung und Erklärung seiner Gedankengänge zurück. Ömer wechselt aus eigener Initiative zwischen den in der Gruppe geteilten Sprachen. Er fragt aber gezielt, ob die Antwort auf Deutsch oder Türkisch festgehalten werden muss: *„Hä, sollen wir das auch auf Türkisch jetzt aufschreiben, oder was?"* (Turn 39).

Abbildung 11.3 visualisiert das Analyseergebnis zu Transkript 11.3a bis 11.3c und zeigt, dass die Lernenden sich fließend zwischen den verschiedenen Darstellungen bewegen. Zum Erklären nutzen die Lernenden nun eigeninitiativ beide Sprachen, ohne dass sie explizit dazu aufgefordert wurden. Im Verlauf der Episode adressieren die Lernenden verschiedene inhaltliche Facetten des proportionalen Zusammenhangs.

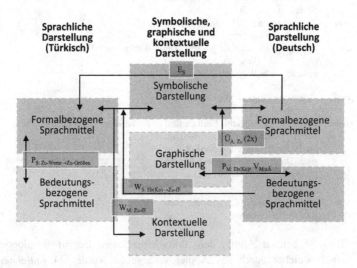

Abbildung 11.3 Zusammenfassung der Analyse von Transkript 11.3a bis 11.3c

Die vorangegangenen Analysen stützen somit die Formulierung eines dritten Analyseergebnisses:

Analyseergebnis 1.3
Die gezielte Aktivierung der mehrsprachigen Repertoires der Lernenden für Erklärprozesse kann schrittweise zur Initiierung spontaner mehrsprachiger Aushandlungsprozesse führen, die epistemisch reichhaltig werden können.

Zusammenfassung zur Hypothese 1
Insgesamt veranschaulichen die drei Transkripte 11.1 bis 11.3 eine schrittweise Entwicklung bei der Nutzung mehrsprachiger Ressourcen für das Mathematiklernen durch die Lernenden. Da diese Entwicklung in mehreren Transkripten nachvollzogen werden konnte, wird sie als möglicher typischer Verlauf in drei Analyseergebnisse festgehalten (siehe Tabelle 11.1).

Tabelle 11.1 Zusammenfassung der generierten Hypothese H1 mit Analyseergebnissen 1.1 bis 1.3

Designelement	Hypothese 1	Analyseergebnisse 1.1 bis 1.3
Aufträge zum mehrsprachigen Erklären bedeutungsbezogener Sprachmittel	Die aktive Nutzung der mehrsprachigen Ressourcen der Lernenden für das fachliche Lernen bzw. für die Bedeutungskonstruktion entwickelt sich erst sukzessive und benötigt Zeit, um sich zu etablieren.	1.1 Die Nutzung der Familiensprachen für unterrichtliche Zwecke erfolgt nicht automatisch und erfordert eine gezielte Forcierung seitens der Lehrkraft, des Materials sowie das sich Einlassen innerhalb der Gruppe. 1.2 Am Anfang wird der Schwerpunkt hauptsächlich auf die kommunikative Funktion von Sprache gesetzt. Die Nutzung der Familiensprache in epistemischer Funktion erfolgt nicht automatisch. Es handelt sich dabei um einen langfristigen Prozess, der gezielte Aufträge bedarf. 1.3 Die gezielte Aktivierung der mehrsprachigen Repertoires der Lernenden für Erklärprozesse kann schrittweise zur Initiierung spontaner mehrsprachiger Aushandlungsprozesse führen, die epistemisch reichhaltig werden können.

Um die Aussage von Analyseergebnis 1.3 weiter zu vertiefen und weitere Beispiele für die epistemische Reichhaltigkeit der rekonstruierten Erklärprozesse zu analysieren, wird eine zweite Hypothese aufgestellt. Diese Hypothese wird in einem neuen thematischen Abschnitt behandelt. Nachdem empirisch gezeigt wurde, dass die Lernenden offen dafür sind, ihre mehrsprachigen Repertoires beim Mathematiklernen zu aktivieren und diese auch schrittweise nutzen, liegt der Fokus der folgenden Abschnitte verstärkt auf der epistemischen Nutzung der *Repertoires-in-Use*.

11.1.2 Hypothese 2: Anknüpfung an sprachspezifischen bedeutungsbezogenen Sprachmittel

Hintergrund und Vorausblick zum Analyseergebnis
Ein zentrales Ziel des Lehr-Lern-Arrangements ist es, durch gezielte Aufträge im Material den Prozess der Bedeutungskonstruktion mittels bedeutungsbezogener Sprachmittel zu fördern. Die bedeutungsbezogenen Sprachmittel werden in der Arbeit als der Schlüssel postuliert, um die diskursive Aktivierung der mehrsprachigen Repertoires zu unterstützen.

Im Rahmen der Datenanalyse wurden unter anderem schriftliche Bearbeitungen der Lernenden (kurz genannt Schriftprodukte) untersucht und dabei folgende Hypothese generiert:

Hypothese 2 zu Potenzialen mehrsprachiger Erkläraufträge
Das Erklären von deutschsprachigen Sprachmitteln in einer anderen Sprache und der anschließende Rückgriff auf die deutsche Sprache kann das Vernetzen der dabei aktivierten Sprachen begünstigen und das epistemische Potenzial der vernetzten Sprachen zugänglich machen.

Die Hypothese 2 wird durch zwei Analyseergebnisse gestützt, die im Folgenden an ausgewählten Auszügen aus dem Datenmaterial herausgearbeitet werden:

2.1 Durch das Erklären deutschsprachiger Sprachmittel in einer anderen Sprache können Konzeptfacetten, die ggf. in dieser nicht-deutschen Sprache gebunden sind, im Konzeptualisierungsprozess versprachlicht werden. Durch den Rückgriff auf die deutsche Sprache könnten diese Konzeptfacetten erneut adressiert werden.

2.2 In mehrsprachigen Erklärprozessen können sprachspezifische Relevanzsetzungen und Praktiken sichtbar werden, die einen inhaltlichen Beitrag im
Bedeutungskonstruktionsprozess leisten können.

Hintergrund zum mehrsprachigen Erklärauftrag und zur Kleingruppe
Exemplarisch analysiert wird hier ein Schriftprodukt zu einer Aufgabe (siehe
Abbildung 11.4), die in Abschnitt 10.3 ausführlich erläutert wird. In dieser
Aufgabe werden die Lernenden aufgefordert, deutschsprachige bedeutungsbe-
zogene Sprachmittel mehrsprachig zu erklären. Die Aufgabe realisiert so das
Designelement DE1– *Aufträge zum mehrsprachigen Erklären bedeutungsbezoge-
ner Sprachmittel.*

„10 Minuten pro 2 Kilometer und 5 Minuten pro 1 Kilometer beschreiben dasselbe.
Ich kann immer kleinere oder größere Portionen nehmen. Wichtig ist, dass die
andere Größe sich in gleich großen Schritten verändert."

Jan

a) Erkläre Jans Ideen in deiner nicht-deutschen Sprache.
b) Hat Jan Recht? Begründe deine Antwort auf Deutsch.

Abbildung 11.4 Auszug aus Aufgabe in Abbildung 10.9 mit mehrsprachigem Erklärauftrag

Die hier analysierten Schriftprodukte stammen aus dem Designexperiment-
Zyklus 2 der Studie (siehe Abschnitt 9.3.1). Die beteiligten Lernende Camila,
Santiago und Mariana sind spanischsprachige Deutschlernende, die eine deutsche Auslandsschule in Kolumbien besuchen (siehe Abschnitt 6.2.2). Das Design
wurde auch im Auslandsschulkontext erprobt, weil vermutet wurde, dass die
Lernenden der Auslandsschule (im Gegensatz zu den in Abschnitt 11.1.1 analysierten) bereits an die Nutzung zweier Sprachen für das Mathematiklernen
gewöhnt sind. Die Analyse ihrer mehrsprachigen Prozesse verspricht daher
Erkenntnisse über die produktiven Potenziale des mehrsprachigkeitseinbeziehenden Mathematikunterrichts.

Bei der Darstellung der Schriftprodukte sind die grauen Textpassagen in
Klammern als Übersetzungen der originalen Bearbeitungen zu verstehen.

Schriftprodukt 11.4 von Camila und seine Analyse: Potenziale der Sprachenvernetzung in vielfältigen Konzeptfacetten
Die Analyse der Schriftprodukte der Lernenden zielt darauf ab, die initiierten Verknüpfungsaktivitäten zu rekonstruieren und aufzuzeigen, inwiefern der Prozess der Bedeutungskonstruktion durch das mehrsprachige Erklären befördert wird. Dies wird am Beispiel des Schriftprodukts von Camila verdeutlicht:

Die Teilaufgabe a *„Erkläre Jans Ideen in deiner nicht-deutschen Sprache."*, initiiert bei Camila einen Wechsel in die spanische Sprache [a.1 *Wechseln(A):* De → Sp]. Inhaltlich löst sich Camila vom Geschwindigkeitskontext ab und macht sich die vorgegebene Verallgemeinerung zu Nutze *„Ich kann immer kleinere oder größere Portionen nehmen"* (Ursprüngliche Äußerung in der Aufgabestellung). Dabei übersetzt sie die bedeutungsbezogene deutschsprachige Äußerung in die spanische Sprache: *„Man kann große oder kleine Portionen machen..."* (Teilbearbeitung a.1).

Das Designelement DE1 des Erklärens überführt Camila hier somit in eine Übersetzung und zeigt bereits Indizien der Potenziale von Übersetzungsaufträgen (als eigenständiges Designelement DE2 in 10.3.2 und 11.2). Durch die Übersetzung kristallisiert sich eine Formulierungsvariation heraus, indem das Verb *„Portionen nehmen"* als *„Portionen machen"* übersetzt wird. Durch die Benutzung des Verbs *„machen"* wird die Möglichkeit der Bildung neuer Einheiten angesprochen. Die Portionsgröße wird dabei als veränderlich behandelt, was der Grundvorstellung der Einheitenbildung bzw. der flexiblen Bündelung bei proportionalen Zusammenhängen entspricht. Die Aufgabe fordert also nicht nur einen Wechsel der Sprache, sondern auch des konzeptuellen Denkens [a.1 *Übersetzen(S):* bDe$_{Eb}$ → bSp$_{Eb}$].

Transkript / Schriftprodukt 11.4

Lernende: Camila
Aufgabe: Schriftlicher Erklärauftrag aus Abbildung 11.4

> Erkläre Jans Idee in deiner nicht deutschen Sprache.
>
> 10 minutos por cada 2 kilómetros y 5 minutos
> por cada kilómetro se pueden hacer porciones grandes
> o pequeñas pero la proporción siempre va ser
> la misma
>
> Hat Jan Recht? Begründe deine Antwort auf Deutsch.
>
> Ja, weil die andere Größe sich in
> gleichen schritten verändert zum Beispiel
> wenn wir das dritte machen, es wird
> 15 minuten pro 3 kilometer

a.1   10 minutos por cada 2 kilómetros y 5 minutos por cada kilómetro. Se pueden hacer porciones grandes o pequeñas...
(10 Minuten pro jeden 2 Kilometer und 5 Minuten pro jedem Kilometer. Man kann große oder kleine Portionen machen...

Wechseln(A): De→Sp
Übersetzen(S): bDeEb→bSpEb

a.2   ...pero la proporción siempre va a ser la misma.
...aber die Proportion wird immer dieselbe sein.)

Versprachlichen(S): bSpEb↔fSpZu-Vg

b.1   Ja, weil die andere Größe sich in gleichen Schritte verändert,

Wechseln(A): fSp→bDe
Begründen(A): GD↔bDeKo-aÄ

b.2   zum Beispiel, wenn wir das dritte machen, es wird 15 Minuten pro 3 Kilometer.

Übersetzen(S): GD↔KDZu/Ko

In ihrer Erklärung ergänzt Camila den von ihr übersetzten Ausdruck durch eine weitere, inhaltlich verdichtete spanischsprachige formalbezogene Äußerung: *„aber die Proportion wird immer dieselbe sein."* (Teilbearbeitung a.2). Durch den Einbau der Konjunktion *„aber"* sowie der Passivkonstruktion, die adverbial durch *„wird immer"* ergänzt wird, schränkt sie ihre vorige Aussage über die beliebigen Portionen durch eine Bedingung ein. Sie zeigt damit, dass die Variation beider Größen nicht das einzige Kriterium für proportionale Zusammenhänge ist. Camila bringt explizit zum Ausdruck, dass die gleichbleibende Proportion beider Größen bzw. die Verhältnisgleichheit ebenfalls eine zu erfüllende Bedingung darstellt. Es ist zu vermuten, dass ihr Hinweis auf die Portionenbildung *„größere bzw. kleinere Portionen"* im bedeutungsgenerierenden Sinne ein bereits bekanntes formalbezogenes Sprachmittel *„Proportion"* hervorruft, das sich im selben Lexemverband befindet und dessen inhaltliche Deutung unterstützt [a.2 *Versprachlichen$_{(S)}$:* bSp$_{Eb}$ ↔ fSp$_{Zu-Vg}$].

In der Teilaufgabe b) initiiert die Aufgabe erneut einen Sprachenwechsel. Hierbei geht es um die Begründung der vorgegebenen Ausgangsaussage. Camila nutzt die Idee der Veränderung beider Größen in gleichen Schritten pro Portion als Begründung: *„Ja, weil die andere Größe sich in gleichen Schritte verändert"* (Teilbearbeitung b.1). Auf diese Weise wechselt sie von der Nutzung spanischsprachiger formalbezogener Sprachmittel *„zwei Größen sind proportional zueinander"* zu deutschsprachigen bedeutungsbezogenen Sprachmitteln *„zwei Größen ändern sich in gleich großen Schritten"* [b.1 *Wechseln$_{(A)}$:* fSp→ bDe]. Zu vermuten ist, dass Camila eine mentale Aktivierung des doppelten Zahlenstrahls als graphische Darstellung nutzt, um die kontextbezogene Wechselwirkung zwischen Objekt, Operation und Wirkungsweise der Operation auf das Objekt zu vollziehen [b.1 *Begründen$_{(A)}$:* GD ↔ bDe$_{Ko-aÄ}$]. Dies drückt sie durch eine „Wenn-Dann"-Konstruktion aus *„…, wenn wir das dritte machen, es wird 15 Minuten pro Kilometer"* (Teilbearbeitung b.2) [b.2. *Übersetzen$_{(S)}$:* GD ↔ KD$_{Zu/Ko}$].

Die Abbildung 11.5 visualisiert die Zusammenfassung der identifizierten Verknüpfungsaktivitäten.

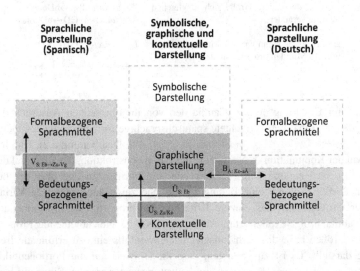

Abbildung 11.5 Zusammenfassung der Analyse des Schriftprodukts 11.4 von Camila

Insgesamt zeigt sich in der Analyse des Schriftprodukts von Camila (Schriftprodukt 11.4), dass sie nicht nur sprachenwechselnd, sondern auch sprachenvernetzend agiert, indem sie Konzeptfacetten in beiden Sprachen miteinander verknüpft. Durch den zweimaligen Sprachenwechsel (von der Aufgabenstellung zu a. und von a. zu b.) bzw. durch den doppelten Rückgriff auf die deutsche Sprache mit spanischsprachigem Zwischenschritt macht sich Camila mehrere Konzeptfacetten in beiden Sprachen zu Nutze und übernimmt aktiv deren konzeptuellen Gehalt in ihren Versprachlichungen. Die graphische Zusammenfassung in Abbildung 11.5 zeigt diese Schwerpunktsetzung auf integrierenden Verknüpfungen durch vornehmlich doppelt gerichtete Pfeile.

Basierend auf dieser ersten Analyse wird folgendes Analyseergebnis formuliert, das in den weiteren Analysen näher erläutert wird:

Analyseergebnis 2.1
Durch das Erklären deutschsprachiger Sprachmittel in einer anderen Sprache können Konzeptfacetten, die ggf. in dieser nicht-deutschen Sprache gebunden sind, im Konzeptualisierungsprozess versprachlicht werden. Durch den Rückgriff auf die deutsche Sprache könnten diese Konzeptfacetten erneut adressiert werden.

Die folgenden Analysen von zwei weiteren Schriftprodukten zeigen, wie das mehrsprachige Repertoire aus einer gleichen Sprachenkonstellation variieren kann und somit individuell ist.

Schriftprodukt 11.5 von Santiago und seine Analyse: Sprachenvernetzung mit anderen Elementen
Wenn in Analyseergebnis 2.1 auf (ggf. in nicht-deutscher Sprache „gebundenen") Konzeptfacetten verwiesen wird, so ist damit nicht gemeint, dass sie deterministisch zur Sprache an sich gehören, sondern stets nur für einzelne Individuen und ihre jeweiligen Vorerfahrungen mit der Sprache implizit verbunden sind. Bei anderen Lernenden mit derselben Familiensprache können dieselben Begriffe mit anderen Konzeptfacetten verknüpft sein. Dies wird exemplarisch anhand der Analyse des Schriftprodukts von Santiago gezeigt:

Santiago beschreibt (ähnlich wie Camila) die Handlung des „Portionennehmens" im deutschsprachigen Ausdruck *„größere oder kleinere Portionen nehmen"* mit dem spanischsprachigen Ausdruck „Portionenmachen": *„Nun, er sagt, dass* *man eine Portion schneiden oder größer machen kann, ...*" (Teilbearbeitung a.1) [a.1 *Übersetzen(S):* bDe_{Eb} → bSp_{Eb}]. Santiago stellt somit den Zusammenhang als veränderbar dar. Diese bedeutungsbezogene Erklärung aus dem Deutschen präzisiert er im Spanischen durch Verwendung der symbolischen Darstellung und formalbezogener Sprachmittel. Santiago erklärt dabei, dass die flexible Einheitsbildung die Bedingung der Multiplikation beider „Faktoren" erfüllen muss: „...*solange man die zwei Faktoren multipliziert.*" (Teilbearbeitung a.2). Auf diese Weise adressiert er explizit die Vervielfachung, die auf der Kovariationseigenschaft proportionaler Zusammenhänge basiert. Diesen angerissenen inhaltlichen Aspekt vertieft er nicht. Seine Denkweise wird jedoch durch die Lösung der Teilaufgabe b. deutlicher [a.2 *Präzisieren(S):* bDev_g ↔ fSpv_f].

Transkript / Schriftprodukt 11.5

Lernende: Santiago
Aufgabe: Schriftlicher Erklärauftrag aus Abbildung 11.4

Erkläre Jans Idee in deiner nicht deutschen Sprache.

El dice que se puedan acortar o volver
mas grande una porcion siempre y
cuando se multipliquen los dos factores.

Hat Jan Recht? Begründe deine Antwort auf Deutsch.

Ja, weil es ist gleich, weil wenn du
1 2/2 mache ist 2/4 aber es ist gleich als 1/2

a.1	Pues él dice que se puede cortar o hacer más grande una porción… (Nun, er sagt, dass man eine Portion schneiden oder größer machen kann, …	*Wechseln(A):* De→Sp *Übersetzen(S):* bDe_{Eb}→bSp_{Eb}
a.2	…siempre y cuando se multipliquen los dos factores. …solange man die zwei Faktoren multipliziert.)	*Präzisieren(S):* bDev_g↔fSpv_f
b.1	Ja, weil es ist gleich, weil wenn du $\frac{1 \times 2}{2 \times 2}$, mache ich $\frac{2}{4}$…	*Übersetzen(S):* bDev_g→SD/fDev_f
b.2	… aber es ist gleich als $\frac{1}{2}$.	*Präzisieren(S):* SD↔fDev_{f/Vg}

Santiagos deutschsprachige Begründung (Teilaufgabe b.) setzt die spanischsprachige formalbezogene Erklärung fort. Nun erläutert er die in der Ausgangsaussage angesprochene Verhältnisgleichheit: „*10 Minuten pro 2 Kilometer und 5 Minuten pro 1 Kilometer*" (Aufgabenstellung) formalbezogen an der symbolischen Darstellung. Dafür wählt er exemplarisch den Bruch $\frac{1}{2}$ und erweitert ihn mit zwei, um auf den gleichwertigen Anteil $\frac{2}{4}$ zu kommen. Dabei verwendet er die davor angesprochene Eigenschaft der Vervielfachung [b1 *Übersetzen(S)*: bDe$_{Vg}$ → SD/ fDe$_{Vf}$].

Anschließend versprachlicht Santiago die Gleichwertigkeit beider Anteile: *„Ja, weil es ist gleich, weil wenn du $\frac{1x2}{2x2}$, mache ich $\frac{2}{4}$, aber es ist gleich als $\frac{1}{2}$. "* (Teilbearbeitungen b.1 und b.2). Möglicherweise bezieht er sich damit auf die Anteile $\frac{1}{5}$ und $\frac{2}{10}$ der ursprünglichen Aufgabe, indem er den Schwerpunkt auf die Verdopplung legt [b2 *Präzisieren(S)*: SD ↔ fDe$_{Vf/Vg}$].

Im Gegensatz zu Camila stellt Santiago die Möglichkeit, größere oder kleinere Portionen zu nehmen, als Konsequenz eines durchgeführten multiplikativen Verfahrens dar und scheint dabei die durchgängige Kovariation nicht mitzudenken.

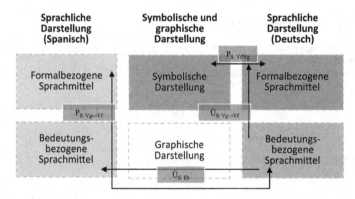

Abbildung 11.6   Zusammenfassung der Analyse von Schriftprodukt 11.5 von Santiago

Die Zusammenfassung der Analyse in Abbildung 11.6 verdeutlicht, dass Santiago die bedeutungsbezogenen Sprachmittel aus der deutschen Sprache als Ausgangspunkt seiner Verknüpfungen nutzt. Die aus dem Deutschen ins Spanische übersetzten bedeutungsbezogenen Sprachmittel präzisiert er unter Berücksichtigung formalbezogener Sprachmittel auf Spanisch. Dieser Ansatz ist aufschlussreich, da Santiago im nächsten Schritt auf dieser formalen Argumentationsbasis aufbaut. Dieses Mal verwendet er jedoch deutschsprachige Ausdrücke an der symbolischen Darstellung. Es lässt sich vermuten, dass Santiago, ähnlich wie Camila, sprachenvernetzend agiert, dabei jedoch andere Konzeptfacetten in den Vordergrund rückt.

Schriftprodukt 11.6 von Mariana und seine Analyse: Fokus auf formalbezogene Prozeduren
Mariana, eine Schülerin aus derselben Klasse, legt ebenfalls den Fokus auf die formalbezogenen Prozeduren, bezieht dabei aber auch bedeutungsbezogene Sprachmittel mit ein:

Marianas Erklärung beruht auf der Idee der Vergröberung oder Verfeinerung eines Ganzen. Sie berücksichtigt dabei die Möglichkeit, nicht nur größere, sondern auch kleinere Portionen zu nehmen und bezieht das formalbezogene Verfahren der Multiplikation bzw. der Division ein [a *Präzisieren(S)*: bDe$_{Eb}$ ↔ fSp$_{Ko-Vf}$]. Ihre deutschsprachige Begründung bezieht sich allgemein auf die Möglichkeit der Veränderung der Portion: *„Ich denke dass es ist richtig, weil du kannst die Portionen verändern."* [b *Versprachlichen(S)*: bDe$_{Eb}$]. Ihre Aussage verweist auf einen reichhaltigen propositionalen Gehalt, der aber nicht expliziert wird.

Transkript / Schriftprodukt 11.6

Abgeschriebenes schriftliches Produkt
Lernende: Mariana
Aufgabe: Schriftlicher Erklärauftrag aus Abbildung 11.4

Erkläre Jans Idee in deiner nicht deutschen Sprache.

que puedes combiar la operación
Segun la portion, y que
la puedes dividir o multiplicar, paro
obtener resultados más grandes o pequei

Hat Jan Recht? Begründe deine Antwort auf Deutsch.

Ich denke dass es ist richtig,
weil du kannst die portionen
verändern.

---

a   Que puedes cambiar la operación según la por-   *Wechseln(A):* De→Sp
     ción, y que la puedes dividir o multiplicar para   *Übersetzen(S):* bDe$_{Eb}$→fSp$_{Eb}$
     obtener resultados más grandes o pequeños.   *Präzisieren(S):* bDe$_{Eb}$↔fSp$_{Ko-Vf}$
     (Dass du die Operation der Portion
     entsprechend ändern kannst, und, dass du sie
     dividieren oder multiplizieren kannst, um
     größere oder kleinere Ergebnisse zu erhalten.)

b   Ich denke dass es ist richtig, weil du kannst die   *Versprachlichen(S):* bDe$_{Eb}$
     Portionen verändern.

Die graphische Zusammenfassung in Abbildung 11.7 zeigt, dass Mariana tatsächlich einige Male bedeutungsbezogene Sprachmittel nutzt. Ihre Argumentation bleibt jedoch hauptsächlich formalbezogen.

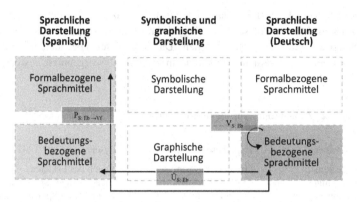

Abbildung 11.7 Zusammenfassung der Analyse von Schriftprodukt 11.6 von Mariana

In allen drei Fällen hat sich gezeigt, dass die Lernenden stark an die formalbezogene Ebene auf Spanisch anknüpfen. Dies lässt sich vermutlich auf die
Prägung des kolumbianischen Unterrichts durch formale Prozeduren zurückführen, die die Lernenden auch zur Nutzung symbolischer Darstellungen anregen
kann, bevor diese im Unterricht eingeführt wurden. Diese Analyseergebnisse
bestätigen Befunde aus Studie 1 (siehe Abschnitt 7.1.2), nach denen die sprachlichen Repertoires der Lernenden auch die Relevanzsetzungen ihrer Lernkultur
mit einbeziehen, die sie aktiv mitgestalten. Da dieser Befund auch in weiteren Fällen auftrat, wird er als weiteres Analyseergebnis und als Potenzial des
Designelements festgehalten:

Analyseergebnis 2.2
In mehrsprachigen Erklärprozessen können sprachspezifische Relevanzsetzungen und Praktiken sichtbar werden, die einen inhaltlichen Beitrag
im Bedeutungskonstruktionsprozess leisten können.

Zusammenfassung zur Hypothese 2
Die Analysen der Schriftprodukte 11.4 bis 11.6 untermauern die Hypothese, dass
das Erklären deutschsprachiger Sprachmittel in einer anderen Sprache das Vernetzen der beteiligten Sprachen fördert. Ein anschließender Rückgriff auf die

deutsche Sprache kann zudem das epistemische Potenzial der vernetzten Sprachen hervorheben. Dies macht sie auch für Lehrkräfte zugänglich, die die Familiensprache der Lernenden nicht sprechen. Da diese Potenziale auch in weiteren Analysen gefunden wurden, werden sie in zwei Analyseergebnisse festgehalten (siehe Tabelle 11.2).

Tabelle 11.2 Zusammenfassung der generierten Hypothese H2 mit Analyseergebnissen 2.1 bis 2.2

Designelement	Hypothese 2	Analyseergebnisse 2.1 bis 2.2
Aufträge zum mehrsprachigen Erklären bedeutungsbezogener Sprachmittel	Das Erklären von deutschsprachigen Sprachmitteln in einer anderen Sprache und der anschließende Rückgriff auf die deutsche Sprache kann das Vernetzen der dabei aktivierten Sprachen begünstigen und das epistemische Potenzial der vernetzten Sprachen zugänglich machen.	2.1 Durch das Erklären deutschsprachiger Sprachmittel in einer anderen Sprache können Konzeptfacetten, die ggf. in dieser nicht-deutschen Sprache gebunden sind, im Konzeptualisierungsprozess versprachlicht werden. Durch den Rückgriff auf die deutsche Sprache könnten diese Konzeptfacetten erneut adressiert werden. 2.2 In mehrsprachigen Erklärprozessen können sprachspezifische Relevanzsetzungen und Praktiken sichtbar werden, die einen inhaltlichen Beitrag im Bedeutungskonstruktionsprozess leisten können.

11.1.3 Hypothese 3: Graphische Darstellungen als Anstoß zum mehrsprachigen Erklären

Hintergrund und Vorausblick zum Analyseergebnis
In den analysierten Daten hat sich die graphische Darstellung des doppelten Zahlenstrahls neben den bedeutungsbezogenen Sprachmitteln als wichtiges Werkzeug erwiesen, um mehrsprachige Erklärprozesse zu unterstützen. Der doppelte Zahlenstrahl stellt ein sprachübergreifendes, graphisches Denk- und Kommunikationsgerüst dar, das reichhaltige und inhaltsbezogene Diskussionen ermöglicht und für verschiedene sprachliche Niveaus zugänglich ist. Der doppelte Zahlenstrahl kann dazu beitragen, die aktive Beteiligung von Lernenden

mit unterschiedlichem sprachlichem Niveau in den Familiensprachen zu fördern. Auf Basis der im Folgenden vorzustellenden Analysen wurde folgende Hypothese generiert:

Hypothese 3 zu Potenzialen mehrsprachiger Erkläraufträge
Das Erklären mittels graphischer Darstellungen verlagert den Schwerpunkt der forcierten Mehrsprachenaktivierung und lenkt den Fokus auf die graphisch gescaffoldeten Mehrsprachennutzung. Die fachrelevante Nutzung der Familiensprache wird nicht nur mobilisiert, sondern durch eine graphisch-bezogene Sprache unterstützt.

Die Hypothese 3 wird durch zwei Analyseergebnisse gestützt, die im Folgenden an ausgewählten Auszügen aus dem Datenmaterial herausgearbeitet werden:

3.1 Die Nutzung von graphischen Darstellungen (wie z. B. dem doppelten Zahlenstrahl) kann Lernenden ermöglichen, Konzepte und Zusammenhänge sprachübergreifend zu erfassen und darüber zu diskutieren, auch wenn sie die formalbezogenen Sprachmitteln nicht vollständig beherrschen.
3.2 Mehrsprachige Erklärprozesse können Übersetzungsprozesse auslösen. Durch die mehrsprachige Bedeutungskonstruktion beim Übersetzen kann eine individuelle Konstruktion der Bedeutungswahrnehmung entstehen.

Hintergrund zum mehrsprachigen Erklärauftrag und zu den Kleingruppen
Die im Folgenden zu analysierenden Transkripte entstammen einer superdiversen Klasse an einer Ruhrgebietsschule mit nicht-geteilter Mehrsprachigkeit. In dem mehrsprachigkeitseinbeziehenden Lehr-Lern-Arrangement haben die Lernenden mit Hilfe der mehrsprachigen App PhET den doppelten Zahlenstrahl als Werkzeug kennengelernt. Die Sprachhandlung, die graphische Darstellung des Zahlenstrahls zu beschreiben, wurde durch die Lernumgebung als wichtiger Bestandteil des Lernprozesses angeregt. Auf diese Weise wurden die Lernenden dazu angehalten, ihre Beobachtungen und Erkenntnisse in Worte zu fassen und somit ihr Verständnis des doppelten Zahlenstrahls zu vertiefen.

Die Aufgabe, die die Lernenden in den Kleingruppen bearbeitet haben, wird in Abbildung 11.8 dargestellt. Darin werden türkisch und spanischsprachige Aussagen zum doppelten Zahlenstrahl vorgegeben. Das Ziel besteht darin, die Lernenden dazu anzuregen, sich mehrsprachig auszudrücken, indem sie eine deutschsprachige und eine weitere Beobachtung in der Familien- bzw. in einer Fremdsprache notieren, selbst wenn die zweite Sprache nicht in den Beispielaussagen vertreten ist. Durch die Beispielsätze bekommen die Lernenden einen Anstoß zur mehrsprachigen Produktion in Hinblick auf den doppelten Zahlenstrahl.

Die Freunde besprechen ihre Ideen und Beobachtungen über den doppelten Zahlenstrahl.

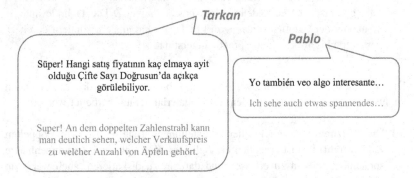

Schreibe zwei eigene Beobachtungen auf. Eine auf Deutsch und eine in deiner zweiten Sprache.

Diese Fragen können dir dabei helfen auf Ideen zu kommen!

Wie sieht der doppelte Zahlenstrahl aus?　　　*Was fällt dir auf?*
Warum eignet er sich gut, um die Verkaufspreise zu bestimmen?

Abbildung 11.8　Ursprüngliche Aufgabe im Lehr-Lern-Arrangement

Die beiden Transkripte, die im Zusammenhang mit Hypothese 3 analysiert werden, geben Einblick in die Arbeit von Lernenden in sprachhomogenen Kleingruppen aus den Designexperiment-Zyklen 2 und 3. Aus dem Designexperiment-Zyklus 2 wird exemplarisch die Aufgabenbearbeitung von Matías und Andrés (Spanisch/Deutsch) analysiert. Aus dem Designexperiment-Zyklus 3 wird die Gruppenarbeit von Begüm und Leyla (Türkisch/Deutsch) vorgestellt.

Transkript 11.7 und seine Analyse: Graphische Darstellung als Anstoß zum inhaltlichen Austausch
Die Aufgabenformulierung (siehe Abbildung 11.8) liegt zwar in deutscher Sprache vor, jedoch nutzen Andrés und Matías hauptsächlich Spanisch als Arbeitssprache in der Gruppe.

Transkript 11.7

KE1-B-AU-190315-G2-V1
Lernende: Matías (Mat), Andrés (And)
Aufgabe: Schriftlicher Erklärauftrag aus Abbildung 10.8

Übersetzung: Eine andere Beobachtung ist, dass man die Veränderung abhängig von der Anzahl der Objekte (Äpfel) vergleichen kann.

5	And	¿Cuál es tu primera propuesta? (Was ist dein erster Vorschlag?)	
6	Mat	Esta de aquí. (Dieser hier.)	
7	Mat	Ya te dije. (Ich habe es dir schon gesagt.)	
8	And	Beobachtung es una observación sobre el coso (ist eine Beobachtung über das Ding).	*Übersetzen(S):* bDe→bSp
9	And	Mi observación es que es muy práctico porque puedes ver una relación entre dos cosas. (Meine Beobachtung ist, dass es sehr praktisch ist, denn du kannst den Zusammenhang zwischen zwei Dingen sehen.)	*Versprachlichen(S):* GD↔bSpZu
10	Mat	Otra observación […] puede ser que, mhhh, puedes calcular cuál es la razón de cambio entre la# (Eine andere Beobachtung kann sein, dass, mhhh, du die Änderungsrate zwischen den# berechnen kannst.)	*Keine Verknüpfung(S):* SD/fSpKo
11	And	Si, cuál es el cambio dependiendo# (Ja, was ist die Änderung abhängig von#)	*Präzisieren(M):* SD↔bSpKo
12	Mat	Cuál es el cambio dependiendo del número de cosas. (Was ist die Änderung abhängig von der Anzahl von Sachen.)	*Präzisieren(M):* bSpKo
13	And	Del número de manzanas (von der Äpfelanzahl)	*Präzisieren(M):* bSpKo

Andrés fragt Matías nach seinem Vorschlag für eine erste Beobachtung. Matías zeigt auf eine der vorgegebenen Formulierungen in den Sprechblasen (Turn 6). Anschließend übersetzt Andrés das Wort „Beobachtung" aus der Aufgabenformulierung als eine *„Beobachtung über das Ding"* (Turn 8). Andrés scheint

das Wort nicht isoliert zu deuten, sondern in Verbindung mit der Aufgabenstellung, vermutlich um Matías diese ins Gedächtnis zu rufen. „Ding" bezieht
sich dabei vermutlich auf den doppelten Zahlenstrahl. Da sich die Erklärungen
auf den sprachübergreifenden doppelten Zahlenstrahl beziehen, können die Lernenden schnell inhaltlich handeln, ohne auf sprachliche Barrieren zu stoßen [8
Übersetzen(S): bDe → bSp].

In Turn 9 teilt Andrés seine Beobachtung mit Matías: *„Meine Beobachtung
ist, dass es sehr praktisch ist, denn du kannst den Zusammenhang zwischen zwei
Dingen sehen."*. Andrés verwendet das alltagssprachliche Wort „Dinge", dieses
Mal, um sich auf die zwei Größen zu beziehen. Ihm fehlt vermutlich das formalbezogene Wort für „Größe" in der Familiensprache Spanisch, da der Input
seitens der Lehrkraft und des Materials im herkömmlichen Unterricht hauptsächlich deutschsprachig ist. Andrés geht nicht deskriptiv vor bzw. äußert sich nicht
über die Merkmale des doppelten Zahlenstrahls, sondern über seine Funktion,
dabei geht er auf die funktionale Beziehung der Größen ein. Bemerkenswert ist
das bedeutungsbezogene Sprachmittel auf Spanisch *„relación (Zusammenhang)"*
[9 *Versprachlichen(S)*: GD ↔ bSp_{Zu}].

Matías geht nicht auf Andrés Beobachtung ein und macht stattdessen einen
weiteren Vorschlag: *„eine andere Beobachtung kann sein, dass, mhhh, du die Ände-
rungsrate zwischen den# berechnen kannst."* (Turn 10). Der Turn wird als „keine
Verknüpfung" kodiert, da durch die Unterbrechung durch Andrés der Gedanken-
gang von Matías nicht vollständig sichtbar wurde [10 *Keine Verknüpfung(S)*: SD/
fSp_{Ko}]. Andrés unterbricht ihn *„Ja, was ist die Änderung abhängig von#"* (Turn
11). Matías übernimmt Andrés Äußerung *„Was ist die Änderung abhängig von
der Anzahl von Sachen."* (Turn 12). Andrés präzisiert den Satz: *„von der Äpfelan-
zahl"* (Turn 13). Hier wird ein Ringen um formalbezogene Sprachmittel deutlich.
Dies beeinflusst jedoch nicht den Aushandlungsfluss. Diese Turns werden wiederholt als Präzisieren kodiert [12/13 *Präzisieren(M)*: bSp_{Ko}]. Diese Möglichkeiten
einer sprachübergreifenden Nutzung graphischer Darstellungsformen wird im
Analyseergebnis 3.1 festgehalten:

Analyseergebnis 3.1
Die Nutzung von graphischen Darstellungen (wie z. B. dem doppelten
Zahlenstrahl) kann Lernenden ermöglichen, Konzepte und Zusammenhänge sprachübergreifend zu erfassen und darüber zu diskutieren, auch
wenn sie die formalbezogenen Sprachmitteln nicht vollständig beherrschen.

Transkript 11.8 und seine Analyse: Erklärprozesse, die Übersetzungsprozese auslösen

Obwohl die Designelemente DE1 und DE2 im Aufgabenmaterial unabhängig voneinander umgesetzt werden, zeigt das Transkript 11.8 zum Erklärauftrag aus Abbildung 11.8, dass Erkläraufträge ebenfalls das Übersetzen auslösen können.

Transkript 11.8

KE1-C-AU-190517_T_V3
Lernende: Begüm (Beg), Leyla (Ley)
Aufgabe: Schriftlicher Erklärauftrag aus Abbildung 11.8

Übersetzung: Der doppelte Zahlenstrahl ist besser, weil oben die Anzahl und unten der Preis steht.

20	Beg	Ben yaparım, ikimiz yaparız sanki ben profi gibiyim ben yapıyom. (Ich mache das, wir beide machen das, als wäre ich ein Profi und mach das alleine.)
21	Ley	Çifte sayı doğrusu, çifte sayı doğrusu daha iyi, çünkü çünkü yukarda. (Der doppelte Zahlenstrahl, der doppelte Zahlenstrahl ist besser, weil weil oben.) Was heißt Stück?
22	Beg	Bir değil mi? (Eins oder nicht?)
23	Ley	Also, Anzahl.
24	Beg	Ja, bir (eins).
25	Ley	Eins. Ich meine das Wort Anzahl.
26	Beg	Achso, Anzahl, sayı (Zahl).
27	Ley	Çünkü yukarda sayısı ve aşağıda fiyatı yazıyor. (Weil oben die Zahl und unten der Preis steht.) [*Ley geht aus dem Raum.*]
28	Beg	Wir sind fertig.
29	Leh	Zeigt mal, was sind eure Beobachtungen? Könnt ihr mir ein bisschen erzählen. Was steht hier?
30	Beg	Das ist auf Türkisch.
31	Leh	Könnt ihr das auf Türkisch vorlesen?
32	Beg	Ja, çifte sayı doğrusu daha iyi, çünkü yukarda sayısı ve aşağıda fiyatı yazıyor. (Der doppelte Zahlenstrahl ist besser, weil oben die Anzahl und unten der Preis steht.)
33	Leh	Was heißt das genau?
34	Beg	Also das heißt, der doppelte Anzahlstrahl ist gut geeignet, weil unten der Preis und oben die Anzahl steht. So hat man einen besseren Überblick.

Die Lernenden unterhalten sich auf Türkisch. Begüms Äußerung in Turn 20, *„Ich mache das, wir beide machen das, als wäre ich ein Profi und mach das alleine."* könnte als ein Ausdruck von Selbstbewusstsein und der Bereitschaft zur Zusammenarbeit interpretiert werden. Sie zeigt, dass sie sich in der Lage fühlt, die Aufgabe selbständig zu bewältigen: *„Ich mache das,..."* (Turn 20), ist aber auch offen für die Zusammenarbeit mit Leyla: *„... wir machen das"* (Turn 20). Der Vergleich mit einem Profi unterstreicht ihre Zuversicht in ihre eigenen Fähigkeiten und könnte als humorvolle Bemerkung interpretiert werden: *„...als wäre ich ein Profi und mach das alleine."* (Turn 20). Im darauffolgenden Turn schlägt Leyla den Beginn der Beobachtung zum doppelten Zahlenstrahl vor, die sie ggf. als Arbeitsprodukt notieren möchte. Turn 20, in dem es hauptsächlich um eine arbeitsorganisatorische Aushandlung geht, führt auf diese Weise direkt zur inhaltlichen Aushandlung in Turn 21. Die Lernenden bleiben dabei in der türkischen Sprache: *„Der doppelte Zahlenstrahl, der doppelte Zahlenstrahl ist besser, weil weil oben [...]"*. Es scheint, als würden die Lernenden den doppelten Zahlenstrahl implizit mit einer anderen Darstellung vergleichen, indem sie eine komparative Konstruktion verwenden: *„[...] der doppelte Zahlenstrahl ist besser, weil [...]"*. Leyla begründet ihre Aussage mit dem verortenden Wort *„oben"* und wählt damit einen deskriptiven Zugang auf den doppelten Zahlenstrahl.

Im gleichen Turn 21 unterbricht Leyla ihre türkischsprachige Äußerung, um nach der türkischen Übersetzung für das Sprachmittel „Stück" zu fragen: *„Was heißt Stück?"* (Turn 21). Die Aushandlung der Übersetzung ist besonders interessant. Begüm schlägt das Sprachmittel *„bir (eins)"* vor, welches die Bedeutung von Stück als konkrete Menge umschreibt, bzw. „eins" als Repräsentant der Mengeneinheit „Stück" darstellt. Durch Begüms Übersetzungsvorschlag scheint Leyla zu erkennen, dass ihr ursprünglicher Begriff „Stück" inhaltlich nicht zutreffend ist, da es sich nicht auf die Größe, sondern auf die Einheit bezieht. Sie verbessert sich im anschließenden Turn 23 deutschsprachig: *„Also, Anzahl"*.

Begüm übersetzt das neue Wort „Anzahl" wieder als „eins". Leyla gibt dann die Übersetzung von Begüm zurück ins Deutsche, um Begüm vermutlich deutlich zu machen, dass sie ein anderes Sprachmittel als „eins" meint. Dies markiert sie auch in der verbalen Äußerung: *„Eins. Ich meine das Wort Anzahl."*. Durch das Verwenden der Interjektion „Achso" in Turn 26 scheint Begüm deutlich zu machen, dass sie das Missverständnis einsieht. Anschließend wiederholt sie das deutsche Sprachmittel und liefert direkt die Übersetzung *„sayı (Zahl)"* dazu. Die Übersetzung als „Zahl" ist jedoch nicht vollständig präzise, denn sie greift zurück auf die Idee einzelner Werte, jetzt nicht als Einheit, sondern als isolierte Zeichen. Leyla übernimmt jedoch die Übersetzung ohne weitere Nachfrage und integriert sie in ihre Äußerung: *„Weil oben die Zahl und unten der Preis steht"* (Turn 27). Danach geben die Lernenden bekannt, dass sie fertig sind.

Die Lehrkraft geht auf die Lernenden zu und fragt nach ihren Beobachtungen zum doppelten Zahlenstrahl. Zunächst bittet sie die Lernenden, den türkischsprachigen Satz vorzulesen und dann dessen Bedeutung zu erklären. Bemerkenswert ist Begüms Übersetzung des türkischsprachigen Satzes ins Deutsche in Turn 34. Sie übersetzt „doppelter Zahlenstrahl" als „doppelter *Anzahl*strahl". Dadurch wird deutlich, dass das mehrsprachige Aushandeln der Bedeutungen ein facettenreicheres Verständnis des doppelten Zahlenstrahls ermöglichte – nicht nur als Darstellung einzelner Werte, sondern auch als Möglichkeit zur Koordinierung von zwei Größen. Es zeigt sich, dass das Endprodukt der Übersetzung von „Anzahl" als „Zahl" keine Hürde darstellte. Das Wort „sayı" wird nicht einfach als „Zahl" konzeptualisiert, sondern ist in diesem Fall das Ergebnis einer individuellen Konstruktion des Begriffs „Anzahl". Die mehrsprachige Bedeutungskonstruktion zeigt sich somit als ein reichhaltiger Prozess des vernetzen Denkens.

Analyseergebnis 3.2
Mehrsprachige Erklärprozesse können Übersetzungsprozesse auslösen. Durch die mehrsprachige Bedeutungskonstruktion beim Übersetzen kann eine individuelle Konstruktion der Bedeutungswahrnehmung entstehen.

Zusammenfassung zur Hypothese 3
Das Erklären anhand graphischer Darstellungen ermuntert zum Einbezug der mehrsprachigen Ressourcen, da die Anforderungen an die Familiensprache durch die Möglichkeit der Nutzung deiktischer Sprachmittel (wie „hier", „das da") bzgl. explizit sprachlicher Anforderungen entlastet werden (Tabelle 11.3).

Tabelle 11.3 Zusammenfassung der generierten Hypothese H3 mit Analyseergebnissen 3.1 bis 3.2

Designelement	Hypothese 3	Analyseergebnisse 3.1 bis 3.2
Aufträge zum mehrsprachigen Erklären bedeutungsbezogener Sprachmittel	Das Erklären mittels graphischer Darstellungen verlagert den Schwerpunkt der forcierten Mehrsprachenaktivierung und lenkt den Fokus auf die graphisch gescaffoldeten Mehrsprachennutzung. Die fachrelevante Nutzung der Familiensprache wird nicht nur mobilisiert, sondern durch eine graphisch-bezogene Sprache unterstützt.	3.1 Die Nutzung von graphischen Darstellungen (wie z. B. dem doppelten Zahlenstrahl) kann Lernenden ermöglichen, Konzepte und Zusammenhänge sprachübergreifend zu erfassen und darüber zu diskutieren, auch wenn sie die formalbezogenen Sprachmitteln nicht vollständig beherrschen. 3.2 Mehrsprachige Erklärprozesse können Übersetzungsprozesse auslösen. Durch die mehrsprachige Bedeutungskonstruktion beim Übersetzen kann eine individuelle Konstruktion der Bedeutungswahrnehmung entstehen.

11.1.4 Hypothese 4: Orchestrieren im Klassengespräch als situatives Potenzial des mehrsprachigen Erklärens in sprachhomogenen Kleingruppen

Hintergrund und Vorausblick zum Analyseergebnis
In den Abschnitten 11.1.1 bis 11.1.3 wurden situative Potenziale mehrsprachiger Erkläraufträge in Lernprozessen sprachhomogener Kleingruppen ohne permanente Begleitung der Lehrkraft untersucht. Der Fokus dieses Abschnittes liegt nun auf dem Übergang von der Arbeit in sprachhomogenen Kleingruppen zu mehrsprachigem Handeln im angeleiteten Unterrichtsgespräch, in dem diese Potenziale weiter ausgeschöpft werden können. In diesem Kontext ändern sich die Rollen von Lernenden und Lehrkraft. Während die Lernenden Experten in ihren

jeweiligen Sprachen sind, übernimmt die Lehrkraft eine moderierende Rolle. Sie hat die Aufgabe, die Beiträge der Lernenden inhaltlich sinnvoll zu orchestrieren und die Lernenden dabei zu begleiten, sich auf metasprachlicher Ebene auf ihre Sprachen zu beziehen. Die Herausforderung besteht darin, die mental aktivierte Mehrsprachigkeit in problembezogenes sprachliches Handeln zu überführen.

Im Gegensatz zu individuellen Arbeitsphasen oder Gruppenphasen unter Bedingungen der geteilten Mehrsprachigkeit wird nicht in allen zur Verfügung stehenden Sprachen kommuniziert, sondern nur in der geteilten Unterrichtssprache. Gesprochen wird jedoch *über* mehrere Sprachen und die Konzeptfacetten, die sie transportieren, und zwar auch mit anderen Lernenden und Lehrkräften, die diese Sprachen nicht unbedingt beherrschen. Die Lernenden müssen daher ihre sprachlichen Ressourcen abstrahieren und auf einer Metaperspektive agieren, um das epistemische Potenzial der verschiedenen Sprachen sichtbar und für andere zugänglich zu machen.

Die Lehrkraft benötigt in diesem Prozess entweder Kenntnisse in den Sprachen der Lernenden, was in superdiversen Klassen kaum zu leisten ist, oder die Unterstützung durch die Lernenden selbst, um ihre Sprachen auf subtile Unterschiede zu analysieren und zu verstehen. Das Klassengespräch im Transkript 11.9 knüpft an die vorangegangene Arbeit in den sprachhomogenen Kleingruppen an. Die Realisierung des mehrsprachigen Erklärens in den sprachhomogenen Kleingruppen kann Arbeitsprodukte hervorbringen, die im Unterrichtsgespräch weiter bearbeitet und vertiefend reflektiert werden können. Die Lehrkraft kann das Sprechen über diese Produkte orchestrieren und somit eine Grundlage für das Unterrichtsgespräch schaffen. Die in diesem Abschnitt ausgeführten Analysen führen zur folgenden Hypothese:

Hypothese 4 zum Orchestrieren mehrsprachiger Lernendenbeiträge
Obwohl bei nicht-geteilter Mehrsprachigkeit mehrsprachige Lernendenbeiträge nicht unbedingt spontan von der Lehrkraft in ihrer Breite ausgeschöpft werden, ergeben sich Potenziale, sich im Unterrichtsgespräch lernförderlich mit dem propositionalen Gehalt der mehrsprachigen Äußerungen diskursiv zu beschäftigen. Die Lehrkraft übernimmt dabei die Funktion des inhaltlichen Orchestrierens.

Die Hypothese 4 wird durch zwei Analyseergebnisse gestützt, die im Folgenden an ausgewählten Auszügen aus dem Datenmaterial herausgearbeitet werden:

4.1 Mehrsprachige Beiträge irritieren nicht unbedingt die Lernenden, die die Ausgangssprache nicht beherrschen. Stattdessen können diese Lernenden die deutschsprachigen Erklärungen ihrer mehrsprachigen Mitlernenden erfassen und sich aktiv am gemeinsamen Unterrichtsdiskurs beteiligen.

4.2 Mehrsprachige Beiträge können als Ausgangspunkte für inhaltliche Diskussionen im Klassengespräch dienen. Es kann sein, dass die mehrsprachigen Komponenten jedoch lediglich impliziter Bestandteil des Diskurses bleiben.

Hintergrund zum mehrsprachigen Erklärauftrag und zum Setting
Um die sprachliche Heterogenität in einer deutschen superdiversen Klasse unter kontextuellen Bedingungen der nicht-geteilten Mehrsprachigkeit zu untersuchen, bietet dieser Abschnitt empirische Einblicke in ein Unterrichtsgespräch aus dem Designexperiment-Zyklus 3. Nach dem Austausch in den Kleingruppen über die Aufgabe aus Abbildung 11.8 erfolgt am darauffolgenden Unterrichtstag die Zusammenführung der Kleingruppenergebnisse. Zwischen den beiden Unterrichtsstunden hat die Lehrerin Gelegenheit, sich mit den Schriftprodukten der Lernenden auseinanderzusetzen, diese zu analysieren und für die nächste Unterrichtseinheit zu sequenzieren.

Die Lehrerin bezieht in das Klassengespräch ihre Beobachtungen zum Gespräch zwischen Belgüm und Leyla aus Transkript 11.8 ein, das in Hinblick auf Hypothese 3 in Abschnitt 11.1.3 analysiert wurde.

Präzisierung zum Analysewerkzeug
Im Unterschied zu den Kleingruppen übernimmt die Lehrkraft im Klassengespräch eine durchgängig moderierende Rolle. Die Analysen der Plenumsdiskussionen zeigen jedoch, dass die „Moderations-Praktiken" weit über eine reine moderierende Funktion hinausgehen. Es wurden folgende Praktiken seitens der Lehrkraft identifiziert:

(1) *Vorausplanen:* Die Lehrkraft entwickelt kurzfristig im Voraus einen groben Plan zur Strukturierung des Klassengesprächs, auch wenn ein sie aufgrund der nicht-geteilten Mehrsprachigkeit nicht unbedingt vollständigen Einblick in die Beiträge der Lernenden hat.
   a) Vorbereitetes Anknüpfen an die Lernendenprodukte
   b) Kurzfristiges und spontanes Anknüpfen an den Lernendenprodukte
(2) *Organisatorisches Moderieren:* Die Lehrkraft koordiniert das Klassengespräch und sequenziert die Lernendenbeiträge. Die Lehrkraft muss dabei flexibel agieren und situativ Entscheidungen treffen.

a) Sammeln: Festlegen, welche Sätze übersetzt werden

b) Sequenzieren: Bestimmen der Reihenfolge

(3) *Inhaltliches Elizitieren*: Die Lehrkraft fördert gezielt das Verständnis der Lernenden, indem sie durch gezielte Impulse und Fragen versucht, die Lernenden dazu zu bringen, ihre Gedanken und Ideen auszudrücken.

a) Paraphrasieren

b) Aufträge zum Präzisieren

(4) *Inhaltliches Orchestrieren:* Die Lehrkraft stellt inhaltliche Zusammenhänge zwischen den Lernendenbeiträgen her und ordnet diese in einer didaktisch sinnvollen Reihenfolge an, um das Verständnis zu fördern.

a) Lernendenbeiträge aufeinander beziehen

b) Wissen ordnen und Übersicht schaffen

(5) *Metasprachliches Anregen:* Die Lehrkraft gibt gezielte Impulse, um die Lernenden dazu zu bringen, ihre Mehrsprachigkeit auf einer Metaebene zu reflektieren und aktiv einzusetzen.

Diese Praktiken werden in den Transkripten zu den Hypothesen 4 und 6 für die Kodierung der Turns der Lehrkraft zusätzlich zu den Verknüpfungsaktivitäten berücksichtigt. Die Kodierungskästen werden grau hinterlegt, um diese von den Kodierungen der Verknüpfungsaktivitäten seitens der Lernenden zu unterscheiden.

Transkript 11.9 und seine Analyse: Inhaltliches Orchestrieren mehrsprachiger Lernendenbeiträge

Zum Einstieg in das Klassengespräch bezieht sich die Lehrerin gezielt auf die schriftlichen Äußerungen, die die Lernenden in der vorherigen Stunde produziert haben. Dabei nimmt sie zunächst auf den Satz von Fuat Bezug (siehe Abbildung 11.9).

Transkriptausschnitt 11.9a

Aufgabe: Orchestrieren in Plenum der Aufgabe in Abbildung 11.8		
Beteiligte Lernende: Fatma (Fat), Shenay (She), Thilo (Thi), Lehrerin (Leh), Leyla (Ley)		
5	Leh	Ihr habt letzte Woche ein paar Ideen gehabt. Die habe ich mir angeguckt, ich fand die ganz schön. Fuat ist heute nicht da, aber er hat das *[zeigt auf Fuats Satz (siehe unten)]* geschrieben. Er ist leider nicht mehr da, das heißt, ich kann das gar nicht erklären. Wer könnte uns helfen das zu verstehen?	*Vorausplanen* *Organisatorisches* *Moderieren*

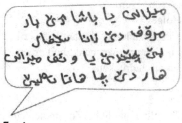

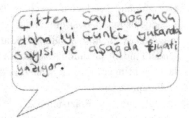

Fuat

Leyla & Begüm

Übersetzung aus dem Arabischen:
Der doppelte Zahlenstrahl hat zwei Reihen
und man sieht, dass es kein Ende hat.

Übersetzung aus dem Türkischen:
Der doppelte Zahlenstrahl ist besser, weil
oben die Zahl und unten der Preis steht.

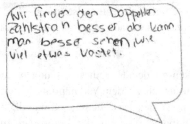

Shenay & Qaiss

Abbildung 11.9 Lernendenprodukte während der Arbeit in sprachhomogenen Kleingruppen

Wie aus dem Transkriptausschnitt 11.9a zu entnehmen ist, war Fuat am Tag der Besprechung der Kleingruppenergebnisse abwesend. Daher bezieht die Lehrerin arabischsprachige Lernende ein, die als Experten fungieren, um Fuats Satz zu übersetzen: *„Er ist leider nicht mehr da, das heißt, ich kann das gar nicht erklären. Wer könnte uns helfen das zu verstehen?"* (Turn 5).

Die Lehrerin gibt zu, dass sie der arabischen Sprache nicht mächtig ist, gibt aber gleichzeitig zu verstehen, dass sie sich mit den Sätzen der Lernenden beschäftigt hat, indem sie sich lobend auf den Inhalt des Satzes bezieht: *„Ihr habt letzte Woche ein paar Ideen gehabt. Die habe ich mir angeguckt, ich fand die ganz schön."* (Turn 5). Tatsächlich hat die Lehrerin die Zeit zwischen der Bearbeitungsstunde und dem Plenumsgespräch genutzt, um mithilfe von Übersetzungssoftware die Bedeutung der Sätze herauszufinden und sie in eine geeignete Reihenfolge zu bringen. Dies wird als Vorausplanen kodiert. In diesem Fall handelt es sich ein um ein vorbereitetes Anknüpfen an die Lernendenprodukte.

Transkriptausschnitt 11.9b: Fortsetzung von Transkriptausschnitt 11.9a

7	She	Also, der doppelte Zahlenstrahl, ähm, ähm, hat zwei Reihen halt und man sieht, dass das kein Ende hat.	*Übersetzen(L):* Ar→De
8	Leh	Woran erkennt man das?	*Inhaltliches Elizitieren*
9	She	Weil da halt so ein Pfeil ist und dieser Strich halt immer so weitergehen kann.	
10	Leh	Und was würde das bedeuten, also, dass der doppelte Zahlenstrahl hier kein Ende hat. Was bedeutet das genau für unsere Situation?	*Inhaltliches Elizitieren*
11	She	Das man halt immer mehr Äpfel benutzen kann, ist doch so.	*Präzisieren(L):* GD↔GD/bDe
12	Ley	Dass man immer mehr weiterrechnen kann?	*Präzisieren(L):* GD↔GD/fDe
13	Leh	Dass man immer mehr#	*Inhaltliches Elizitieren*
14	She	# Dazunehmen kann	*Präzisieren(L):* GD↔GD/bDeₐÄ
16	Ley	Immer weiterrechnen kann.	
18	Thi	Dass das nie aufhört, dass die Äpfel und das Geld da stehen, zum Beispiel, dass es nie aufhört.	
19a	Leh	Dass ich weiter Äpfel und den Preis ermitteln kann, für eine bestimmte Anzahl von Äpfeln…,	*Inhaltliches Orchestrieren*

Shenay übernimmt in Turn 7 die Übersetzung prompt und fließend: „*Also der doppelte Zahlenstrahl, ähm, ähm, hat zwei Reihen halt und man sieht, dass das kein Ende hat.*" (Turn 7). Die Lehrerin geht nicht auf sprachbezogene Details des arabischsprachigen Satzes ein, sondern konzentriert sich darauf, den propositionalen Gehalt des Satzes im Unterricht zu thematisieren. Die Übersetzung wird von der Lehrkraft gemeinsam mit den Lernenden erklärend aufgefaltet [7 *Übersetzen(L):* Ar → De].

Es ist bemerkenswert, dass sich nicht-arabischsprachige Lernende nicht von der Ausgangssprache des Satzes ablenken lassen, sondern sich aktiv am Diskurs beteiligen, wie ab Turn 11 erkennbar ist. Ab diesem Zeitpunkt wird das gemeinsame Streben nach Präzisierung der Konzeptbedeutung als kooperativer Prozess sichtbar [11 *Präzisieren(L):* GD ↔ GD/bDe].

Die von Shenay in Turn 7 gelieferte Übersetzung bezieht sich auf ein visuelles Merkmal des doppelten Zahlenstrahls: „*Also, der doppelte Zahlenstrahl hat zwei Reihen...*" und bringt zum Ausdruck, dass der doppelte Zahlenstrahl unendlich weiterläuft: „*... und man sieht, dass das kein Ende hat.*" (Turn 7). Die Deutung der Pfeile als Indikatoren für kontinuierliches Wachstums bleibt in der Äußerung implizit. Die Lehrerin fordert eine Explikation ein und fragt anschließend nach einer Erklärung für die Bedeutung des genannten stetigen Wachstums im thematisierten Kontext der Zuordnung (Anzahl der Äpfel ↦ Preis): *„Und was würde das bedeuten, also dass der doppelte Zahlenstrahl hier kein Ende hat. Was bedeutet das genau für unsere Situation?"* (Turn 10). Der arabischsprachige Beitrag dient also als Ausgangspunkt des inhaltlichen Austausches.

Der weitere Diskursverlauf zeichnet sich durch wechselnde Beiträge von Lernenden mit unterschiedlichen Sprachprofilen aus. In Turn 11 gibt Shenay eine erste Antwort: *„Das man halt immer mehr Äpfel benutzen kann, ist doch so."* (Turn 11). Am Wort *„benutzen"* deutet sich an, dass Shenay sich auf den Applet-Kontext zu beziehen scheint, bei dem bildlich dargestellte Äpfel *per drag-and-drop* zur Gesamtmenge hinzugefügt werden können. In Turn 14 nimmt sie auch die additive Perspektive in den Blick, also die Addition oben und unten des jeweiligen Betrags: *„[Das man immer mehr] dazu nehmen kann."* (Turn 14). Leyla bezieht sich ihrerseits auf die Möglichkeit, weiter zu rechnen, *„weil man immer weiterrechnen kann."* (Turn 16). Anschließend versucht Thilo, die Zuordnung der beiden Größen zu berücksichtigen, ohne jedoch den Kern seiner Aussage klar zu formulieren: *„Dass das nie aufhört, dass die Äpfel und das Geld da stehen, zum Beispiel, dass es nie aufhört."* (Turn 18). Die Lernendenbeiträge sind bemerkenswert, denn sie enthalten vielfältige Sprachmittel *„immer mehr"*, *„dazu nehmen"*, *„weiterrechnen"* oder *„nie aufhören"*, die allerdings zu Beginn des Gesprächs noch nicht sehr präzise sind. Die Sätze deuten auf reichhaltige Konzeptfacetten hin, verbleiben allerdings naturgemäß noch auf einem eher basalen Niveau und werden kaum aufgefaltet.

Analyseergebnis 4.1
Mehrsprachige Beiträge irritieren nicht unbedingt die Lernenden, die die Ausgangssprache nicht beherrschen. Stattdessen können diese Lernenden die deutschsprachigen Erklärungen ihrer mehrsprachigen Mitlernenden erfassen und sich aktiv am gemeinsamen Unterrichtsdiskurs beteiligen.

Fortsetzung des Transkripts 11.9 und seine Analyse: Einsprachige Rahmung, mehrsprachige Inhalte
Die gemeinsame Bearbeitung verläuft folgendermaßen weiter:

Transkriptausschnitt 11.9c: Fortsetzung von Transkriptausschnitt 11.9b

19b	Leh	... Dann gab es noch etwas auf Türkisch, Leyla?	*Organisatorisches Moderieren*
20	Ley	Çifte sayı doğrusu daha iyi çünkü yukarda sayısı ve aşağıda sayısı yazıyor. (Der doppelte Zahlenstrahl ist besser, weil oben die Zahl und unten der Preis steht.) *[Satz aus Abbildung 11.9 von Leyla und Begüm wird vorgelesen.]*	
21	Leh	Das habt ihr ja geschrieben. Was habt ihr euch dabei überlegt?	*Inhaltliches Elizitieren*
22	Beg	Der doppelte Zahlenstrahl ist gut geeignet, weil unten der Preis und oben die Anzahl steht.	*Übersetzen₍L₎:* Tr→De
23	Leh	Also es ist nicht nur, dass der doppelte Zahlenstrahl kein Ende hat, sondern was können wir hier daraus lernen?	*Inhaltliches Orchestrieren*
24	Ley	Der doppelte Zahlenstrahl ist gut geeignet, weil unten der Preis und oben die Anzahl steht. So hat man einen besseren Überblick.	
[...]			
31	Leh	Genau. Das heißt, ich habe wie viele Größen?	*Inhaltliches Elizitieren*
32	Beg	Zwei	
33	Leh	Ich habe zwei Größen und was kann ich mit diesen Größen anhand des doppelten Zahlenstrahls machen?	*Inhaltliches Elizitieren*
34	Beg	Anzahl gucken und Verkaufspreis	*Übersetzen₍L₎:* bDe→GD/bDe_Zu
35	Leh	Genau, also diese zwei Größen kann ich in Verbindung setzen, ja? Shenay, was hast du dir überlegt? *[bezieht sich auf den deutschsprachigen Satz von Shenay und Qaiss in Abbildung 11.9]*	*Inhaltliches Elizitieren*
36	She	[...] da kann man besser den Überblick behalten, äh, was wie viel kostet und was wie viel Dings ja Anzahl.	
37	Leh	Aber ich finde das ganz gut. Was ist der Unterschied zwischen dieser Aussage *[zeigt auf den Satz von Leyla und Begüm.]* und dieser Aussage hier? Warum ist das hier präziser? *[Die Lehrerin zeigt auf den Satz Shenay und Qaiss.]*	
[...]			
41	She	Da steht nur, was, äh was da ist, also die beschreiben das, was man sieht und bei uns steht, äh, bei uns steht, äh.	
44	Thi	Dass man bei Shenay *[unverständlich]* bildlich vorstellen kann, dass man das also sieht und vorstellen kann.	

45	Leh	Also Leyla und Begüm haben gesehen, okay, da gibt es Zahlen. Oben gibt es Zahlen, die die Anzahl der Äpfel vermitteln und unten gibt es Zahlen, die mir den Preis sagen. Und Shenay und Qaiss haben gesagt, ach ich kann ja auch ganz genau sagen welcher Preis zu welcher Anzahl gehört. Das ist doch was anderes oder nicht?	*Inhaltliches Orchestrieren*
46	Den	Ja	
47	Thi	Also ein bestimmter Preis, also der Preis wird festgelegt, dass der ein bestimmt, also der muss so sein, weil das ein Apfel so viel Cent oder Euro kostet. Der Zweite dann auch so viel kostet, dass eine bestimmte Anzahl auch einen bestimmten Preis hat.	*Versprachlichen(L):* GD↔bDe_{Zu}
49	Thi	Ähm ein Apfel zum Beispiel, sagen wir zehn Cent kostet oder so, dann kann man sich eigentlich vorstellen, dass der zweite Apfel dann zwanzig Cent kostet. Das Doppelte. Und es kann auch sein, dass zehn Äpfel dann ein Mengenrabatt kriegen oder die immer noch genauso viel kosten plus zehn Cent mehr, immer zehn Cent mehr. Pro Apfel dann zehn Cent wahrscheinlich.	*Versprachlichen(L):* GD↔bDe_{Zu/Ko}
50	Leh	Wäre dann der doppelte Zahlenstrahl sinnvoll, wenn wir mit Mengenrabatten rechnen? Wäre er auch ein gutes Werkzeug?	*Inhaltliches Elizitieren*
51	Thi	Also ich find er wäre auch ein gutes Werkzeug, aber er müsste, dann müsste auf der Aufgabe dann stehen, dass ein Mengenrabatt gibt und wie viel und ab wann.	
52	She	Da geht eigentlich immer das Gleiche, nur der Preis ändert sich dann halt, dann kommt alles durcheinander.	

Nach dem ersten Austausch um den arabischsprachigen Satz bezieht sich die Lehrerin auf die türkischsprachige Bearbeitung. Leyla liest in Turn 20 ihren türkischsprachigen Satz vor, anschließend fragt die Lehrerin Leyla und Begüm nach ihren inhaltlichen Überlegungen, ohne dabei nach der direkten Übersetzung zu fragen: *„Das habt ihr ja geschrieben. Was habt ihr euch dabei überlegt?"* (Turn 21). Begüm bietet im Turn 22 eine Übersetzung an, in der sie die beteiligten Größen erwähnt und sie räumlich am Zahlenstrahl verortet: *„Der doppelte Zahlenstrahl ist gut geeignet, weil unten der Preis und oben die Anzahl steht."* (Turn 22). In Turn 24 ergänzt sie ihre Übersetzung mit der Behauptung, dass der doppelte Zahlenstrahl einen besseren Überblick verschafft. Dadurch betont sie die Vorteile der graphischen Darstellung.

Ab Turn 35 knüpft die Lehrerin an den Satz von den Lernenden Shenay und Qaiss an. Die zwei Lernenden unterhalten sich in der Kleingruppenarbeit zwar auf Arabisch, verfassen aber ihren Satz auf Deutsch: *„Wir finden den doppelten Zahlenstrahl besser, da kann man besser sehen, wie viel etwas kostet."* (siehe

Abbildung 11.9). In Turn 36 greift Shenay Leylas Idee des doppelten Zahlenstrahls als Werkzeug zur Schaffung von Überblick und paraphrasiert den eigenen Satz entsprechend: *„[...] da kann man besser den Überblick behalten, äh, was wie viel kostet und was wie viel Dings, ja, Anzahl"* (Turn 36). Dabei spricht Shenay den Zuordnungsaspekt an. Der Beitrag geht über die Beschreibung zwei isolierter Größen hinaus und betont den Zusammenhang zwischen Preis und Anzahl sowie die Richtung der Abhängigkeit beider Größen, auch wenn dies im Satz implizit bleibt. Die Lehrerin beabsichtigt vermutlich, den Zusammenhang zwischen den Aussagen von Begüm und Leyla sowie Shenay und Qaiss deutlich zu machen und thematisiert dies in den darauffolgenden Turns. Auf Anstoß der Lehrerin versuchen Shenay und Thilo im weiteren Verlauf, beide Aussagen weiter zu präzisieren und einzugrenzen. Bemerkenswert ist, dass beide Lernende die zwei Sätze treffsicher wahrnehmen. Den Satz: *„Der doppelte Zahlenstrahl ist gut geeignet, weil unten der Preis und oben die Anzahl steht"* (Turn 22) erkennt Shenay als eine Beschreibung mittels deiktischer Mittel: *„Da steht nur was, äh, was da ist, also die beschreiben das, was man sieht, und bei uns steht, äh, bei uns steht, äh."* (Turn 41) und den Satz *„da kann man besser den Überblick behalten, äh, was wie viel kostet und was wie viel Dings ja Anzahl"* (Turn 36) erkennt Thilo als eine Anregung zur bildlichen Vorstellung der Zuordnung konkreter Größenwerte: *„Dass man bei Shenay [unverständlich] bildlich vorstellen kann, dass man das also sieht und vorstellen kann."* (Turn 44). Beide ringen jedoch dabei um konkrete Sprachmittel auf Deutsch, die ihnen helfen, den gedanklich-konzeptuellen Gehalt zu verbalisieren.

Die Lehrerin greift in Turn 45 ein und fasst den inhaltlichen Kern unter Berücksichtigung der letzten zwei Sätze zusammen: *„Also Leyla und Begüm haben gesehen, okay, da gibt es Zahlen. Oben gibt es Zahlen, die die Anzahl der Äpfel vermitteln und unten gibt es Zahlen, die mir den Preis sagen. Und Shenay und Qaiss haben gesagt, ach, ich kann ja auch ganz genau sagen, welcher Preis zu welcher Anzahl gehört. Das ist doch was anderes oder nicht?"* (Turn 45). Anschließend kann Thilo in Turn 47 zunächst situationsbezogen *„[...] der Preis wird festgelegt, dass der ein bestimmt, also der muss so sein, weil, das, ein Apfel so viel Cent oder Euro kostet"* und dann verallgemeinernd *„eine bestimmte Anzahl [hat] einen bestimmten Preis"* den Zuordnungsaspekt explizit ansprechen und sogar die Situation weiterdenken, indem er die Möglichkeit eines Mengenrabatts anspricht. Die Lehrerin nutzt den Bezug auf einen Mengenrabatt, um das Denken über den doppelten Zahlenstahl und dessen Eignung für die Darstellung nicht-proportionaler Zusammenhänge anzuregen [47 *Versprachlichen*$_{(L)}$: GD $\leftrightarrow$ bDe$_{Zu}$].

Analyseergebnis 4.2
Mehrsprachige Beiträge können als Ausgangspunkte für inhaltliche Diskussionen im Klassengespräch dienen. Es kann sein, dass die mehrsprachigen Komponenten jedoch lediglich impliziter Bestandteil des Diskurses bleiben.

Zusammenfassung zur Hypothese 4
Das Transkript und die Analyse des Unterrichtsgesprächs verdeutlichen, dass die gezielte Aktivierung der Mehrsprachigkeit in den sprachhomogenen Kleingruppen den Unterrichtsfluss nicht beeinträchtigt. Auch die spätere Einbindung der mehrsprachigen Lernendenprodukte verläuft fließend. Jedoch lassen keine eindeutigen Schlüsse darüber ziehen, welchen Mehrwert die mehrsprachige Natur der Beiträge in den eben beschriebenen Episoden für die Bedeutungskonstruktion hat. Diese Analyseergebnisse werden in Tabelle 11.4 zusammengefasst.

Tabelle 11.4 Zusammenfassung der generierten Hypothese H4 mit Analyseergebnissen 4.1 bis 4.2

Designelement	Hypothese 4	Analyseergebnisse 4.1 bis 4.2
Aufträge zum mehrsprachigen Erklären bedeutungsbezogener Sprachmittel	Obwohl bei nicht-geteilter Mehrsprachigkeit mehrsprachige Lernendenbeiträge nicht unbedingt spontan von der Lehrkraft in ihrer Breite ausgeschöpft werden, ergeben sich Potenziale, sich im Unterrichtsgespräch lernförderlich mit dem propositionalen Gehalt der mehrsprachigen Äußerungen diskursiv zu beschäftigen. Die Lehrkraft übernimmt dabei die Funktion des inhaltlichen Orchestrierens.	4.1 Mehrsprachige Beiträge irritieren nicht unbedingt die Lernenden, die die Ausgangssprache nicht beherrschen. Stattdessen können diese Lernenden die deutschsprachigen Erklärungen ihrer mehrsprachigen Mitlernenden erfassen und sich aktiv am gemeinsamen Unterrichtsdiskurs beteiligen. 4.2 Mehrsprachige Beiträge können als Ausgangspunkte für inhaltliche Diskussionen im Klassengespräch dienen. Es kann sein, dass die mehrsprachigen Komponenten jedoch lediglich impliziter Bestandteil des Diskurses bleiben.

11.1.5 Rekonstruierte Gelingensbedingungen für das Designelement DE1

In den detaillierten Analysen konnten bereits verschiedene Gelingensbedingungen für das Designelement DE1 – *Aufträge zum mehrsprachigen Erklären bedeutungsbezogener Sprachmittel* identifiziert werden. Diese werden im vorliegenden Abschnitt zusammengefasst. *Aufträge zum mehrsprachigen Erklären sollten...*

- *die aktive und sukzessive Nutzung der mehrsprachigen Repertoires der Lernenden fördern:* Das Gelingen des Designelements DE1 scheint nicht nur das Zulassen der Familiensprachen der Lernenden zu erfordern, sondern auch die gezielte und bewusste Aktivierung der sprachlichen Repertoires der Lernenden. Wenn die Familiensprachen bislang nicht zugelassen waren, sollte die Aktivierung zunächst angeregt werden, um die Hemmschwellen zu überwinden. Es sollte ausreichend Zeit für den Prozess der Verankerung dieser Praxis im Unterricht bereitgestellt werden Die Ausgestaltung der schriftlichen Aufträge zur Bearbeitung in den Kleingruppen scheint entscheidend zu sein und sollte eine klare Orientierung in den Kleingruppen ermöglichen (Analyseergebnis 1.1, 1.2).
- *in spezifischen reichhaltigen Aufgaben eingebettet sein:* Eine weitere Gelingensbedingung ist das Bereitstellen spezifischer Aufgaben zur Förderung des Gebrauchs der Familiensprache in einer epistemischen Funktion, um die Bedeutungskonstruktion zu unterstützen (Analyseergebnis 1.2). Es scheint, dass Erklärprozesse, in denen die Lernenden in ihren Familiensprachen erklären und nachfolgend auf Deutsch zurückgreifen, die Vernetzung der in den jeweiligen Sprachen aktivierten Konzepte begünstigen. So könnten die Lernenden das epistemische Potenzial dieser vernetzten Konzepte möglichst gut nutzen (Analyseergebnis 2.1).
- *graphische Darstellungen integrieren:* Der Unterricht sollte Möglichkeiten für mehrsprachige Erklärprozesse schaffen, bei denen graphische Darstellungen zur Bedeutungskonstruktion verwendet werden. Diese Art von Aufgaben kann die fachliche Nutzung der Familiensprachen für die Bedeutungskonstruktion unterstützen, indem sie den Fokus auf die Bedeutung der mathematischen Strukturen lenkt, während sie die Sprachennutzung graphisch unterstützt und explizite Deixis ermöglicht (Analyseergebnis 3.1, 3.2).
- *die Potenziale des Klassengesprächs nutzen:* In Klassengesprächen unter Bedingungen der nicht-geteilten Mehrsprachigkeit ist es für das Gelingen des Designelements essenziell, dass die Lehrkraft die Moderation zur inhaltlichen

Orchestrierung übernimmt und Möglichkeiten für einen diskursiven Umgang mit den propositionalen Gehalten mehrsprachiger Äußerungen im Unterricht schafft, statt nur sprachliche Oberflächenphänomene zu thematisieren (Analyseergebnis 4.1).

- *von der Lehrkraft begleitet werden:* Die mehrsprachigkeitseinbeziehenden Beiträge können im Klassengespräch lernförderlich gemacht werden, sofern die Sprechenden der jeweiligen Sprache den Inhalt präzise genug transportieren. In diesem Zusammenhang könnte die Moderation der Lehrkraft entscheidend sein, insbesondere wenn es darum geht, gezielte Fragen zu stellen, um den Inhalt aus den Beiträgen präzise genug herausholen und die Lernenden sprachreflektierend dazu zu bringen, die sprachgebundenen Spezifika zu erkennen und zu verbalisieren (Analyseergebnis 2.2 und 4.1).

- *im Anschluss an die Kleingruppenarbeiten im Klassengespräch deutschsprachig epistemisch ausgeschöpft werden:* Eine offene Diskussionskultur, die mehrsprachige Beiträge als Ausgangspunkt für inhaltliche Diskussionen akzeptiert und fördert, kann eine notwendige Voraussetzung für das erfolgreiche Umsetzen des Designelements sein. Auch wenn der Austausch im Klassengespräch deutschsprachig verläuft, können dabei mehrsprachige Komponenten aus den Beiträgen der Kleingruppen sprachreflektierender oder impliziter Bestandteil des Diskurses bleiben. Die Lehrkraft sollte hier eine proaktive Rolle übernehmen, um die Inhalte aus den mehrsprachigen Beiträgen herauszuarbeiten und so den Prozess der Bedeutungskonstruktion zu unterstützen (Analyseergebnis 4.2).

11.2 Sprachenvernetzung durch das Übersetzen zentraler bedeutungsbezogener Sprachmittel

In den Analysen zum Designelement DE1 – *Aufträge zum mehrsprachigen Erklären bedeutungsbezogener Sprachmittel* in Abschnitt 11.1 wurde rekonstruiert, wie sich Konzeptverständnis entfalten kann, wenn mehrsprachige Erklärprozesse in Kleingruppen der geteilten Mehrsprachigkeit initiiert werden. Es wurden außerdem die Potenziale und Grenzen des Wiederaufnehmens der dabei entstandenen Arbeitsprodukte, sei es als schriftliches Ergebnis oder als mündlicher Bericht, in Konstellationen nicht-geteilter Mehrsprachigkeit (Klassengespräch) mit Moderation der Lehrkraft aufgezeigt.

Durch das zweite Designelement DE2 – *Aufträge zum Übersetzen zentraler bedeutungsbezogener Sprachmittel* wird nun das Übersetzen als Mittel der Wissensvertiefung untersucht. Verfolgt wird dabei der Ansatz, durch Übersetzungsprozesse das Denken „in Bewegung" (Redder, Çelikkol et al. 2022, S. 153) zu bringen. Die Analysen zeigen, inwiefern der Übersetzungsprozess nicht einfach als direkte Übertragung des in einer Sprache ausgedrückten Wissens in das äquivalente Wissen mit Mitteln einer anderen Sprache betrachtet werden kann. Vielmehr zeigt sich die Übersetzung bedeutungsbezogener Sprachmittel als ein komplexer Vorgang, bei dem verschiedene Übersetzungsalternativen ausgehandelt werden müssen. Dieser Prozess erfordert die sprachliche Auffaltung des bis dahin konstruierten Wissens, das durch die zu übersetzenden Sprachmitteln angesprochen ist. Dieser Aushandlungsprozess kann zur sprachenvernetzenden inhaltlichen Auffaltung von Konzeptverständnis beitragen.

Analog zum Abschnitt 11.1 wurden durch die qualitativen Analysen zu den situativen Potenzialen von Übersetzungsaufträgen für bedeutungsbezogene Sprachmittel in sprachhomogenen Kleingruppen (ohne Moderation durch die Lehrkraft) und zur Orchestrierung im Klassengespräch zwei Hypothesen generiert. Diese werden in diesem Abschnitt anhand ausgewählter Episoden vorgestellt und durch Analyseergebnisse substantiiert. Die Hypothesen zu den situativen Potenzialen von Übersetzungsaufträgen lauten wie folgt:

(H5)   Übersetzungsprozesse können für das fachliche Lernen fruchtbar gemacht werden, wenn die Übersetzungsaufträge diskursives Handeln anregen. Die mehrsprachigen Ressourcen dienen dabei nicht nur dem *Formulieren*, also dem Arbeiten am Äußerungsakt selbst, sondern auch dem *Verbalisieren*, das mit genauerem Durchdenken losgelöst vom Äußerungsakt einhergeht

(H6)   Das Anknüpfen an Übersetzungen lässt sich auf unterschiedliche Art und Weisen realisieren

In den Abschnitten 11.2.1 und 11.2.2 werden Analysen vorgestellt, die jeweils zur Generierung der Hypothesen beigetragen haben. Die daraus resultierenden Erkenntnisse sind als Analyseergebnisse zusammengefasst.

11.2.1 Hypothese 5: Diskursives Handeln durch Übersetzungsaufträge

Hintergrund und Vorausblick zum Analyseergebnis

„Beim Übersetzen wird ein in einer Ausgangssprache vorliegender schriftlicher Text in eine Zielsprache übertragen. [...] An der endgültigen zielsprachlichen Fassung wird oft nicht mehr deutlich, dass sie eine Übersetzung ist." (Bührig & Rehbein 2000, S. 10).

In den sprachhomogenen Kleingruppen der vorliegenden Studie finden Prozesse des *„kollektives Übersetzen[s]"* (Bührig & Rehbein 2000, S. 10) statt, die durch die Bedingungen der geteilten Mehrsprachigkeit ermöglicht werden. Wenn es darum geht, Übersetzungsaufträge in den Mathematikunterricht einzubeziehen, stellt sich die Frage, ob dieser Prozess einen Mehrwert für den Lehr-Lern-Prozess bietet. Wenn das zu Übersetzende ausschließlich eine kommunikative Funktion erfüllt (siehe Schriftprodukt 11.10), scheint der Nutzen begrenzt zu sein. Die Daten zeigen jedoch, dass der Verlauf des Übersetzungsprozesses entscheidend sein kann, wenn in den Gruppen die Übersetzung und die zu übersetzenden Sprachmittel ausgehandelt werden. Dies trägt zur Aktivierung der mehrsprachigen Repertoires als epistemische Ressource bei. Die folgenden Analysen verdeutlichen, dass insbesondere bei konzeptuell reichhaltigen Sprachmitteln eine Aushandlung auf diskursiver Ebene ertragreich sein kann. In solchen Fällen konnte durch das diskursive Aushandeln des zu Übersetzenden eine konzeptuelle Entfaltung dieser verdichteten Sprachmittel festgestellt werden (siehe Transkript 11.13).

Im Laufe der drei durchgeführten Designexperiment-Zyklen konnte das Aushandeln von Übersetzungen als spezifische Ressourcennutzung identifiziert werden. Das Übersetzen hat sich als ein nicht trivialer Prozess erwiesen, da sich im Aushandlungsprozess unterschiedliche sprachlich-mentale Prozesse und epistemische Wirkungen zeigten. Dies führte zur Generierung folgender Hypothese:

Hypothese 5 zu Potenzialen von Übersetzungsaufträgen für zentrale bedeutungsbezogene Sprachmittel
Übersetzungsprozesse können für das fachliche Lernen fruchtbar gemacht werden, wenn die Übersetzungsaufträge diskursives Handeln anregen. Die mehrsprachigen Ressourcen dienen dabei nicht nur dem *Formulieren*, also dem Arbeiten am Äußerungsakt selbst, sondern auch dem *Verbalisieren*, das mit genauerem Durchdenken losgelöst vom Äußerungsakt einhergeht.

Die Hypothese 5 wird durch vier Analyseergebnisse gestützt, die im Folgenden an ausgewählten Auszügen aus dem Datenmaterial herausgearbeitet werden:

5.1 Aufforderungen zum Übersetzen zur Ressourcennutzung ohne wissensprozessierende Funktion können diskursiv ins Leere gehen (Uribe et al. 2022).

5.2 Das Übersetzen formalbezogener Sprachmittel setzt spezifisches Wissen der Fachtermini in den verschiedenen Sprachen voraus. Dieses Wissen kann jedoch nicht von den Lernenden erwartet werden. Im Vergleich hierzu scheinen bedeutungsbezogene Sprachmittel ein diskursives Handeln im Übersetzungsprozess zu begünstigen.

5.3 Durch das Übersetzen bedeutungsbezogener Sprachmittel entstehen zahlreiche epistemische Chancen, die jedoch nicht explizit verknüpft werden. Eine explizite Verknüpfung sollte angeleitet werden.

5.4 In der Aushandlung der Übersetzung bedeutungsbezogener Sprachmittel in sprachhomogenen Kleingruppen können konzeptuelle und sprachliche Präzisierungsprozesse angeregt werden, in denen mehrere Konzeptfacetten adressiert und dabei diskursiv entfaltet werden.

Hintergrund zum Übersetzungsauftrag und zur Kleingruppe
Im Lehr-Lern-Arrangement wurde das Übersetzen an unterschiedlichen Stellen angeregt. Das Schriftprodukt 11.10 zeigt die Bearbeitung einer der ersten Aufgaben, in denen die Nutzung der Familiensprachen im Lehr-Lern-Arrangement angeregt wurde. Das Schriftprodukt stammt von Halil, ein Schüler einer türkisch-deutschsprachigen Kleingruppe aus dem Designexperiment-Zyklus 1.

Schriftprodukt 11.10 und seine Analyse
Das abgedruckte Schriftprodukt und die dazu videographierten mündlichen Äußerungen deuten darauf hin, dass bei der Lösung dieser Aufgabe kein türkisches Durchdenken stattfindet. Stattdessen wird die Aufgabe ausschließlich auf Deutsch bearbeitet und anschließend übersetzt, wie im gesichteten Videomaterial ersichtlich ist. Zwar ermöglicht die Aufgabe eine erste Aktivierung der Familiensprache Türkisch, jedoch beschränkt sich deren Verwendung auf die Äußerungsformulierung. Somit stellt sich die Frage, welchen Mehrwert die mehrsprachige Bearbeitung für das fachliche Lernen bietet, da die Lernenden die Aufgaben prompt und ausschließlich auf Deutsch erledigen, ohne dass dabei ein mathematisches Denken auf Türkisch aktiviert wird oder mehrsprachiges Handeln erforderlich ist. Eine diskursive Auseinandersetzung findet an dieser Stelle nicht statt. Daher fördert diese Aufgabe aus dem Designexperiment-Zyklus 1 nicht sichtbar die epistemische Nutzung der Familiensprache, denn der Übersetzungsprozess scheint keine wesentliche wissensprozessierende Funktion zu haben.

Transkript / Schriftprodukt 11.10

Lernende: Halil
Aufgabe: Dem Schriftprodukt zu entnehmen.

1 Findet heraus, wie die App funktioniert und bearbeitet damit folgende Fragen.
   Schreibt die Antworten in einer anderen Sprache als Deutsch auf.

a) Was kosten 5 Äpfel?

5 Elmalnin Fiyate 2,50 Lira

Übersetzung: 5 Äpfel kosten 2,50 Lira.

b) Was kosten 10 Äpfel?

10 Elmalnin Fiyate 5 Lira

Übersetzung: 10 Äpfel kosten 5 Lira.

c) Was kosten 8 Äpfel?

8 Elmanin Fiyate 4,50 €

Übersetzung: 8 Äpfel kosten 4,50 €.

Das Schriftprodukt zeigt, dass nicht alle Prozesse des Übersetzens fruchtbar sind, insbesondere wenn sie (z. T. aufgrund ungeeigneter Sprachmittel) ins Leere laufen. Diese Pointierung wird in Analyseergebnis 5.1 festgehalten:

Analyseergebnis 5.1
Aufforderungen zum Übersetzen zur Ressourcennutzung ohne wissensprozessierende Funktion können diskursiv ins Leere gehen (Uribe et al. 2021).

Durch Hypothese 5 und das Analyseergebnis 5.1 ergibt sich die Frage, welche Merkmale Übersetzungsaufträge mit wissensprozessierender Funktion aufweisen müssen, um diskursives Handeln zu elizitieren. Dabei scheint die Differenzierung in der Natur der Sprachmittel eine wichtige Rolle zu spielen, ähnlich wie beim Designelement DE1. Insbesondere reichhaltige und bedeutungsbezogene Sprachmittel erweisen sich als Schlüssel. Diese erfassen wichtige konzeptuelle Kerne des Lerngegenstands und unterstützen die Lernenden somit entscheidend bei ihrem Prozess der Bedeutungskonstruktion.

Hintergrund zum Übersetzungsaufträg und zur Kleingruppe
Das Sprachmittel „pro Portion" spielt im Kontext des Lerngegenstands „proportionale Zusammenhänge" eine bedeutende Rolle. Es handelt sich um ein bedeutungsbezogenes Sprachmittel, das zum Verständnisaufbau proportionaler Zusammenhänge beitragen kann, indem es das Denken in Bündeln fördert (siehe Abschnitt 4.2 zur vertieften Erläuterung des Sprachmittels).

Transkript 11.11 bietet einen Einblick in den Übersetzungsprozess des verwandten Sprachmittels „pro Einheit" in einer sprachhomogenen deutsch-türkischen Kleingruppe, bestehend aus den Lernenden Ahmet, Berat, Esra, Halil und Ömer, die am Designexperiment-Zyklus 1 teilnahmen. Die Lernenden arbeiteten mit dem deutschsprachigen Applet (siehe Abschnitt 11.1.1) und wurden aufgefordert, die im grünen Kasten aufgeführten Aufgaben (siehe Aufgabenstellung im Transkriptkopf 11.11a) ins Türkische zu übersetzen. Das vom Applet vorgegebene Sprachmittel lautete in diesem Fall „pro Einheit" und nicht „pro Portion". Dieser stärker formalbezogene Ausdruck hatte, wie die Analyse des Transkripts zeigt, interessante Auswirkungen.

Transkript 11.11 und seine Analyse: Wissensprozessierende Funktion als Voraussetzung der Lernförderlichkeit von Übersetzungsaufträgen
Der Transkriptausschnitt dokumentiert den Übersetzungsprozess vom Sprachmittel „pro Einheit" und die Angabe des Preises pro Apfel, also der erste Punkt im grünen Kasten (siehe Aufgabe im Transkriptkopf 11.11a).

Transkriptausschnitt 11.11a

KE2-A-AU-181106_T
Lernende: Ahmet (Ahm), Berat (Ber), Esra (Esr), Halil (Hal), Ömer (Öme)
Aufgabe und Schriftprodukt:
In der App auf der rechten Seite stehen Aufgaben zum Preise finden.
Übersetzt die Aufgaben in den grünen Kasten aus dem Deutschen in eine andere Sprache.

 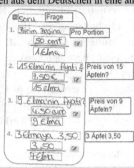

39	Hal	Her elmaya. (je/für jeden Apfel.) #	*Übersetzen(A):* bDe→bTr
40	Esr	Lass uns erst einmal, das da drunter, bir elma (ein Apfel) und dann danach, ötekini yaparız (machen wir das andere).	
41	Öme	Ja, aber es geht ja nicht um Äpfel, sondern um Einheit ...her (je/für jeden), Einheit, ne?	*Präzisieren(S):* bDe→bTr
42	Esr	*[lacht]* Nein	
43	Ber	Bir elma (Ein Apfel)	
44	Ahm	Ah nein, pro, heißt doch, tek (einzeln/einzig).	*Übersetzen(S):* bDe→bTr
45	Öme	Hä? bist du dumm?	
46	Ahm	Nein, tek (einzeln/einzig) heißt eins.	*Übersetzen(M):* bTr→bDe
47	Öme	Opfer	
48	Esr	Bir (Eins) heißt eins.	*Übersetzen(M):* bTr→bDe
49	Öme	Nein, guck mal du musst sagen, her (je/für jeden) und dann halt Einheit.	
50	Ber	Warte, was suchen wir jetzt? Pro oder Einheit?	
51	Öme	[...] Nein, du musst pro Einheit wissen, also beides.	*Versprachlichen(M):* bDe→bTr

Die Lernenden suchen nach einer Übersetzung für das Sprachmittel „pro Einheit". Als ersten Ansatz greift Halil auf den bekannten Kontext zurück und übersetzt es mit „*für jeden Apfel*" (Turn 39). Das Suffix -ya in der ursprünglichen Äußerung: „*Her elmaya*" (Turn 39) deutet darauf hin, dass „her" tatsächlich als „für jeden Apfel" konzeptualisiert wird, anstatt als „jeder (Apfel)", was im

Türkischen „her elma" heißen würde. Durch Kombination von „her" mit dem Suffix „-ya" zeigt sich hier eine erste proportionalitätsbezogene Versprachlichung, wodurch „her" nicht mehr „jeder", sondern „je/(für) jeden" bedeutet. Diese Konstruktion unterscheidet sich von der deutschen Konstruktion „je" dadurch, dass sie im Türkischen bildungssprachlich einen zweiten Konstruktionsteil „-ya" voraussetzt, um die präzise Bedeutung als „je" anstelle von „jeder" zu vermitteln. Hier übersetzt der Lernende Halil also auf tragfähige, bildungssprachlich analoge Weise [39 *Übersetzen(A)*: bDe → bTr].

Anschließend schlägt Esra vor, sich zuerst auf den konkreten Aufgabenteil zu konzentrieren und „ein Apfel" zu übersetzen, was darauf hindeuten könnte, dass sie die komplexe Konstruktion im Türkischen nicht ganz nachvollziehen konnte oder es vorzieht, in der durch die Aufgabe vorgegebenen Reihenfolge vorzugehen. Ömer reagiert nicht auf Esras Vorschlag, sondern weist auf die übergeordnete Überschrift „pro Einheit" hin: *„Ja, aber es geht ja nicht um Äpfel, sondern um Einheit ...her (je/für jeden), Einheit, ne?"* (Turn 41). Da Halil im Vorfeld, in Turn 39, das Sprachmittel „her" im Sinne des türkischen, bildungssprachlichen Mittels „je" nutzte, das heißt in Kombination mit dem zweiten Konstruktionsteil „-ya", kann hier vermutet werden, dass Ömer mit „her" eventuell ebenfalls „je/für jeden" anstelle von „jeder" meint (ohne das „-ya" explizit mitzubenennen), auch wenn dies nicht abschließend beurteilt werden kann. Ömers Äußerung könnte als Einwand gegen Halils Vorschlag in Turn 39, bzw. Esras Wiederaufgreifen der Kontextualisierung in Turn 40, interpretiert werden. Ömer scheint zu bemerken, dass die Übersetzung von „pro Einheit" einen Schritt erfordert, der über den Kontext hinaus geht, nämlich den Übergang zur Verallgemeinerung der Idee „pro Portion" (Turn 41). Dabei präzisiert er für die Gruppe die Aufgabenstellung [41 *Präzisieren(S)*: bDe → bTr].

Die Lernenden zerlegen das Sprachmittel „pro Einheit" bei der Übersetzung von Turn 39 bis 41 damit in seine beiden Bestandteile „pro" und „Einheit" (entweder kontextualisiert als „Apfel" oder abstrakter als „Einheit"). Für Halil scheint die Übersetzung des Sprachmittels „pro" keine Herausforderung darzustellen. Er schlägt bereits in Turn 39 die türkischsprachige Konstruktion *„her... -ya" (je/ für jeden)* als Übersetzung vor. Ab Turn 44 meldet sich erstmals Ahmet zu Wort und scheint die vorigen Vorschläge abzulehnen und behauptet, dass *„tek" (einzeln/einzig)* die passende Übersetzung von „pro" sei: *„Ah nein, pro heißt doch, tek (einzeln/einzig)."* (Turn 44). Darin zeigt sich, dass Ahmet entweder nicht die bildungssprachliche Konstruktion im Türkischen weiß oder aber nur das Sprachmittel „pro" fokussiert und annimmt, es müsse im Türkischen ebenfalls durch ein einzelnes Wort übersetzt werden, was möglicherweise der Grund für seine nicht tragfähige Übersetzung als „tek" ist. Hieraus kann man schließen, dass die Übersetzung bildungssprachlicher Mittel, vor allem wenn sie mit unterschiedlichen Konstruktionen (Suffixen und Präpositionen oder Konjunktionen) einhergehen, nicht trivial ist und zu Irritationen führen kann, die zwischen den Lernenden ausgehandelt werden müssen [44 *Übersetzen(S)*: bDe → bTr].

Daraufhin reagiert Ömer beleidigend – vermutlich als Zeichen seiner sprachlichen Sicherheit – und sagt: „*Hä? bist du dumm?*" (Turn 45). Ahmet initiiert im Anschluss eine Selbstkorrektur: „*Nein, tek (einzeln/einzig) heißt eins.*" (Turn 46). Er scheint also selbständig zu bemerken, dass seine Ein-Wort-Übersetzung ins Türkische eine andere Bedeutung trägt. In Turn 46 übersetzt er „tek" nicht tragfähig als „eins", was Esra bemerkt und in Turn 48 explizit korrigiert: „*Bir (Eins) heißt eins*" (Turn 48). Bemerkenswert ist, dass hier nicht nur eine Aushandlung der Bedeutungen erfolgt, sondern auch eine Reflexion bezüglich der Passung von Sprachmitteln, die in der Übersetzung nicht Wort(Anzahl) gleich sind. Ahmets Suche nach der richtigen Übersetzung könnte auch als Suche nach einer adäquaten Ein-Wort-Übersetzung interpretiert werden, die es nicht gibt. Diese Reflexion ist jedoch wichtig und lohnenswert, denn sie führt zu einem vertieften Verständnis der Unterschiede zwischen den Sprachmitteln und deren Bedeutungen.

Im Anschluss zeigen die Turns 49 und 51, wie Ömer die Sprachmittel „pro" und „Einheit" zwar getrennt für die Übersetzung betrachtet, aber dennoch ihre Verbindung erkennt: „*Nein guck mal, du musst sagen her (je/für jeden) und dann halt Einheit.*" (Turn 49). Auf die Nachfrage von Berat in Turn 50, ob entweder „Pro" oder „Einheit" gesucht wird, antwortet er: „*Nein, du musst pro Einheit wissen, also beides.*" (Turn 51). Ömer verweist damit auf den engen Zusammenhang zwischen beiden Sprachmitteln, was im Türkischen noch expliziter wird durch ein weiteres benötigtes Suffix an der Einheit, wodurch die Sprachmittel „pro" und „Einheit" im Türkischen gewissermaßen sprachlich „verschmelzen" [51 *Versprachlichen(M)*: bDe → bTr].

Ömers persistenter Hinweis auf die Nutzung beider Begriffe könnte hier als Form von *Translanguaging* interpretiert werden: Ein Denken über die Einzelsprache hinaus, nämlich bei der Nutzung des Sprachmittels „Einheit", worin er auch die Besonderheit der türkischen Konstruktion „her ...-ya" zu sehen scheint. An dieser Stelle kann dies nicht abschließend überprüft werden, aber der Diskurs von Turn 39 bis 51 verweist stark auf einen sprachübergreifenden Reflexionsprozess. Obwohl Ömer an dieser Stelle also kein Suffix für das Nomen „Einheit" benennt, da er hier ja zwischen den Sprachen wechselt und im Deutschen keine Suffixe genutzt werden, wird „her" also vermutlich als „je/für jeden" mitgedacht, was im Sinne der Kovariation bzw. der im deutschsprachigen Sprachmittel „pro Einheit" intendierte inhaltliche Facette ist.

Ab Turn 52 geht dann der Reflexionsprozess weiter und die Lernenden tauschen sich erneut über Übersetzungsmöglichkeiten aus. Dieses Mal möchten sie das Wort „Einheit" übersetzen.

Transkriptausschnitt 11.11b: Fortsetzung von 11.11a

Zwischen Turn 52 und 56 fragen die Lernenden einen anderen türkischsprachigen Schüler an einem anderen Tisch nach der Übersetzung des Sprachmittels Einheit. Seine Antwort: „Doch [Einheit] gibt es, aber wir wissen es nicht."

57	*Ahm*	Wir können das doch auch etwas anders übersetzen#
58	*Öme*	Ja komm, Google Übersetzer#
59	*Ahm*	#Also, etwas Ähnliches.
60	*Leh*	Da *[zeigt auf den Lehrkräftetisch]* ist eine Übersetzung auf Türkisch. Da könnt ihr gucken, wie da Einheit übersetzt ist und dann besprechen, ob ihr mit der Übersetzung einverstanden seid.
61	*Ahm*	Komm, wir gehen gucken.
62	*SuS*	*[Ömer und Ahmet stehen auf und schauen sich die türkischsprachige Übersetzung des Applets an.]*
63	*Hal*	Oh nein, die sind wieder da *[schaut auf die Lernenden, die nun wieder zur Gruppe dazustoßen.]*
64	*Öme*	Birim başı (Pro Einheit)
65	*Ahm*	Birim (Einheit)
66	*Öme*	Warum? Warum birim (Einheit)?
67	*Hal*	Lass einfach darauf hören.
68	*Öme*	Birim başına bir elma (Pro Einheit ein Apfel) oder so. Keine Ahnung.
69	*SuS*	*[Lernende notieren ihre Lösungen]*

Die Lernenden Ahmet und Ömer fragen einen Mitschüler an einem anderen Tisch nach der Übersetzung des Sprachmittels „Einheit", wobei diese Diskussion von Turn 52 bis 56 stattfindet und im Transkript nicht aufgeführt ist. Der Mitschüler antwortet, dass es zwar ein entsprechendes Wort im Türkischen gibt, er es jedoch nicht kennt. Dies könnte darauf hinweisen, dass das gesuchte türkischsprachige Wort für „Einheit" stark formalbezogen ist und nicht im Repertoire der Lernenden verankert ist.

Ömer schlägt zunächst vor, eine bekannte Übersetzungssoftware zu nutzen (Turn 58), während Ahmet vorschlägt, das Wort „Einheit" durch andere oder ähnliche Wörter zu übersetzen: „*Wir können das doch auch etwas anders übersetzen#*" (Turn 57) bzw. „*#Also, etwas ähnliches.*" (Turn 59). Ahmet zeigt hier eine typische Erfahrung von mehrsprachigen Lernenden: Im Rahmen von Übersetzungsprozessen gibt es immer wieder Unschärfen, die man entweder nur sinngemäß übersetzen kann, oder die es – im Falle von Nichtübersetzbarkeit – zu umschreiben gilt.

Damit zeigt Ahmet an dieser Stelle eine strategische Überlegung zum Umgang mit unbekannten Wörtern. Diese Übersetzungsstrategie wurde auch im Rahmen des Lehr-Lern-Arrangements durch das Prinzip der Formulierungsvariation in ihrer Realisierung mittels der Übersetzungsaufträge elizitiert. Das Prinzip intendiert, dass die Lernenden verschiedene Möglichkeiten der sprachlichen Umsetzung ausprobieren und reflektieren sollen.

Im Anschluss an diesen Übersetzungsdiskurs kommt die Lehrerin an den Tisch und gibt den Lernenden den Hinweis, sich die türkischsprachige Übersetzung des PhET-Applets anzusehen (Turn 60). Ömer und Ahmet stehen auf, schauen sich die Übersetzung an und kehren zum Tisch zurück (Turn 61 bis 63). In der App finden sie das Sprachmittel „birim başı" als Übersetzung für „pro Einheit" (Turn 64). Ahmet wiederholt das Sprachmittel „birim" („Einheit") für sich und lässt dabei den Zusatz „başı" (übersetzbar als „pro") aus (Turn 65). Das könnte darauf hindeuten, dass er entweder den zweiten Teil der Konstruktion („başı") befremdlich findet oder er den ersten Teil („birim") gezielt hervorheben möchte. Eine weitere Deutungsmöglichkeit ist, dass er sich auf „birim" konzentriert, weil im bisherigen Diskurs vorrangig die Übersetzung für „Einheit" thematisiert wurde (was „birim" entspräche). Hier werden die Lernenden mit einer weiteren, stärker formalbezogenen Konstruktion im Türkischen konfrontiert: „birim başı", im Gegensatz zu der aus alltäglichen Kontexten wie Marktbesuchen bekannten „her ...-ya"-Konstruktion (siehe Transkriptausschnitt 11.11a), ist deutlich abstrakter und stärker an den schulischen Kontext sowie die formalbezogene Sprache gebunden.

Ömer fragt sich im Anschluss wiederholt, warum „birim" die Übersetzung für „Einheit" ist: „*Warum? Warum birim (Einheit)?*" (Turn 66). Dies verweist vermutlich auf die Fremdheit des Sprachmittels und die Nachfrage kann als Störung des Sprachgefühls sowie als Aktivierung metasprachlicher Kompetenzen interpretiert werden, möglicherweise auch eine Form des laut gedachten Reflektierens. Allerdings führt diese Nachfrage nicht zu weiteren Überlegungen bezüglich der Übersetzung. Halil antwortet daraufhin: „*Lass einfach darauf hören.*" (Turn 67). Ömer übernimmt das nachgeschlagene Sprachmittel in Turn 68, um einen korrekten Satz zu konstruieren, obwohl er nicht vollständig zu verstehen scheint, was das Sprachmittel bedeutet: „*Birim başına bir elma (Pro Einheit ein Apfel) oder so. Keine Ahnung.*". Hier zeigt sich, dass Ömer das Sprachmittel tragfähig nutzen kann, d. h. in der (für türkische Grammatik typischen) rechtsverzweigenden Struktur (ausgehend vom Sprachmittel „birim"). Auch wenn ihm das Sprachmittel an sich befremdlich erscheint, kann er es mit dem Zusatz „bir elma" (ein Apfel) so kombinieren, dass das bildungssprachliche Mittel „birim başına" (pro Einheit) auch sinnvoll eingesetzt wird. Die Lernenden notieren den Satz und wenden dabei das Sprachmittel angemessen an.

Transkriptausschnitt 11.11c: Fortsetzung von 11.11b

70	Esr	Mit diese türkische sch? *[bezogen auf „ş"]*
71	Öme	Nein das gibt es gar nicht. Ah, du meinst diesen Strich?
72	Esr	Ja
73	SuS	*[Lernende notieren ihre Lösungen weiter.]*

In Turn 70 fragt Esra, ob das Wort „başına" mit dem türkischen Buchstaben „ş" geschrieben wird: *„Mit diese türkische sch?"* (Turn 70). Ömers Reaktion zeigt erneut eine hohe Sprachkompetenz. Er antwortet prompt: *„Nein, das gibt es gar nicht"* und ergänzt nach einer kurzen Überlegungspause: *„Ah, du meinst diesen Strich?"* (Turn 71). Ömer und Esra bewegen sich fließend zwischen beiden Sprachen Deutsch und Türkisch. Esra entlehnt das deutsche Phonem /ʃ/, um auf das türkische Phonem zu verweisen. Ömer behandelt zunächst beide Sprachen getrennt, aber erkennt nach kurzem Nachdenken, was Esra meint, und zeigt damit seine Fähigkeit, sprachliche Kontraste zu erfassen, auch wenn er kein Wort für das Schriftzeichen hat außer „Strich".

Die Episode zeigt, dass sich manche Lernenden intensiv auf den Übersetzungsprozess einlassen. Bevor sie sich ausschließlich mit Rechtschreibfragen auseinandersetzen, diskutieren sie die Bedeutung der Sprachmittel „pro" und „Einheit". Bei „pro" finden die Lernenden schnell einen Vorschlag, während sich die Übersetzung von „Einheit" schwieriger gestaltete. Dies lässt (auch im Abgleich mit dem sonstigen Forschungsstand, siehe Prediger 2022; Prediger, Kuzu et al. 2019) vermuten, dass es gemäß dem Postulat der vorliegenden Arbeit gerade die bedeutungsbezogenen Sprachmittel sind, und nicht die formalbezogenen Sprachmittel, die den diskursiven Zugang ermöglichen und das Aktivieren des mehrsprachigen Repertoires in epistemischer Funktion fördern. Diese Pointierung wird in Analyseergebnis 5.2 festgehalten:

Analyseergebnis 5.2
Das Übersetzen formalbezogener Sprachmittel setzt spezifisches Wissen der Fachtermini in den verschiedenen Sprachen voraus. Dieses Wissen kann jedoch nicht von allen Lernenden erwartet werden. Im Vergleich hierzu scheinen bedeutungsbezogene Sprachmittel ein diskursives Handeln im Übersetzungsprozess zu begünstigen.

Hintergrund zum Übersetzungsauftrag und zur Kleingruppen
In einer weiteren Unterrichtsphase des Designexperiment-Zyklus 1 sollen die Lernenden verschiedene Ausdrucksweisen für „pro" im Sprachmittel „pro Portion" finden und in andere Sprachen übersetzen. Die Aufgabe wird nicht schriftlich gestellt, sondern mündlich erteilt (siehe Transkriptkopf 11.12). Die Lernenden sollen zuerst darüber diskutieren, wie man „pro" in „pro Portion" alternativ ausdrücken könnte und anschließend „pro Portion" in weitere Sprachen übersetzen, wobei sie es in vollständige Sätze einbauen sollen.

Das Transkript 11.12 legt die Arbeit deutschsprachiger und arabisch-deutschsprachiger Lernenden in einer Kleingruppe dar. Neben Deutsch teilen die Lernenden der Gruppe die Schulsprache Englisch als weitere Sprache. Zu Beginn der Unterrichtseinheit ermutigte die Lehrerin die Lernenden, nicht nur ihre Familiensprachen, sondern auch die in der Schule gelernten Fremdsprachen in die mehrsprachigen Aufgaben einzubinden. Die Lernenden entscheiden sich, nach einer Übersetzung bzw. Umformulierungen des Sprachmittels „pro" ins Englische zu suchen.

Transkript 11.12 und seine Analye: Aktivierung schulischer Fremdsprachen und ein produktives Ringen um Sprachmittel

Transkript 11.12

KE4-A-AU-181116_A_V1
Lernende: Sina (Sin), Kai (Kai), Kira (Kir)
Aufgabe: *Die Lernenden arbeiten an einer Aufgabe, die durch die Lehrkraft mündlich in Plenum erteilt wurde:*
„Tauscht euch darüber aus, wie man „pro" in „pro Portion" auch anders ausdrücken kann. Wie kann man es in den anderen Sprachen ausdrücken? Gibt es andere Wörter dafür? Versucht danach einen Satz mit diesem Wort zu machen und schreibt diesen dann auf einen der Zettel."

43	Sin	„Pro Portion" kann doch auch „jeweilige Portion" heißen.	*Übersetzen(A):* bDe→bDezu
44	Kir	Stimmt. Ich wollte es auch sagen.	
45	Sin	*[Die Lehrerin kommt zum Tisch der Kleingruppe.]* Wir haben doch eine Frage. Wir wissen nicht, was „pro" auf Englisch bedeutet.	
46	Leh	Ähm, ihr habt ja mehrere Wörter geschrieben. Weil, das muss nicht pro exakt sein, sondern andere Wörter, die dieses „pro" beschreiben.	
47	SuS	Ok	
48	Kai	Ich weiß eins.	
49	Kir	Was heißt „jeweilige" auf Englisch?	*Entlehnen(S):* bDe→En
50	Kai	Keine Ahnung	
51	Kir	Ah, wir können schreiben, „the simple portion".	*Versprachlichen(S):* bEnKo(Eb)

Im Transkript 11.12 wenden sich die Lernenden an die Lehrerin und geben ihr zu verstehen, dass sie keine genaue Übersetzung für das Sprachmittel „pro" ins Englische kennen: *„Wir haben doch eine Frage. Wir wissen nicht, was „pro" auf Englisch bedeutet."* (Turn 45). Die Lehrerin erläutert daraufhin, dass es nicht darum geht, das Sprachmittel eins zu eins zu übersetzen, sondern durch andere Wörter dessen Bedeutung wiederzugeben: *„Ihr habt ja mehrere Wörter geschrieben. Weil, das muss nicht pro exakt sein, sondern andere Wörter, die dieses „pro" beschreiben."* (Turn 46). Im Anschluss daran signalisiert Kai, dass er einen Vorschlag hat, während Kira seine Mitlernende nach dem englischen Wort für „jeweilige", als Synonym für „pro" fragt: *Was heißt „jeweilige" auf Englisch?* (Turn 49) [49 *Entlehnen(S)*: bDe → En].

„Jeweilig" ist ein Adjektiv mit der Bedeutung: „zu einem bestimmten Zeitpunkt, gerade, je nach den Umständen vorhanden" (Berlin-Brandenburgische Akademie der Wissenschaften o. J.). Im Rahmen funktionaler Zusammenhänge bezieht sich „jeweilig" auf den Zuordnungsaspekt: „Jeder x-Wert hat einen jeweiligen (entsprechenden) y-Wert". Es bleibt unklar, wie Kira dieses Sprachmittel in Bezug auf „pro" interpretiert hat, möglicherweise „ein y-Wert pro einem x-Wert.". Die Umschreibung betont die Idee, dass „pro" eine Beziehung zwischen zwei Größen ausdrückt. Die Verwendung des Sprachmittels „jeweilig" könnte es den Lernenden ermöglichen, die Bedeutung der „Portion" zu betonen bzw., zu verstehen, dass „pro" ein relatives Konzept ist, dessen Bedeutung von der Größe abhängt, auf die es sich bezieht. Es ist bemerkenswert, dass der Übersetzungsprozess gerade ein Sprachmittel hervorbringt, das auf eine weitere Facette proportionaler Zusammenhänge als die beabsichtigte hinweist, nämlich die der Kovariation. Auf der Designebene könnte die Zerteilung von „pro Portion" in zwei Glieder, gerade diese produktive Ambiguität hervorgerufen haben.

Nachdem die Mitlernenden auf keine Übersetzung für „jeweilige" kommen, kommt Kira auf den Übersetzungsvorschlag „the simple portion": *„Ah, wir können schreiben, ‚the simple portion'."* (Turn 51). Dabei äußert sich die Idee „pro Portion" als Ausdruck der kleinsten Einheit bzw. der minimalen Bündelung in einem bestimmten multiplikativen Kontext. „The simple portion" legt den Fokus auf eine einzelne, klar bestimmte Portion, die z. B. als Grundlage für die Berechnung von Verhältnissen dient, während „pro Portion" einen funktionalen Kontext impliziert, in dem eine Portion in Bezug auf eine andere Größe betrachtet wird. Die Verwendung vom Englischen in der epistemischen Funktion als Medium für die Bedeutungskonstruktion zeigt, wie die begrenzte Sprachkenntnis von Kira zu einer kreativen Lösung beigetragen hat. Durch die Vermeidung einer direkten Übersetzung und die Schaffung einer neuen Formulierung adressiert sie eine weitere Konzeptfacette [51 *Versprachlichen(S)*: bEn_{Ko(Eb)}].

Das Ergebnis, dass die Lernenden in beiden Episoden (Transkript 11.11 und Transkript 11.12) produktiv die Sprachen aktivieren und sich dabei bemühen, die passende Übersetzung zu finden, ist vielversprechend. Allerdings stellt sich die Frage, ob die Lernenden sich bewusst sind, welche Konzeptfacetten dabei aktiviert werden und ob sie diese in ihrem Verständnis berücksichtigen. Weder in der deutsch-türkischsprachigen Kleingruppe noch in der Kleingruppe, die Englisch verwendete, scheinen die Lernenden sich der Chancen bewusst zu sein, die sich aus den unterschiedlichen sprachgebundenen Konzeptfacetten ergeben. Die Möglichkeiten, diese Unterschiede zu reflektieren, bleiben daher unausgeschöpft. Diese Pointierung wird in Analyseergebnis 5.3 festgehalten:

Analyseergebnis 5.3
Durch das Übersetzen bedeutungsbezogener Sprachmittel können zahlreiche epistemische Chancen entstehen, die jedoch nicht automatisch explizit zur Reflexion genutzt werden. Eine explizite Verknüpfung verschiedener sprachgebundene Konzeptfacetten kann die Anleitung durch die Lehrkraft benötigen.

Um Hypothese 5 weiter auszudifferenzieren, wird eine weitere Episode analysiert. Dabei geht es nicht nur um die Übersetzung eines lexikalischen Sprachmittels, sondern um die Übersetzung einer Satzkonstruktion in Hinblick auf syntaktische Aspekte.

Hintergrund zum Übersetzungsauftrag und zur Kleingruppe
Im Folgenden wird einen Einblick in eine weitere Kleingruppenbearbeitung gegeben. Dabei geht es in der Aufgabe um die Übersetzung des Sprachmittels „Je…, desto…", das für die Beschreibung der Monotonieeigenschaft proportionaler Zusammenhänge zweier Größen bedeutsam ist.

„Je…, desto…" ist eine konditionale Konstruktion. Das Adverb „je" leitet eine Bedingung ein und das Adverb „desto" zieht eine Konsequenz oder Folge nach sich (Meininger 2018). Es handelt sich dabei um ein hochverdichtetes Sprachmittel, die eine Abhängigkeit mit Bedingung und Folge ausdrückt. Im mathematischen Kontext kann mit dem Sprachmittel „Je…, desto…" ein monoton wachsender Zusammenhang zwischen zwei Größen ausgedrückt werden. Syntaktisch ist für den Ausdruck eine relationale Zweiteiligkeit charakteristisch.

Bei der Übersetzung des Sprachmittels kann für Lernende herausfordernd sein, dass sich bei „Je..., desto..." um eine Konstruktion handelt, die in vielen Sprachen nicht direkt übersetzt werden kann. Obwohl es in einigen Sprachen ähnliche Konstruktionen wie „Je..., desto..." gibt, können diese leicht von der ursprünglichen Bedeutung abweichen bzw. eine andere Konzeptfacette adressieren. Beispiele für entsprechende Sprachmittel in verschiedenen Sprachen konkretisiert mittels des Adjektivs „mehr" sind:

- *Deutsch:* „Je..., desto..."
- *Englisch:* "The more... the more..." („Das *mehr*... das *mehr*"): Die Bedingung und die Folge werden durch das gleiche Sprachmittel "the" ausgedrückt.
- *Spanisch:* "Cuanto más... más..." („Wie viel *mehr*... *mehr*"): Es wird quantifiziert und die Quantifizierung der Bedingung wirkt sich automatisch auf die Folge aus.
- *Italienisch:* "Più... più..." („Mehr... *mehr*"): Es wird ausschließlich das Adjektiv verwendet, der die Änderung ausdrückt.
- *Türkisch:* "Ne kadar... o kadar" („Wie viel... so viel"): Es wird quantifiziert. Die Quantifizierung der Bedingung wirkt sich rückwirkend auf die Folge aus.

In der Abbildung 11.10 wird eine Aufgabe aus dem entwickelten Lehr-Lern-Arrangement dargestellt, bei der die Lernenden aufgefordert werden, ihre Expertise in ihren jeweiligen Familiensprachen einzubringen. Die Aufgabe besteht darin, bedeutungsbezogene Sprachmittel zu übersetzen, einschließlich des Sprachmittels „Je..., desto...". Die Aufgabe löst eine intensive Diskussion aus und regt die Lernenden dazu an, aktiv mehrsprachig zu handeln, wie die empirischen Einblicke im Folgenden zeigen werden.

Die App hilft beim Erklären, indem sie einige Wörter der jeweiligen Sprachen anzeigt. Welche weiteren Wörter oder Sätze sollte sie noch anzeigen, damit die User den Zahlenstrahl besser erklären können? Erstellt eine Liste und vergleicht dann in der Klasse.

Deutsch	Dasselbe in einer zweiten Sprache
Je mehr Äpfel, desto...	
...	

Abbildung 11.10 Aufgabe im Lehr-Lern-Arrangement

Präzisierungen zum Analysewerkzeug

Um die epistemischen Chancen klarer darstellen zu können, wird für die Analyse des Transkriptausschnitts 11.13 ein weiteres Analysewerkzeug angewendet, das ursprünglich aus Prediger & Zindel (2017) abgeleitet und in Prediger & Uribe (2021) weiterentwickelt wurde. Die hier vorgestellten Analysen wurden bereits im Rahmen des Projekts MuM-Multi in Uribe et al. (2022) veröffentlicht. Die Episode wurde darin unter Berücksichtigung linguistischer Aspekte in interdisziplinärer Kooperation analysiert.

In der Episode im Transkriptausschnitt 11.13 beschäftigen sich die Lernenden intensiv mit dem Sprachmittel „Je…, desto…". Dabei schlagen sie verschiedene Möglichkeiten vor, um es zu übersetzen. Zur mathematikdidaktischen Analyse werden konzeptuelle Verdichtungsstufen entlang der Formulierungen bzw. anhand der sprachlichen Oberfläche der Äußerungen in den empirischen Daten erfasst. In Abbildung 11.11 werden die herausgearbeiteten Stufen an unterschiedlichen Ausdrucksformen von Kovariation im Deutschen veranschaulicht. Dabei werden die deutschen Originaläußerungen und die Übersetzungen aus dem Türkischen gleichwertig behandelt.

Die Äußerungen in E0 bis E5 werden sequenziert, so dass diese bei der Betrachtung von oben nach unten sukzessive präzisiert werden. Dabei werden zunehmend verdichtete Sprachmittel verwendet.

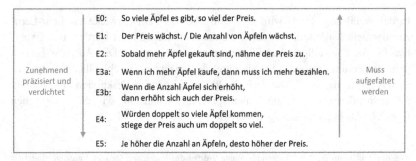

Abbildung 11.11 Verdichtungsstufen im Übersetzungsprozess des Sprachmittels „Je…, desto…"

Die derart mathematikdidaktisch zugeordneten Äußerungen lassen sich in folgenden Stufen zusammenfassend charakterisieren:

E0:   Die Zuordnung wird adressiert, ohne die Kovariation anzusprechen.

E1:   Die Variation der Größen wird gesondert ausgedrückt, ohne einen Zusammenhang zwischen ihnen auszudrücken.

E2:   Die (Ko-)Variation wird als Aneinanderreihung von Variationen ausgedrückt und ausschliesslich prädikativ, im Deutschen temporal, verbunden. Die Variation der abhängigen Grösse wird als erstes adressiert, danach wird die Variation der unabhängigen Grösse als zeitlich danach dargestellt.

E3a/b: Die Kovariation beider Größen wird nach Art eines deutschen „Wenn-Dann"-Zusammenhangs artikuliert.

E4:   Die Kovariation wird durch Bedingungsgefüge artikuliert, die im Deutschen bis hin zu konjunktiv-äquivalenten Konstruktionen reichen und zugleich durch einen multiplikativen Zusammenhang als proportional präzisiert.

E5:   Die Kovariation wird als simultane und kontinuierliche Variation beider Größen in hoch verdichteter Standardformulierung angesprochen (ohne Quantifizierung).

Transkript 11.13 und seine Analyse: Übersetzungsaufträge und mathematikbezogenes mehrsprachiges Handeln

Im Folgenden wird das Transkript einer Episode der türkisch-deutschsprachigen Kleingruppe analysiert von der auch Transkript 11.11 stammt. Dabei werden die Äußerungen zum Sprachmittel „Je..., desto..." und ihre Übersetzungen anhand der Verdichtungsstufen aus Abbildung 11.11 kodiert. Zudem werden die identifizierten Verknüpfungsaktivitäten und die inhaltsbezogene Konkretisierung bezüglich der adressierten Konzeptfacetten der Äußerungen angegeben (siehe Abbildung 9.5). Diese werden nicht als Index in der Angabe der Verknüpfungsaktivität kodiert, sondern expliziter am doppelten Zahlenstrahl veranschaulicht.

Transkriptausschnitt 11.13a

KE1-A-AU-181102_T_V1
Lernende: Ahmet (Ahm), Esra (Esr), Halil (Hal), Ömer (Öme)
Aufgabe:
Die App hilft beim Erklären, indem sie einige Wörter der jeweiligen Sprachen anzeigt.
Welche weiteren Wörter oder Sätze sollte sie noch anzeigen, damit die User den Zahlenstrahl
besser erklären können? Erstelle eine Liste und vergleicht dann in der Klasse.

Deutsch	**Dasselbe in einer zweiten Sprache**
Je mehr Äpfel, desto…	
…	

3	*Öme*	Okay, jetzt müssen wir einfach nur diese Sachen übersetzen. Ende.		
4	*Ahm*	Yemin et (Schwör)		
5	*Öme*	Je mehr Äpfel, desto… Nä?		
6	*Ahm*	Je mehr Äpfel, desto teurer wird der Preis.	*Präzisieren:* bDe↔bDe Kovariation beider Größen	E5

7	*Öme*	Äh. Nein, aber du musst das auf Türkisch, ähm, übersetzen.		
8	*Ahm*	Ach so.		
9	*Öme*	Je mehr Äpfel, äh… daha çok elma varsa (gibt (es) mehr viel Apfel). Äh, keine Ahnung.	*Übersetzen:* bDe→bTr Variation 1. Größe (o. 2. Größe) durch Vergleich zweier x-Werte	E1/ E2

10	*Esr*	Fazla (Mehr)#
11	*Ahm*	Warte, wer von euch hat Internet zum Googeln?
12	*Esr*	Nein

Im ersten Teil des Transkriptausschnitts wertet Ömer die Aufgabenstellung als
eine einfache Übersetzung der *„Sachen"* (Turn 3). In Turn 4 verwendet Ahmet
das Wort *„schwör"*, eine verspielt-jugendsprachliche Ausdrucksweise, die entweder als Füllwort dient oder Erleichterung ausdrücken könnte, da die Aufgabe nun
„einfach" erscheint. In Turn 5 liest Ömer das Sprachmittel in der Aufgabe vor:
„Je mehr Äpfel, desto…" und sichert sich dann noch einmal durch ein nachfragen-
des *„Nä?"* ab, dass er an der richtigen Stelle ist. Ahmet knüpft an die Äußerung
von Ömer an und nutzt die vorgegebene Satzstruktur als eine Art Versatzstück
zum Ausfüllen und ergänzt den zweiten Satzteil: *„(Je mehr Äpfel, desto) teurer*

wird der Preis. " (Turn 6). Dabei entsteht ein verdichteter Satz der letzten Stufe E5 (siehe Abbildung 11.11). Durch die Formulierung von Ahmet werden die zwei Größen (Anzahl Äpfel und Preis) konkretisiert und ihre Kovariation ausgedrückt. Dies erfolgt noch deutschsprachig, der Satzteil bildet jedoch eine entscheidende Basis für den späteren Übersetzungsprozess [6 *Präzisieren:* bDe ↔ bDe].

Bis zu diesem Punkt hat der eigentliche Übersetzungsprozess noch nicht begonnen. Dieser wird von Ömer im Turn 7 angeleitet, indem er den Fokus auf die Aufgabenstellung richtet: *„Äh. Nein, aber du musst das auf Türkisch, äh, übersetzen."* (Turn 7). Ömer macht direkt einen Übersetzungsvorschlag. Er segmentiert zuerst Ahmets ergänzten Satz wieder: *„Je mehr Äpfel, äh..."* (Turn 9) und liefert dann eine mögliche Übersetzung ins Türkische für den letzten Teil des Satzes: *„...gibt (es) mehr viel Apfel, äh, keine Ahnung."* (Turn 9). Dabei bezieht er sich auf die Variation der ersten Größe (E1). Dies wird in Stufe E1 verortet, da der Zusammenhang zwischen beiden Größen nicht berücksichtigt wird. Die türkische Sprache wird dabei ausschließlich für die Übersetzungsformulierung aktiviert. Ein türkisches Durchdenken der Übersetzung ist nicht auszuschließen, aber auch noch nicht anhand des Transkriptes rekonstruierbar [9 *Übersetzen:* bDe → bTr].

Anschließend, in Turn 10, greift Esra den von Ömer begonnenen Satz auf und schlägt vermutlich eine Ausführung des „desto-/dann"-Teils vor, indem sie „fazla" (*„mehr#"*) (Turn 10) sagt. „Fazla" könnte jedoch auch eine Rephrasierung des Sprachmittels „daha çok" sein, was „(noch) mehr" bedeutet. Zwei Aspekte deuten allerdings eher auf die erste Interpretation hin: Erstens fällt der Ausruf genau mit dem Abschluss des ersten Satzteils zusammen, also genau am Beginn des zweiten Teils. Zweitens verwendet sie ein anderes Sprachmittel, das in seiner Andersartigkeit auch eine andere Funktion haben könnte, nämlich die Weiterführung in Form von "(desto) mehr". An dieser Stelle wird sie von Ahmet unterbrochen, der vorschlägt, den Google-Übersetzer zu nutzen: *„Warte, wer von euch hat Internet zum Googeln?"* (Turn 11). Ahmets Vorschlag wird von Esra abgelehnt (Turn 12) und der Übersetzungsprozess wird wie folgt fortgesetzt.

Transkriptausschnitt 11.13b: Fortsetzung von 11.13a

13	*Öme*	Daha çok elmalar gelirse	*Präzisieren:* bTr↔bTr	E4
		(Kommen mehr viel Äpfel.)	Variation 1. Größe	
14	*Hal*	Fiyatı daha çok çıkar.	*Präzisieren:* bTr↔bTr	
		(Der Preis mehr viel steigt.)	Kovariation der Kovariation	

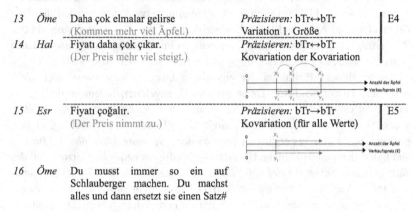

15	*Esr*	Fiyatı çoğalır.	*Präzisieren:* bTr→bTr	E5
		(Der Preis nimmt zu.)	Kovariation (für alle Werte)	

16	*Öme*	Du musst immer so ein auf Schlauberger machen. Du machst alles und dann ersetzt sie einen Satz#	

Die Übersetzung wird im weiteren Verlauf weiter präzisiert. In Turn 13 schlägt Ömer eine neue türkischsprachige Formulierung für den ersten Teil der Äußerung vor: *„Kommen mehr viel Äpfel."* (Turn 13). Dabei wird das eher passiv gedachte *„Äpfel geben"* aus Turn 9 durch das aktive *„Äpfel kommen"* ersetzt. Im anschließenden Turn adressiert Halil, unter Weiterführung von Ömers Äußerung in Turn 13, zum ersten Mal die Kovariation beider Größen in einem Vorschlag zum Übersetzen des „desto"-Teils: *„der Preis mehr viel steigt."* (Turn 14). Esra schlägt dann im nächsten Turn eine weitere Variation vor: *„der Preis nimmt zu."* (Turn 15).

Dieses Ausprobieren von Verbalisierungen in türkischer Sprache wird als Präzisieren kodiert. Es stellt sich jedoch die Frage, ob die *konzeptuelle Präzisierung* der Auslöser für die verschiedenen Übersetzungsversuche ist, oder ob dies vielmehr ein Ringen um sprachliches Wissen widerspiegelt [13/ 14/ 15 *Präzisieren:* bTr ↔ bTr].

Die Diskussion setzt sich wie folgt weiter fort:

Transkriptausschnitt 11.13c: Fortsetzung von 11.13b

19	*Öme*	Warte, was hat hatten wir jetzt gerade gesagt: daha çok (Mehr)... kaç elma varsa fiyatı kaç olur (wieviel Apfel, soviel der Preis.).	*Präzisieren:* bTr↔bTr Zuordnung	E0

20	*Hal*	Fiyatı daha çok çıkar. (Der Preis mehr viel steigt.)	siehe Turn 14	
21	*Öme*	Aber wie war der erste Satz? *[6s]* Kaç elma varsa (Wie viel Apfel.)		
22	*Esra*	Oder fazla elma alınıca fiyatı çoğalır. (Sobald mehr Apfel gekauft (ist), der Preis nimmt zu.)	*Übersetzen:* bTr mithilfe KD Kovariation zw. Wertepaaren	E2

23	*Hal*	Nein
24	*Öme*	Daha fazla (Mehr), keine Ahnung.
25	*Ahm*	Warte, wir müssen so machen: Was bedeutet „je" auf Türkisch? „je" auf Türkisch?
26	*Esr*	Das kannst du nicht alles so wortwörtlich übersetzen.
27	*Öme*	Ja kannst du auch nicht wortwörtlich
28	*Ahm*	Ja sollen wir fragen, ob wir googeln können?
29	*Esra*	Nein, Ahmet.

30	*Öme*	Daha çok elma alırsan elmaların fiyatı çıkar. (Kaufst du mehr viel Apfel, der Preis der Äpfel steigt.)	*Präzisieren:* bTr↔bTr Kovariation zw. Wertepaaren	E2

31	*Ahm*	Nein, kaç (wie viel) warte, kaç elma (wie viele Äpfel).
32	*Öme*	Ja komm, lass einfach schreiben ... Lass erstmal „Je mehr Äpfel desto" schreiben
33 40	-	*[Lernende streiten, wer schreiben soll und Esra beginnt den deutschen Satz zu notieren]*

41	*Öme*	Elmalar daha çok gelirse yada (Wenn mehr Äpfel kommen oder)		
42	*Esr*	Ne kadar elma varsa fiyatı o kadar çoğalır (Wie viel Apfel es gibt, der Preis so viel.)	*Präzisieren:* bTr↔bTr Zuordnung	E0

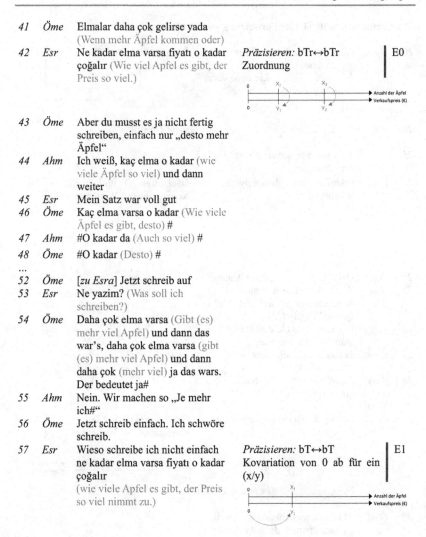

43	*Öme*	Aber du musst es ja nicht fertig schreiben, einfach nur „desto mehr Äpfel"
44	*Ahm*	Ich weiß, kaç elma o kadar (wie viele Äpfel so viel) und dann weiter
45	*Esr*	Mein Satz war voll gut
46	*Öme*	Kaç elma varsa o kadar (Wie viele Äpfel es gibt, desto) #
47	*Ahm*	#O kadar da (Auch so viel) #
48	*Öme*	#O kadar (Desto) #
...		
52	*Öme*	[*zu Esra*] Jetzt schreib auf
53	*Esr*	Ne yazim? (Was soll ich schreiben?)
54	*Öme*	Daha çok elma varsa (Gibt (es) mehr viel Apfel) und dann das war's, daha çok elma varsa (gibt (es) mehr viel Apfel) und dann daha çok (mehr viel) ja das wars. Der bedeutet ja#
55	*Ahm*	Nein. Wir machen so „Je mehr ich#"
56	*Öme*	Jetzt schreib einfach. Ich schwöre schreib.
57	*Esr*	Wieso schreibe ich nicht einfach ne kadar elma varsa fiyatı o kadar çoğalır (wie viele Apfel es gibt, der Preis so viel nimmt zu.)

Präzisieren: bT↔bT
Kovariation von 0 ab für ein (x/y)

E1

Im Zuge des gemeinsamen Übersetzungsvorgangs in der türkischen Kleingruppe werden sprachliche Umformulierungen entfaltet, die von E0 bis E5 (bis
auf E3) alle Grade der Auffaltung enthalten. Dabei werden – und dies ist das
epistemisch interessante – verschiedene Facetten proportionaler Zusammenhänge
adressiert, die zur Bedeutungskonstruktion beitragen können. Die propositionale
Basis der „Je-Desto"-Konstruktion, die sich auf das streng monotone Wachstum
proportionaler Funktionen bezieht, bleibt dabei erhalten, aber erfährt sechs unterschiedliche Nuancierungen hinsichtlich der Zuordnung und Kovariation, die in
Abbildung 11.12 noch einmal zusammengestellt sind.

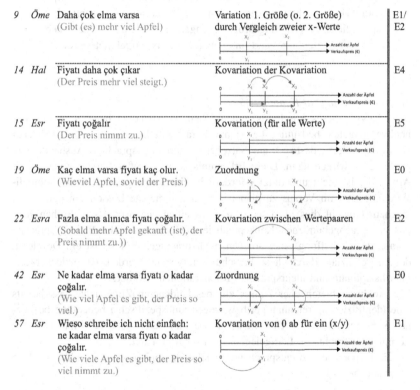

Abbildung 11.12 Überblick zu allen adressierten Konzeptfacetten in einer Aushandlung
von Übersetzungsmöglichkeiten für „Je ..., desto ..."

Durch die sprachliche Herausforderung einer fehlenden unmittelbaren Über-
setzungsmöglichkeit und ihrem Eifer nach Präzisierung erarbeitet sich diese
Lernendengruppe demnach einen facettenreichen Blick auf die Monotonie proportionaler Zusammenhänge in Zuordnungs- und verschiedenen Kovariationsfa-
cetten. Dies kann zu einem vertieften Verständnis des Konzepts beitragen. Diese
Pointierung wird in Analyseergebnis 5.4 festgehalten.

Analyseergebnis 5.4
In der Aushandlung der Übersetzung bedeutungsbezogener Sprachmittel in sprachhomogenen Kleingruppen können konzeptuelle und
sprachliche Präzisierungsprozesse angeregt werden, in denen mehrere
Konzeptfacetten adressiert und dabei diskursiv aufgefaltet werden.

Zusammenfassung zur Hypothese 5
Die Analysen dieses Abschnitts verdeutlichen, wie sich die Übersetzung von zwei
hochverdichteten, bedeutungsbezogenen Sprachmitteln – „pro" auf lexikalischer
Ebene und „Je…, desto…" auf Satzebene – auf mehrsprachige Aushandlungsprozesse auswirken kann. Diese Erkenntnis ist von großer Bedeutung für diese
Arbeit: Es ist nicht unbedingt erforderlich, eine sprachgebundene Konzeptualisierung gezielt im Voraus zu planen, um mehrsprachige Ressourcen nutzbar zu
machen. Obwohl dies ideal wäre, setzt es einen gegenstandsspezifischen Korpus an sprachgebundenen Konzeptualisierungen in unterschiedlichen Sprachen
voraus. Die Schaffung eines solchen mehrsprachigen Korpus ist ein Desiderat,
dessen Potenziale durch diese Forschung aufgezeigt werden, das jedoch breite
interdisziplinäre und mehrsprachige Kooperationen erfordert.
Die Analysen bieten eher Anlass zur bescheideneren Zuversicht, dass bereits
eine Identifizierung reichhaltiger bzw. gegenstandsspezifischer bedeutungsbezogener Sprachmittel in der Unterrichtssprache und deren gezielter Einbau in den
Lernprozess fruchtbare Lerngelegenheiten schaffen kann.
Die Hypothese und entsprechende Analyseergebnisse werden in Tabelle 11.5
zusammengefasst.

Tabelle 11.5 Zusammenfassung der generierte Hypothese H5 mit Analyseergebnissen 5.1 bis 5.4

Designelement	Hypothese 5	Analyseergebnisse 5.1 bis 5.4
Aufträge zum Übersetzen zentraler bedeutungsbezogener Sprachmittel	Übersetzungsprozesse können für das fachliche Lernen fruchtbar gemacht werden, wenn die Übersetzungsaufträge diskursives Handeln anregen. Die mehrsprachigen Ressourcen dienen dabei nicht nur dem *Formulieren*, also dem Arbeiten am Äußerungsakt selbst, sondern auch dem *Verbalisieren*, das mit genauerem Durchdenken losgelöst vom Äußerungsakt einhergeht.	5.1 Aufforderungen zum Übersetzen zur Ressourcennutzung ohne wissensprozessierende Funktion können diskursiv ins Leere gehen (Uribe et al. 2021) 5.2 Durch das Übersetzen bedeutungsbezogener Sprachmittel entstehen zahlreiche epistemische Chancen, die jedoch nicht explizit verknüpft werden. Eine explizite Verknüpfung sollte angeleitet werden. 5.3 Durch das Übersetzen bedeutungsbezogener Sprachmittel entstehen zahlreiche epistemische Chancen, die jedoch nicht explizit verknüpft werden. Eine explizite Verknüpfung sollte angeleitet werden. 5.4 In der Aushandlung der Übersetzung bedeutungsbezogener Sprachmittel in sprachhomogenen Kleingruppen können konzeptuelle und sprachliche Präzisierungsprozesse angeregt werden, in denen mehrere Konzeptfacetten adressiert und dabei diskursiv entfaltet werden.

11.2.2 Hypothese 6: Anknüpfen an Übersetzungen im Klassengespräch

Die Analysen der Kleingruppendiskussionen in Abschnitt 11.2.1 zeigen zahlreiche epistemische Potenziale des Designelements DE2, auch wenn diese noch nicht unbedingt von den Lernenden selbständig im Sinne einer expliziten Sprachreflexion ausgeschöpft werden. Daher bildet die anschließende von der Lehrkraft angeleitete Reflexion im Klassengespräch einen wichtigen Ansatz, um weitere Potenziale zu heben. Dass dies allerdings herausfordernd sein kann und nur unter bestimmten Bedingungen gelingt, wird in diesem Anschnitt vorgestellt.

Hintergrund und Vorausblick zum Analyseergebnis
Die in den Kleingruppen erzielten Ergebnisse zur behandelten Aufgabe im Transkript 11.13 (siehe Abschnitt 11.2.1) wurden anschließend im gemeinsamen Klassengespräch thematisiert. Das Transkript 11.14 im vorliegenden Abschnitt dokumentiert den Verlauf der Diskussion im Plenum unter Moderation der Lehrkraft. Die Lehrkraft, die in allen drei Designexperiment-Zyklen dieselbe war, verwendet verschiedene Strategien, um an den mehrsprachigen Beiträgen der Lernenden anzuknüpfen und sie zu orchestrieren und zu vernetzen. Analog zur Analyse zu Hypothese 4 (siehe Abschnitt 11.1.4) zum Designelement DE1 werden die Transkriptausschnitte zum Klassengespräch stärker hinsichtlich der Impulse der Lehrkraft analysiert.

Hypothese 6
Das Anknüpfen an Übersetzungen lässt sich auf unterschiedliche Art und Weisen realisieren.

Die Hypothese 6 wird durch vier Analyseergebnisse gestützt, die im Folgenden an ausgewählten Auszügen aus dem Datenmaterial herausgearbeitet werden:

6.1 Das Sammeln von mehrsprachigen Beiträgen kann als eine produktive Praktik betrachtet werden, um mehrere Lernende einzubeziehen und gegebenenfalls auch mehrere Sprachen zu berücksichtigen. Sie entfaltet ihr Potenzial jedoch kaum, wenn die Lehrkraft im Klassengespräch nicht ausreichend Zeit dafür einräumt, sich intensiver mit den spezifischen Sätzen und ihren Bedeutungen zu beschäftigen.

6.2 Das spontane Anknüpfen an Lernendenbeiträge bedarf die Unterstützung der Lernenden als Experten für ihre Sprachen. Allerdings können tiefergehende Erkenntnisse über die in den mehrsprachigen Ausdrücken adressierten Konzeptfacetten nicht über grobe semantische Übersetzungen erlangt werden. Eine Übersetzung, die den Eigenheiten der jeweiligen Wortbildungen und Satzkonstruktionen reflektierend Rechnung trägt, ist bezüglich Sprachreflexion anspruchsvoll und ggf. ohne Unterstützung der Lehrkraft kaum zu erzielen.

6.3 Wenn Lehrkräfte die Sprachreflexion durch gezielte Fragen auf spezifische Strukturen der anderen Sprache fokussieren, kann dies Lernende unterstützen, ihre Übersetzungen genauer und näher an der ursprünglichen Formulierung zu gestalten und die spezifischen Konstruktionen der anderen Sprachen näher zu berücksichtigen. Das ist die Grundlage, um die dabei impliziten Konzeptfacetten sichtbar machen zu können.

6.4 Wenn die Lehrkraft die tiefen sprachlichen Strukturen nicht sofort erkennen kann, bietet das Anknüpfen an strukturellen Aspekten in den Lernendenbeiträge eine alternative Lerngelegenheit, dabei können die metasprachlichen Kompetenzen angeregt werden.

Hintergrund zum Übersetzungsauftrag und zum Setting
Im vorigen Abschnitt 11.2.1 (Transkript 11.13) wurde die Übersetzungsaushandlung einer deutsch-türkischsprachigen Kleingruppe aus Designexperiment-Zyklus 1 bereits analysiert. Es handelte sich dabei um die Übersetzung des Sprachmittels *„Je mehr Äpfel, desto...“* im Zusammenhang mit der Lösung der Aufgabe, die in Abbildung 11.10 sowie im Transkriptkopf des folgenden Transkripts 11.14 dargestellt ist.

Parallel zu dieser Kleingruppe arbeiteten die anderen Lernende der Klassen in unterschiedlichen Sprachenkonstellationen an der gleichen Aufgabe. Als Ergebnis ihrer Arbeit in sprachhomogenen Kleingruppen schrieben die Lernenden ihre mehrsprachigen Sätze auf große Papierstreifen. Nach der Gruppenarbeitsphase lagen Sätze auf Deutsch sowie Arabisch, Polnisch, Russisch und Türkisch vor, vier von der Lehrerin mit den Lernenden nicht geteilten Sprachen.

Transkript 11.14 dokumentiert die Besprechung der Aufgabe im Klassengespräch. Während dieser Plenumsphase greift die Lehrerin spontan bzw. ohne langfristige Vorbereitung die mehrsprachigen Beiträge der Lernenden auf. Zum Zeitpunkt der Besprechung hängt an der Tafel die Abbildung eines doppelten Zahlenstrahls (siehe Abbildung 11.13).

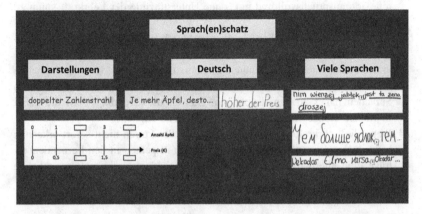

Abbildung 11.13 Rekonstruktion des Tafelbildes (mit Scans der Schriftprodukte der Lernenden)

Transkript 11.14 und seine Analyse: Verspasste Möglichkeiten des sprachspezifischen Anknüpfens
Zur Kodierung des Transkriptes werden die Kategorien herangezogen, die die Moderations-Praktiken der Lehrkraft in den Blick nehmen und die bereits in Hypothese 4 (siehe Abschnitt 11.1.4) Anwendung fanden.

Transkriptausschnitt 11.14a

KE1-A-AU-181102_V2
Lernende: Ahmet (Ahm), Alesya (Ale), Anna (Ann), Baz (Baz), Elka (Elk), Esra (Esr), Ömer (Öme), Piotrek (Pio), Ridvan (Rid), Sadik (Sad), Sainab (Sai), Kim (Kim), Koray (Kor), Lehrerin (Leh)
Aufgabe:
Die App hilft beim Erklären, indem sie einige Wörter der jeweiligen Sprachen anzeigt. Welche weiteren Wörter oder Sätze sollte sie noch anzeigen, damit die User den Zahlenstrahl besser erklären können? Erstelle eine Liste und vergleicht dann in der Klasse.

Deutsch	Dasselbe in einer zweiten Sprache
Je mehr Äpfel, desto...	
...	

6   *Leh*   Es tut mir leid, dass ich diese spannende Arbeitsphase *[meint die Arbeitsphase in den sprachhomogenen Kleingruppen]* unterbrechen muss. Ich habe hier mehrere Sätze auf den Zetteln stehen *[die, die Kleingruppen geschrieben haben]*. Ich habe jetzt einen Zettel gesucht, und zwar der *[zeigt auf den arabischsprachigen Satz]*. Dann würde ich gerne damit anfangen. Ich kann nämlich kein Wort verstehen. Was habt ihr euch dabei gedacht und inwiefern hilft uns dieser Satz, um das hier *[zeigt auf den doppelten Zahlenstrahl, der an der Tafel hängt]* besser zu beschreiben und zu erklären? Das sieht erstmal sehr schön aus.   *Organisatorisches Moderieren*   *Vorausplanen*   *Inhaltliches Elizitieren*

Die Lehrerin unterbricht die Arbeitsphase in den Kleingruppen und leitet das Klassengespräch ein: *„Es tut mir leid, dass ich diese spannende Arbeitsphase unterbrechen muss..."* (Turn 6). Diese Äußerung wird als *organisatorisches Moderieren* kodiert, da die Lehrerin den Zeitpunkt des Übergangs zur nächsten Phase bestimmt und die Struktur des Unterrichtsablaufs festlegt. Der Turn wird folgendermaßen fortgesetzt: *„Ich habe jetzt einen Zettel gesucht, und zwar der [zeigt auf den arabischsprachigen Satz]."* (Turn 6). Die Lehrerin signalisiert damit, dass sie sich bereits mit den Sätzen auseinandergesetzt hat und entsprechend vorausgeplant hat, auch wenn kurzfristig *[Vorausplanen]*.

Für den Einstieg in das Klassengespräch wählt sie einen arabischsprachigen Satz und fordert daraufhin von den Lernenden eine inhaltliche Erläuterung ihrer Überlegungen. Trotz der Unklarheit über die zu erwartenden Inhalte, da die Lehrerin den Satz nicht versteht, würdigt sie zunächst die Arbeit der Lernenden in ästhetischer Hinsicht: *„Das sieht erstmal sehr schön aus."* (Turn 6). Nun startet sie den Impuls zum *inhaltlichen Elizitieren: „Was habt ihr euch dabei gedacht..."* (Turn 6). Gleichzeitig wiederholt sie einen Teil der Aufgabenformulierung:

„…und inwiefern hilft uns dieser Satz, um das hier [zeigt auf den doppelten Zah-lenstrahl, der an der Tafel hängt] besser zu beschreiben und zu erklären?" (Turn 6).

Transkriptausschnitt 11.14b: Fortsetzung von 11.14a

7	*Baz*	Das bedeutet, bei fünf Äpfeln kostet es zwei Euro fünfzig.	
8	*Leh*	Bei fünf Äpfeln sind es zwei Euro fünfzig *[bezieht sich auf die Übersetzung des arabischsprachigen Satzes, der davor vorgelesen wurde].* Wie habt ihr das gesehen? Oder, wo auf dem Zahlenstrahl habt ihr diese Beobachtung entnommen? Wo auf dem doppelten Zahlenstrahl kann man das sehen?	*Inhaltliches Elizitieren (Paraphrasieren + Aufträge zum Präzisieren)*
9	*Baz*	*[Längere Überlegungspause]* In der Mitte	
10	*Leh*	Wer hat noch einen Satz geschrieben, der zu diesem Satz passt? In den anderen Sprachen.	*Organisatorisches Moderieren*
11	*Elk*	Wir haben noch eins.	
12	*Leh*	Ihr habt noch eins.	
13	*Leh*	Einen ähnlichen, oder? *[Lernende überreichen der Lehrerin den Satz]*	*Metasprachliches Anregen*
14	*Pio*	Hier *[hält den polnischen Satz hoch]*	
15	*Leh*	Kannst du das lesen?	*Organisatorisches Moderieren*
16	*Öme*	Ja	
17	*Leh*	Was steht da?	
18	*Öme*	Oh nein. Das kann ich nicht lesen, das ist polnisch.	
19	*Alle*	Hahaha	
20	*Leh*	Könnt ihr das vorlesen?	
21	*Pio*	Nim wienzej jabłek, jest ta zena droszej. (Mit mehr Äpfeln ist der Preis höher.) *[Liest den polnischsprachigen Satz vor].*	
22	*Leh*	Wer kann vermuten, was das bedeuten kann?	*Metasprachliches Anregen*
23	*Sad*	Je mehr Äpfel man kauft, desto teurer es ist.	
24	*Leh*	Könnten wir das dem ersten Satz zuordnen? *[meint den Satz in Turn 7]*	*Inhaltliches Orchestrieren*
25	*Leh*	Könnte das zu dem Satz hier passen? Ja, nein, warum?	
26	*Öme*	Da steht im Satz ja, ähm, fünf Äpfel kosten zwei Euro fünfzig#	
27	*Leh*	#Das ist das hier *[zeigt auf den arabischsprachigen Satz].*	
28	*Öme*	Wenn es mehr sind, dann kostet es mehr.	
	Leh	Genau. Was bedeutet das nochmal? *[stellt die Frage direkt der polnischsprachigen Gruppe]*	
29	*Elk*	Je mehr Äpfel, desto teurer ist der Preis.	

Baz übersetzt den arabischsprachigen Satz ins Deutsche. Die Lehrerin paraphrasiert anschließend die Übersetzung und fragt erneut danach, wo auf dem
Zahlenstrahl die Bedeutung des Satzes zu sehen ist. Nach mehrfachem Zögern
sagt Baz: „*In der Mitte*" (Turn 9). Die Lehrerin verlangt dabei keine weitere Präzisierung und fragt stattdessen nach weiteren Sätzen, damit übernimmt sie erneut
eine moderierende Rolle: „*Wer hat noch einen Satz geschrieben, der zu diesem
Satz passt? In den anderen Sprachen*" (Turn 10) *[organisatorisches Moderieren]*.
   Elka bietet einen polnischsprachigen Satz aus ihrer Gruppe an. Die Lehrerin fragt nochmals nach, ob der Satz zum vorigen arabischsprachigen Satz passt:
„*Einen ähnlichen, oder? [Lernende überreichen der Lehrerin den Satz]*" (Turn 13).
Die Lehrerin kann nicht selbst beurteilen, inwiefern beide Sätze zusammenhängen. Durch die Frage in Turn 13 übergibt sie den Lernenden diese Verantwortung
und regt sie dabei an, über die inhaltliche Verknüpfung zwischen beiden Sätzen
nachzudenken *[Metasprachliches Anregen]*.
   Die Lehrerin fragt Ömer, ob er den Satz vorlesen kann, automatisch bejaht er
und stellt danach fest: „*Oh nein. Das kann ich nicht lesen, das ist polnisch.*" (Turn
16). In der Zwischenzeit wird die Bedeutung der Expertise der einzelnen Lernenden in den jeweiligen Sprachen klar. Der polnischsprachige Lernende Piotrek
übernimmt das Vorlesen. Im Gegensatz zu Baz in Turn 7 liest Piotrek den Satz
auf Polnisch vor und nicht direkt die Übersetzung ins Deutsche. Die Lehrerin
fragt nicht direkt die polnischsprachigen Lernenden nach der Übersetzung, sondern inkludiert die anderen Lernenden in den Prozess: „*Wer kann vermuten, was
das bedeuten kann?*" *(Turn 22)*. Dieser Impuls wird als *metasprachliches Anregen*
kodiert, da die Lehrerin die Lernenden zum Nachdenken über andere Sprachen
anregt. Sadik, ein arabischsprachiger Lernende macht einen Vorschlag: „*Je mehr
Äpfel man kauft, desto teurer es ist.*" (Turn 23). Die Lehrerin fragt nicht nach, ob
die Vermutung stimmt, sondern greift direkt inhaltlich auf den rückübersetzten
Satz zu und fragt die Lernenden: „*Könnten wir das dem ersten Satz zuordnen?
[meint den Satz in Turn 7]*" (Turn 24) *[Inhaltliches Orchestrieren]*. Ömer bietet
eine Verknüpfung beider Sätze mittels einer „Wenn-Dann"-Struktur an. Er bezieht
sich auf den arabischsprachigen Satz: „*Da steht im Satz ja, ähm, fünf Äpfel kosten
zwei Euro fünfzig.*" (Turn 26), danach äußert er: „*Wenn es mehr sind, dann kostet
es mehr.*" (Turn 28). Die Lehrerin verpasst die Gelegenheit, diese Verknüpfung
auszuschöpfen.

Die wortwörtliche Übersetzung des polnischen Satzes lautet „*Mit mehr Äpfeln ist der Preis höher.*". Elka, im Turn 29, bietet jedoch nicht diese wortwörtliche Übersetzung an, sondern sie greift auf den deutschsprachigen Ausgangssatz zurück, der ebenfalls durch Sadik in Turn 23 ins Gespräch gebracht wurde: „*Je mehr Äpfel, desto teurer ist der Preis.*" (Turn 29).

Dieser Abschnitt kann als ein Sammeln der Lernendenbeiträgen charakterisiert werden. Obwohl die Lehrerin an mehreren Stelle Impulse zum inhaltlichen Elizitieren einbringt und das metasprachliche Denken anzuregen versucht, wird im Klassengespräch sehr schnell zwischen den Lernendenbeiträgen navigiert, dabei besteht die Gefahr, dass die produktive Praktik des Einbezugs mehrerer Lernenden beim Sammeln von Beiträgen die reflexionsanregenden Potenziale nicht ausschöpft. Diese Pointierung wird in Analyseergebnis 6.1 festgehalten:

Analyseergebnis 6.1
Das Sammeln von mehrsprachigen Beiträgen kann als eine produktive Praktik betrachtet werden, um mehrere Lernende einzubeziehen und gegebenenfalls auch mehrere Sprachen zu berücksichtigen. Sie entfaltet ihr Potenzial jedoch kaum, wenn die Lehrkraft im Klassengespräch nicht ausreichend Zeit dafür einräumt, sich intensiver mit den spezifischen Sätzen und ihren Bedeutungen zu beschäftigen.

Fortsetzung des Transkripts 11.14 und seine Analyse: Semantische Übersetzungen und wortwörtliche Rückübersetzungen ins Deutsche

Transkriptausschnitt 11.14c: Fortsetzung von 11.14b

30	*Leh*	Wer hat weitere Sätze?	*Organisatorisches Moderieren*
31	*Leh*	*[Lernende überreichen einen weiteren Satz.]*	
32	*Leh*	Welche Sprache ist das?	
33	*Ann*	Russisch	
34	*Leh*	Was steht hier?	*Inhaltliches Elizitieren*

35	*Ann*	Чем больше яблок, тем... (Je mehr Äpfel, umso...)	
		[russischer Satz wird vorgelesen]	
36	*Leh*	Und was heißt das?	*Inhaltliches Elizitieren*
37	*Ann*	Dasselbe *[bezieht sich auf die Übersetzung von Elka auf Turn 29: „Je mehr Äpfel, desto teurer ist der Preis."]*	
38	*Leh*	Also das steigt. Der Preis wächst, steigt. Wenn ich mehr Äpfel kaufe, dann muss ich einen höheren Preis bezahlen. Das können wir auch auf Russisch so ausdrücken.	*Inhaltliches Elizitieren*
39	*Esr*	Wir haben das auch *[die Lernenden aus der türkischsprachigen Gruppe melden sich.]*	
40	*Leh*	Ihr habt das auch. Auch auf Russisch?	
41	*Sai*	Auf Türkisch	
42	*Leh*	Auf Türkisch. Wollt ihr uns das auch zeigen?	
43	*Öme*	Ne kadar elma varsa, o kadar (Wie viel Apfel es gibt, so viel.) *[türkischer Satz wird vorgelesen]*	
44	*Öme*	Also, je mehr Äpfel, desto...	
45	*Leh*	Je mehr Äpfel, desto...Desto was? Wie könnte man diesen Satz zu Ende bringen	
46	*Esr*	Desto teurer	

Die ursprüngliche Aufgabe bestand darin, Wörter oder Sätze zu finden, die das Applet anzeigen sollte, um den Nutzern eine bessere Erklärung des Zahlenstrahls zu ermöglichen. Im Turn 30 fragt die Lehrerin nach weiteren Sätzen, die vermutlich über die gegebene Beispielformulierung „Je mehr Äpfel, desto..." hinausgehen sollten *[organisatorisches Moderieren]*. Hierbei reichen die deutsch-russischsprachigen Lernenden einen Satz ein (Turn 31). Es handelte sich dabei, um die ähnliche „Je-Umso"-Konstruktion.

Wenn die Lehrerin die Lernenden bittet, ihre Sätze aus der jeweiligen Sprache zurück ins Deutsche zu übersetzen: „*Was steht hier?*" (Turn 34), greifen diese verständlicherweise auf den ursprünglichen deutschen Satz zurück: „*Dasselbe [bezieht sich auf die Übersetzung von Elka auf Turn 29: „Je mehr Äpfel, desto teurer ist der Preis."]* (Turn 37). Ebenso übersetzt Ömer in Turn 43 seinen türkischsprachigen Satz unter Einbezug des ursprünglichen deutschen Satzes, auch wenn dies nicht ganz zutreffend ist (siehe Transkript 11.13): „*Also, je mehr Äpfel, desto...*" (Turn 44). Dies scheint naheliegend zu sein, da die Aufgabe ursprünglich darin bestand, den Satz „Je mehr Äpfel, desto..." vom Deutschen in die andere Sprache zu übersetzen. Aus Sicht der Lernenden wird daher nur der Auftrag rückgängig gemacht, so dass die Ausgangsformulierung eine adäquate Antwort ist *[inhaltliches Elizitieren]*.

Die Lehrerin dagegen strebte nicht eine reine sinngemäße Rückübersetzung an, also eine Übertragung des Sinnes des Ausgangstextes in die Zielsprache (semantische Übersetzung), wie in der Aufgabenstellung (Übersetzung vom Deutschen in die andere Sprache), sondern eine *„äußerungsbezogene Übersetzung"* (Rehbein et al. 2004, S. 58), bei der die Ausdrucksebene des anderssprachigen Ausdrucks in der Wortbildung und Satzstruktur beibehalten wird. Diese zusätzliche Anforderung einer Wort-für-Wort-(Rück)Übersetzung wurde von der Lehrerin nicht klar kommuniziert und stellt für die Lernenden eine weitere Stufe der Sprachreflexion dar, die nicht automatisch bearbeitet wird.

Die Herausforderung bei der Frage nach der deutschen Bedeutung des fremdsprachigen Satzes besteht somit darin, den Lernenden verständlich zu machen, dass sie nicht einfach ihren selbst übersetzten Satz in den deutschen Ausgangssatz zurückübersetzen sollen, sondern eine Wort-für-Wort-Übersetzung erarbeiten sollten, an denen strukturelle oder Bedeutungsunterschiede deutlich werden.

Die Lernenden durchlaufen folgenden komplexen Prozess:

1. Übersetzung bzw. anderssprachige Reproduktion des Sprachmittels gemäß Vorgabe im Arbeitsblatt
2. Mehrsprachiges Denken bei der Aushandlung der Übersetzung in die andere Sprache (semantische Übersetzung)
3. Rückübersetzung ins Deutsche (stärker die Eigenheiten behaltend)

Der letzte Schritt scheint ohne explizitere Unterstützung durch die Lehrkräfte zumindest in dieser Klasse kaum zu erzielen. Diese Pointierung wird in Analyseergebnis 6.2 festgehalten:

Analyseergebnis 6.2
Das spontane Anknüpfen an Lernendenbeiträge bedarf die Unterstützung der Lernenden als Experten für ihre Sprachen. Allerdings können tiefergehende Erkenntnisse über die in den mehrsprachigen Ausdrücken adressierten Konzeptfacetten nicht über grobe semantische Übersetzungen erlangt werden. Eine Übersetzung, die den Eigenheiten der jeweiligen Wortbildungen und Satzkonstruktionen reflektierend Rechnung trägt, ist bezüglich Sprachreflexion anspruchsvoll und ggf. ohne Unterstützung der Lehrkraft kaum zu erzielen.

Hintergrund zum Übersetzungsauftrag und zur Kleingruppe
Die fehlende Unterstützung der Sprachreflexion für Wort-für-Wort-Übersetzungen wurde in Designexperiment-Zyklus 1 herausgearbeitet, so

dass für Designexperiment-Zyklus 3 daraus Konsequenzen gezogen werden konnten.

Dies verdeutlich in diesem Unterabschnitt die Analyse eines Transkripts eines Klassengesprächs aus Designexperiment-Zyklus 3. Wie im zuvor analysierten Transkript suchen die Lernenden mehrsprachige Ausdrücke für das Sprachmittel *„Je mehr Äpfel, desto..."*, allerdings nicht schriftlich in Kleingruppen, sondern mündlich spontan im Rahmen der Besprechung in Plenum der Aufgabe aus Abbildung 11.8. Ein Teil des Klassengesprächs wurde bereits in der Empirie des ersten Designelementes aus der Perspektive des Erklärens analytisch dargestellt (siehe Abschnitt 11.1.4).

Die folgende Analyse startet ab Turn 121. In diesem Moment versucht die Lehrerin, das Designelement der Übersetzung bedeutungsbezogener Sprachmittel spontan zu realisieren bzw. ohne voriges Arbeiten an einer Aufgabe in Kleingruppen wie im Transkript 11.14 aus Designexperiment-Zyklus 1. Das Transkript von Turn 89–117, einschließlich der Besprechung der eigentlichen Aufgabe (siehe Abbildung 11.8) an Baydars Schriftprodukt (siehe Abbildung 11.14), wurde bereits in Prediger & Uribe (2021) analysiert. Der Fokus lag dabei darauf, wie die Lernenden zusammen mit der Lehrerin das Konzept der Kovariation angehen, indem sie mehrere Sprachmittel (Phrasen) miteinander in Verbindung bringen.

Baydar

Übersetzung aus dem Türkischen:
Sayı yükseliyor (Die Anzahl wird höher.)

Abbildung 11.14 Schriftprodukt als Ausgangspunkt des Gesprächs in Transkript 11.15

In der bearbeiteten Aufgabe (siehe Abbildung 11.8) geht es darum, zwei Analyseergebnisse, eines auf Deutsch und eines in einer anderen Sprache, über den doppelten Zahlenstrahl in vorgefertigten Sprechblasen zu notieren. In einem weiteren Moment der Besprechung im Plenum greift die Lehrerin auf das Schriftprodukt von Baydar in Abbildung 11.14 zurück.

Transkript 11.15 und seine Analyse: Inhaltliche Auffaltung durch emergierende Formulierungsvariation

Transkript 11.15

KE1-A-AU-181102_T_V3
Lernende: Dennis (Den), Fatma (Fat), Leyla (Ley), Lehrerin (Leh), Shenay (She), Thilo (Thi), Ömer (Öme), Qaiss (Qai)
Aufgabe: Je mehr Äpfel, desto teurer wird es. [Habt ihr] noch eine Möglichkeit, eine Idee, wie könnte man noch den Satz bauen könnte? Wer hat eine Idee auf Türkisch, Polnisch oder Arabisch? Wie könntet ihr diesen Satz in den anderen Sprachen formulieren?

121	Leh	Genau, je mehr Äpfel, desto teurer wird es. Richtig. Noch eine Möglichkeit, eine Idee, wie man noch den Satz bauen könnte? Wer hat eine Idee auf Türkisch, Polnisch oder Arabisch? Wie könntet ihr diesen Satz in den anderen Sprachen formulieren? […] Denkt eine Minute für euch nach. Ihr *[gerichtet an die (ein-)sprachigen Bildungsinländer]* denkt auch nach, wie würdet ihr das auf Englisch formulieren.	
122	Ley	Wir haben einen.	
123	Leh	Ja, ihr habt einen. Wir geben den anderen etwas Zeit. Ihr könnt das noch unter den Sprechblasen festhalten, da ist noch Platz. *(12 Sek.)* Ihr könnt Wörterbuch benutzen, aber nur für Wörter, nicht für direkte Übersetzungen.	*Organisatorisches Moderieren*
124	Leh	*[Nach 5 Min. Pause]* Naja, wir verstehen schon, was der Satz ausdrückt, aber wollt ihr uns das auf Türkisch vorlesen?	
125	Fat	Elmaların sayısı yükselirse fiyatı da yükselir. (Wenn die Anzahl der Äpfel steigt, steigt auch der Preis.)	
126	Leh	Habt ihr auch „je mehr… desto" geschrieben oder habt ihr das umformuliert?	*Metasprachliches Anregen*
127	Ley	Wir haben es einfach direkt geschrieben.	
128	Leh	Was würde das heißen? Das, was ihr geschrieben habt?	*Metasprachliches Anregen*
129	Ley	Wenn die Anzahl der Äpfel höher wird, wird der Preis auch höher.	
130	Leh	Super, das ist ja auch kreativ. Wie sieht bei euch aus?	*Organisatorisches Moderieren*
131	Thi	Wir haben nur geschrieben, „the more apples" und dann wollten wir noch schreiben, äh, „more", desto mehr. *[Lernende sucht nach dem Sprachmittel „the… the… im Englischen"]*	
132	Leh	Expensive	
133	Thi	Ja	
134	Leh	Gut, gut, gut. Bei euch?	
135	Den	Wir haben es nicht ganz auf Polnisch, aber ich kann es versuchen.	
136	Leh	Damit wir auch mitbekommen, wie Polnisch sich anhört.	

137	Den	Ile masz jabłko, tak będzie (So viele Äpfel du hast, so...) *[liest auf Polnisch vor]* und den Rest weiß ich nicht, da fehlt ein Wort.	
138	Leh	Was fehlt? Welches Wort fehlt?	*Organisatorisches Moderieren*
139	Den	Äh, teuer	
140	She	Soll ich das einmal kurz googlen?	
141	Den	Mach doch.	
...			
149	She	Kostownie *[teuer auf Polnisch]*	
150	Den	Ile masz jabłko, tak będzie kostownie. (Wie viele Äpfel du hast, so wird es teuer.)	
151	Leh	Was würde auf Deutsch dieser Satz heißen?	*Inhaltliches Elizitieren*
152	Den	Das würde sozusagen heißen, ähm, ich hab so viele Äpfel, desto mehr Äpfel ich hab, desto teurer wird das.	
153	She	Ja, man kann ja nicht direkt alles übersetzen.	
...			
155	Qai	Lil- mazīd minat-tuffāḥ kallama kān ʿalayka ʾan tadfaʿa ʾaktar (Für mehr Äpfel, muss man mehr bezahlen.)	
156	She	Also wenn man mehr Äpfel kauft, muss man mehr bezahlen.	
157	Leh	Wenn man mehr Äpfel kauft, muss man mehr bezahlen. Also der Preis steigt, dann muss man mehr Geld ausgeben.	*Inhaltliches Orchestrieren*

Der Ausgangsauftrag ist nun nicht nur das Übersetzen, stattdessen stellt die Lehrerin die Frage nach dem Satzbau: „[...] Wie könntet ihr diesen Satz in den *anderen Sprachen formulieren? [...]"* (Turn 121). Obwohl es sich prinzipiell um einen Übersetzungsauftrag handelt, suchen die Lernenden nun nicht nach einem Satzpendant in den anderen Sprachen, sondern nach Formulierungen, die den inhaltlichen Kern des deutschen Ausgangssatzes fassen.

Leyla reagiert prompt und bietet in Turn 122 eine türkischsprachige Formulierung an: „Wir haben einen." (Turn 22). Die Lehrerin gibt den anderen Lernenden Zeit zum Nachdenken. Dabei erläutert sie, dass die Nutzung des Wörterbuchs hauptsächlich dem Nachschlagen von bestimmten Wörtern dient und nicht der Übersetzung ganzer Sätze. In Turn 124, nachdem die Lernenden in den Gruppen überlegt haben, steigt die Lehrerin folgendermaßen ein: „Naja wir verstehen schon, was der Satz ausdrückt, aber wollt ihr uns das auf Türkisch vorlesen?" (Turn 124). Die Lehrerin thematisiert, dass der eigentliche Inhalt des Satzes bekannt ist, denn es handelt sich um eine Übersetzung. Nachdem die Lernenden den Satz auf Türkisch vorgelesen haben, fragt die Lehrerin gezielt, ob der Satz umformuliert ist. Dieses metasprachliche Anregen der Sprachreflexion ist das, was im Transkript 11.14 des vorangehenden Abschnitts fehlte. Es scheint hier zu fruchten und die Lernenden schlagen eine „Wenn-Dann"-Konstruktion als strukturtreuere Rückübersetzung vor: *„Wenn die Anzahl der Äpfel höher wird, wird der Preis auch höher."* (Turn 129).

So zeigt sich, dass obwohl die Sequenz an vielen Stellen eher das Sammeln von Beiträgen (Turn 124, Turn 130, Turn 134, Turn 155) als deren produktive Nutzung darstellt, gelingt es der Lehrerin diesmal, den Kern der Aufgabenstellung klarer zu vermitteln. Anstatt eine sinngemäße Rückübersetzung in den Ausdruck „Je…, desto…", schafft sie es durch Fragen wie im Turn 126: *„Habt ihr auch „je mehr… desto" geschrieben oder habt ihr das umformuliert?"* den Lernenden das Ziel, die spezifische Äußerungsstruktur des übersetzten Satzes ins Deutsche zu übertragen, transparenter zu machen. Durch ihre Fragen versucht die Lehrerin die Lernenden dazu zu bringen, die spezifischen Wortbildungen und Satzstrukturen der Ausdrücke auf Deutsch wiederzugeben.

Die Lernenden sind in der Lage, ihre Übersetzungen so wiederzugeben, dass sie näher an der ursprünglichen Formulierung liegen und die spezifischen Konstruktionen der anderen Sprache eher berücksichtigen. Dadurch kommen mehr Konzeptfacetten zur Sprache. Diese Pointierung wird in Analyseergebnis 6.3 festgehalten:

Analyseergebnis 6.3
Wenn Lehrkräfte die Sprachreflexion durch gezielte Fragen auf spezifische Strukturen der anderen Sprache fokussieren, kann dies Lernende unterstützen, ihre Übersetzungen genauer und näher an der ursprünglichen Formulierung zu gestalten und die spezifischen Konstruktionen der anderen Sprachen näher zu berücksichtigen. Das ist die Grundlage, um die dabei impliziten Konzeptfacetten sichtbar machen zu können.

Das Ziel der Analyse von Transkript 15 aus Designexperiment-Zyklus 3, nach der Analyse der Transkriptauschnitte 14a bis 14c aus Designexperiment-Zyklus 1, war es, die Entwicklung der Implementierung des Designelements DE2 über die Zyklen hinweg zu rekonstruieren. Im Folgenden wird die Analyse des Transkripts 14 fortgesetzt, wobei der Transkriptauschnitt 14c als Grundlage dient. Dies ermöglicht eine weitere Pointierung der Hypothese 6.

Fortsetzung des Transkripts 11.14 und seine Analyse: Anknüpfen an Oberflächenstrukturen

Im ersten Teil des Transkripts 14 (Transkriptausschnitt 14a bis 14c) wurde aufgezeigt, wie herausfordernd es für die Lehrkraft sein kann, spontan an die Beiträge der Lernenden anzuknüpfen, wenn diese ausschließlich grob semantische Übersetzungen ihrer Beiträge liefern (siehe Analyseergebnis 6.2). Im Transkriptausschnitt 11.14c greift die Lehrerin ad hoc auf keine Strategie zurück, um den die sprachspezifische Charakterisierung der Übersetzungen zu unterstützen. Sie leitet lediglich eine Verknüpfung zwischen einer „Wenn-Dann"-Konstruktion und der von den Lernenden bis dahin erörterten „Je-Desto"-Konstruktion ein. Die inhaltliche Vielfalt, die in der Kleingruppensituation im Transkript 11.13 (d. h. der exemplarischen Analyse des Austausches in der deutsch-türkischsprachigen Kleingruppen in der Arbeitsphase vor dem Klassengespräch) sichtbar war, wurde hier nicht mehr erkennbar, und die Lehrerin kann sie nicht wirklich ausschöpfen.

In der Fortsetzung der Sequenz im folgenden Transkriptausschnitt 11.14d ändert die Lehrerin ihren Moderationsmodus zu einem stärker inhaltlichen Elizitieren sowie metasprachlichen Anregen. Sie fragt nicht nach weiteren Sätzen, sondern macht sie die Lernenden auf die Struktur der bereits vorhandenen Sätze aufmerksam. Auf diese Weise wählt sie einen Ansatz, der die Kontrastierung der Sprachen und die Sprachreflexion in den Vordergrund stellt.

Dies wird nun genauer analysiert, da diese weitere Realisierung des Anknüpfens an die Übersetzungen der Lernenden zur weiteren Pointierung der Hypothese 6 trägt.

Transkriptausschnitt 11.14d: Fortsetzung von 11.14c

46	*Leh*	Was seht ihr hier? Es sind unterschiedlichen Sprachen, aber guck mal hier in der Struktur. Was ist gemeinsam in diesen vier Sätzen? Was haben diese vier Sätze gemeinsam?	*Metasprachliches Anregen*
47	*Sai*	Sie haben alle die gleiche Bedeutung	
48	*Leh*	Alle haben die gleiche Bedeutung	*Inhaltliches*
49	*Leh*	Was noch?	*Elizitieren*
50	*Kor*	Sie werden anders geschrieben	
51	*Leh*	Ich sehe auch eine andere Gemeinsamkeit, ganz spannend	*Metasprachliches Anregen*
52	*Ale*	Sie haben ähnliche Buchstaben	

53	Leh	Was noch?	
54	Kim	Die Anzahl der Wörter	
55	Leh	Es gibt noch etwas, was in jedem Satz ist.	
56	Dim	Ein Komma?	
57	Leh	Ein Komma!	
58	Leh	Was heißt das? Was bedeutet, dass ich da ein Komma habe?	*Inhaltliches Elizitieren*
59	Esr	Dass wir zwei Satzteile haben.	
60	Leh	Was bedeutet der erste Teil von diesem Satz? *[unterstreicht jeweils den ersten Satz in grün.]*	*Inhaltliches Elizitieren [Metasprachliches Anregen]*
61	Pio	Je mehr Äpfel	
62	Leh	Je mehr Äpfel *[wiederholt im langsamen und kontinuerlichen Ton.]*. Genau, wo sehe ich das hier auf dem doppelten Zahlenstrahl?	*Inhaltliches Elizitieren*
63	Leh	Wo genau auf dem Zahlenstrahl kann ich das sehen?	
64	Rid	Oben?	
66	Leh	Genau, oben, oder? Je mehr Äpfel *[Lehrerin bewegt die Kreise entlang des oberen Zahlenstrahls und spricht den Satz ausgedehnt aus.]*. Auch mit dieser Bewegung, je mehr Äpfel *[Satz wird ebenfalls ausgedehnt ausgesprochen.]*.	*Inhaltliches Elizitieren [Metasprachliches Anregen]*
67	Leh	Und was sagt der zweite Teil? *[unterstreicht jeweils den ersten Satz in rot.]*	
68	Ahm	Desto höher ist der Preis, würde ich so sagen.	
69	Sad	Unten	
70	Leh	Warum unten? *[Lehrerin färbt die einzelnen Zahlenstrahlen entsprechend rot oder grün.]*	*Inhaltliches Elizitieren*
71	Sad	Weil oben schon die Anzahl der Äpfel steht?	

In der vorliegenden Sequenz ändert die Lehrerin ihren Ansatz, um auf die Beiträge der Lernenden zu reagieren und legt dabei den Fokus auf die Struktur der Sätze. In Turn 46 stellt sie die Frage: *„Was seht ihr hier? Es sind unterschiedlichen Sprachen, aber guck mal hier in der Struktur. Was ist gemeinsam in diesen vier Sätzen? Was haben diese vier Sätze gemeinsam?"* (Turn 46). Sie scheint einen konkreten Plan bzw. eine bestimmte Antwort im Kopf zu haben. Daraufhin verknüpft Sadik die Frage mit der vorherigen Phase, in der die Rückübersetzung der Sätze ins Deutsche gleich ausfielen und bezieht sich auf die Bedeutung: *„Sie haben alle die gleiche Bedeutung"* (Turn 47). Die Lehrerin paraphrasiert Sadiks Feststellung und fragt nach weiteren Gemeinsamkeiten, was als inhaltliches Elizitieren kodiert wird. *„Sie werden anders geschrieben"*, sagt Koray in Turn 50. Die Lehrerin erfragt keine genaueren Erklärungen, elizitiert stattdessen weitere Antworten und regt zur metasprachlichen Reflexion an. Als die Lernenden in Turn 56 das Komma als gemeinsame Eigenschaft nennen, stimmt sie zu und hebt nach der *Trial-and-Error*-Phase das hervor, worauf sie vermutlich gewartet hat: „*Ein Komma!*" (Turn 57). Daraufhin fragt sie nach weiteren Erläuterungen: *Was heißt das? Was bedeutet, dass ich da ein Komma habe?* (Turn 58).

Als Antwort bezieht Esra die schriftliche Struktur des Kommas ein: „*Dass wir zwei Satzteile haben.*" (Turn 59). Die Lernenden haben in allen Sprachen die zwei Teile des Bedingungssatzes durch ein Komma getrennt (siehe Abbildung 11.13). Auch, wenn dies eine ungewöhnliche Nutzung einiger Sprache oder dem Transfer deutscher Regeln entsprechen mag, ermöglicht es der Lehrerin, eine Abstraktion zur Kovariation als Beziehung zwischen zwei Größen vorzunehmen. Sie fragt nach dem ersten Satzteil: „*Was bedeutet der erste Teil von diesem Satz?*" (Turn 60). „*Je mehr Äpfel*" antwortet Piotrek in Turn 61. Dies wiederholt die Lehrerin in einem langsamen und kontinuierlichen Ton und initiiert damit einen Impuls zur Verortung dieses Satzes auf dem doppelten Zahlenstrahl „*[...] Genau, wo sehe ich das hier auf dem doppelten Zahlenstrahl?*" (Turn 62).

Die Lernenden identifizieren an der graphischen Darstellung – oben und unten bzw. an jedem der beiden Zahlenstrahlen – die zwei Größen. Die Lehrerin verdeutlicht das gleichmäßige Wachstum (die Kovariation) gestisch durch eine kontinuierliche und langsame Bewegung der Kreide entlang des Zahlenstrahls. Sie unterstreicht die jeweiligen Satzteile mit Farben und markiert den entsprechenden Zahlenstrahl in derselben Farbe (siehe Abbildung 11.13). Diese Pointierung wird in Analyseergebnis 6.4 festgehalten (Tabelle 11.6):

Analyseergebnis 6.4
Wenn die Lehrkraft die tiefen sprachlichen Strukturen nicht sofort erkennen kann, bietet das Anknüpfen an strukturellen Aspekten in den Lernendenbeiträge eine alternative Lerngelegenheit, dabei können die metasprachlichen Kompetenzen angeregt werden.

Zusammenfassung der Hypothese 6

Tabelle 11.6   Zusammenfassung der generierten Hypothese H6 mit Analyseergebnissen 6.1 bis 6.4

Designelement	Hypothese 6	Analyseergebnisse 6.1 bis 6.4
Aufträge zum Übersetzen zentraler bedeutungsbezogener Sprachmittel	Das Anknüpfen an Übersetzungen lässt sich auf unterschiedliche Art und Weisen realisieren.	6.1 Das Sammeln von mehrsprachigen Beiträgen kann als eine produktive Praktik betrachtet werden, um mehrere Lernende einzubeziehen und gegebenenfalls auch mehrere Sprachen zu berücksichtigen. Sie entfaltet ihr Potenzial jedoch kaum, wenn die Lehrkraft im Klassengespräch nicht ausreichend Zeit dafür einräumt, sich intensiver mit den spezifischen Sätzen und ihren Bedeutungen zu beschäftigen. 6.2 Das spontane Anknüpfen an Lernendenbeiträge bedarf die Unterstützung der Lernenden als Experten für ihre Sprachen. Allerdings können tiefergehende Erkenntnisse über die in den mehrsprachigen Ausdrücken adressierten Konzeptfacetten nicht über grobe semantische Übersetzungen erlangt werden. Eine Übersetzung, die den Eigenheiten der jeweiligen Wortbildungen und Satzkonstruktionen reflektierend Rechnung trägt, ist bezüglich Sprachreflexion anspruchsvoll und ggf. ohne Unterstützung der Lehrkraft kaum zu erzielen. 6.3 Wenn Lehrkräfte die Sprachreflexion durch gezielte Fragen auf spezifische Strukturen der anderen Sprache fokussieren, kann dies Lernende unterstützen, ihre Übersetzungen genauer und näher an der ursprünglichen Formulierung zu gestalten und die spezifischen Konstruktionen der anderen Sprachen näher zu berücksichtigen. Das ist die Grundlage, um die dabei impliziten Konzeptfacetten sichtbar machen zu können. 6.4 Wenn die Lehrkraft die tiefen sprachlichen Strukturen nicht sofort erkennen kann, bietet das Anknüpfen an strukturellen Aspekten in den Lernendenbeiträge eine alternative Lerngelegenheit, dabei können die metasprachlichen Kompetenzen angeregt werden.

11.2.3 Rekonstruierte Gelingensbedingungen für das Designelement DE2

In den Abschnitten 11.2.1 und 11.2.2 wurden die situativen Potenzialen von Übersetzungsaufträgen zentraler bedeutungsbezogener Sprachmittel rekonstruiert. Dabei wurde eingehend betrachtet, unter welchen Bedingungen Übersetzungsaufträge ihr Potenzial entfalten können, um durch die damit verbundene Aktivierung der sprachlichen Repertoires der Lernenden ihren Prozess der Bedeutungskonstruktion zu unterstützen. Diese Erkenntnisse bilden die Gelingensbedingungen für das Designelement DE2 – *Übersetzungsaufträge zentraler bedeutungsbezogener Sprachmittel*, die im Folgenden detailliert herausgearbeitet werden.

Übersetzungsaufträge sollten...

- *das diskursive mehrsprachige Handeln anregen:* Übersetzungsaufträge, die nicht nur die Arbeit am Äußerungsakt fordern, sondern auch das diskursive mehrsprachige Handeln unterstützen und das genaue Durchdenken des Übersetzten benötigen, haben sich als förderlich für das Einbeziehen von Mehrsprachigkeit für das fachliche Lernen gezeigt (Analyseergebnis 5.1, 6.1, 6.2).
- *bedeutungsbezogene Sprachmittel zum Übersetzen beinhalten:* Die Auswahl zentraler bedeutungsbezogener Sprachmittel wie „pro Portion" und „Je..., desto..." erwies sich als förderlich, während die Übersetzung rein formalbezogener Sprachmittel weniger Potentiale entfalteten (vergleichend analysiert in Wagner, Krause & Redder 2022). Die sprachliche Aufbereitung des Lerngegenstands zeigte sich als Schlüsselaspekt, um die fachlich relevanten bedeutungsbezogenen Sprachmittel zu identifizieren. Das Übersetzen solcher Sprachmittel scheint das diskursive Handeln im Übersetzungsprozess zu begünstigen und kann epistemische Chancen bieten (Analyseergebnis 5.2, 5.3).
- *explizit nachbesprochen werden:* Die epistemischen Chancen, die durch die Übersetzung bedeutungsbezogener Sprachmittel entstehen, sollten (durch Verknüpfung von der Lehrkraft angeleitet) explizit ausgelotet werden. Dies kann den Prozess der Bedeutungskonstruktion unterstützen und kann in sprachhomogenen Kleingruppen konzeptuelle und sprachliche Präzisierungsprozesse anregen (Analyseergebnis 5.3, 5.4).
- *durch die Lehrkraft im Sinne der Sprachreflexion während ihrer Realisierung und im Klassengespräch unterstützt werden:* Die Förderung der Sprachreflexion (z. B. durch gezielte Fragen zu spezifischen Strukturen der verschiedenen Sprachen) kann Lernenden dabei helfen, ihre Übersetzungen genauer zu gestalten und die spezifischen Konstruktionen der anderen Sprachen

zu berücksichtigen. Zudem kann das Anknüpfen an strukturellen Aspekten in den Lernendenbeiträgen eine alternative Lerngelegenheit bilden und die metasprachlichen Kompetenzen anregen (Analyseergebnis 6.3, 6.4).

- *Lernende als Sprachexpertinnen und -experten einbeziehen:* Bei der spontanen Anknüpfung an Lernendenbeiträgen sollten die Lernenden als Expertinnen und Experten für ihre Sprachen adressiert, aber auch unterstützt werden. Denn die Reflexion der jeweiligen Wortbildungen und Satzkonstruktionen bei der Übersetzung ist dabei von hoher Bedeutung und erfordert die Unterstützung der Lehrkraft (Analyseergebnis 6.2).

- *mehrere Sprachen der Lernenden berücksichtigen:* Das Sammeln von mehrsprachigen Beiträgen kann das Potenzial von Übersetzungsaufträgen erweitern, indem mehrere Lernende und Sprachen einbezogen werden. Dafür muss jedoch ausreichend Zeit im Klassengespräch eingeplant werden, um die spezifischen Sätze und ihre Bedeutungen intensiver zu behandeln (Analyseergebnis 6.1)

Somit zeigen die Zusammenfassungen der Gelingensbedingungen (Abschnitt 11.1.5 und vorliegender Abschnitt) in Bezug auf Forschungsfrage 2.2b, dass sich die Potentiale der Designelemente 1 und 2 keineswegs automatisch entfalten, sondern durch die zentrale Gelingensbedingung einer sehr gezielten, die Sprachreflexion unterstützende Moderation der Lehrkraft gefördert werden, damit sich nicht als verpasste epistemische Chancen ungenutzt bleiben. Dies ist für Lehrkräfte anspruchsvoll, aber für Lernende vielversprechend.

Didaktische Konsequenzen 12

Die vorliegende Dissertation untersucht unter anderem die Frage (F2.1), inwiefern sich die Mehrsprachigkeit in sprachlich heterogenen Klassen für das fachliche Lernen nutzen lässt. Es geht insbesondere darum, den konkreten Einbezug verschiedener Sprachen im Fachunterricht zu erläutern, mit dem Ziel, den Aufbau von Konzeptverständnis zu unterstützen.

In Kapitel 12 werden die aus den Analysen in Kapitel 11 gewonnenen Erkenntnisse aufgegriffen, eingeordnet und daraus konkrete Konsequenzen abgeleitet. Ziel des Kapitels ist es, die Anforderungen an die Unterrichtsplanung und die Unterrichtsgestaltung zu beleuchten, die mit der Berücksichtigung und dem Einbezug der mehrsprachigen Repertoires der Lernenden in superdiversen Klassen für das Mathematiklernen verbunden sind.

In Abschnitt 12.1 werden die Analyseergebnisse in Bezug auf Konsequenzen für die Unterrichtsebene diskutiert, dies betrifft sowohl Aspekte der Unterrichtsplanung (Abschnitt 12.1.1) als auch Besonderheiten der Unterrichtsgestaltung (Abschnitt 12.1.2).

In Abschnitt 12.2 wird herausgearbeitet, dass der Einbezug von Mehrsprachigkeit nicht nur spontan von der Lehrkraft umgesetzt werden sollte, da dabei viele Lerngelegenheiten verpasst werden können (siehe Kapitel 11). Er könnte stattdessen durch weitere Entwicklungs- und Forschungsmaßnahmen gestärkt werden, die Einbezüge von Mehrsprachigkeit im Unterrichtsmaterial berücksichtigen.

© Der/die Autor(en), exklusiv lizenziert an Springer Fachmedien Wiesbaden   267
GmbH, ein Teil von Springer Nature 2024
Á. Uribe, *Mehrsprachigkeit im sprachbildenden Mathematikunterricht*,
Dortmunder Beiträge zur Entwicklung und Erforschung des
Mathematikunterrichts 53, https://doi.org/10.1007/978-3-658-46054-9_12

12.1 Konsequenzen für die Unterrichtsplanung und die Unterrichtsgestaltung durch Lehrkräfte

Die empirisch generierten Hypothesen und die ausdifferenzierenden Analyseergebnisse aus Kapitel 11 liefern Informationen über konkrete Potenziale des Einbezugs nicht-geteilter Mehrsprachigkeit sowie einiger Gelingensbedingungen ihrer Entfaltung. Aus diesen werden in vorliegendem Abschnitt Konsequenzen für die Planung und Gestaltung eines Unterrichts gezogen, in dem die epistemischen Potenziale des Einbezugs von Sprachen jenseits der Unterrichtssprache zur Bedeutungskonstruktion ausgeschöpft werden können.

12.1.1 Konsequenzen für die Unterrichtsplanung

Die Unterrichtsplanung ist als der Prozess zu verstehen, bei dem Lehrkräfte im Vorfeld didaktische und organisatorische Entscheidungen treffen – im Kontext dieser Arbeit, bezogen auf den Mehrsprachigkeitseinbezug im Mathematikunterricht –, um diese anschließend im tatsächlichen Unterricht umzusetzen.

Bei der Planung eines mehrsprachigkeitseinbeziehenden Unterrichts ist es wesentlich die *Zielsetzung* im Detail zu definieren. Die Ziele des Mehrsprachigkeitseinbezugs können variieren: Sie können von der Wertschätzung der Sprachenvielfalt in der Klasse über die Aktivierung anderer Sprachen in kommunikativer Funktion bis hin zur Nutzung anderer Sprachen in epistemischer Funktion als Ressource in Prozessen der Bedeutungskonstruktion reichen. Letzteres ist Kern dieser Arbeit. Für die ersten beiden Ziele liegen bereits gut ausgearbeitete Ansätze vor.

Bereits im Theorieteil und der Studie 1 wurde herausgearbeitet, dass ein Mathematikunterricht, der Mehrsprachigkeit einbezieht, mit dem Ziel, die epistemischen Potenziale des Einbezugs von Familiensprachen zu nutzen, generell einen sprachbildenden Fokus auf Mathematikunterricht erfordert (siehe Abschnitt 3.2), sprich gewisse *Orientierungen* der Lehrkraft und somit des Unterrichts verlangt. Ein sprachbildender Unterricht – das heißt, ein Unterricht, der den sukzessiven Sprachaufbau im Einklang mit dem fachlichen Wissensaufbau unterstützt (Prediger 2020a) – bildet eine unverzichtbare Grundlage für den Mehrsprachigkeitseinbezug. Dabei kann die Mehrsprachigkeit integrativ als Teilaspekt des sprachbildenden Ansatzes berücksichtig werden. Ein sprachbildender Unterricht basiert auf folgenden grundlegenden Orientierungen: Akzeptanz von Sprache als Lerngegenstand des Mathematikunterrichts, eine offensive statt einer defensiven und eine integrative statt einer additiven Herangehensweise sowie eine

Verstehens- statt einer Kalkülorientierung des Unterrichts (siehe Abschnitt 3.2 nach Prediger 2020a). In diesem Rahmen kann Mehrsprachigkeit als epistemische Ressource herangezogen werden, die gerade die Bedeutungskonstruktion im Sinne einer Verstehensorientierung unterstützt.

Erleichtert wird die Umsetzung dieser Orientierungen durch die Auswahl, Anpassung oder Entwicklung von Lehr-Lern-Materialien, die sowohl sprachliche als auch fachliche Aspekte berücksichtigen. Für die Materialien wurden in dieser Arbeit vier Designprinzipien des sprachbildenden Mathematikunterrichts vorgeschlagen, DP1) Prinzip der Sprachen- und Darstellungsvernetzung, DP2) Prinzip des Scaffolding mit fachlichem und sprachlichem Lernpfad, DP3) Prinzip der reichhaltigen Diskursanregung, DP4) Prinzip der Formulierungsvariation und des Sprachenvergleichs, im Zuge des Mehrsprachigkeitseinbezugs. Das Prinzip der reichhaltigen Diskursanregung wurde in dieser Arbeit bzgl. zweier Designelemente untersucht, DE1) Aufträge zum mehrsprachigen Erklären bedeutungsbezogener Sprachmittel und DE2) Aufträge zum Übersetzen zentraler bedeutungsbezogener Sprachmittel.

Selbst bei der Arbeit mit bereits vorliegendem sprachbildendem Unterrichtsmaterial sollten Lehrkräfte bei der Unterrichtsplanung für sprachbildenden mehrsprachigkeitseinbeziehenden Mathematikunterricht noch einmal die fachlich relevanten sprachlichen Anforderungen des konkreten Lerngegenstands genau analysieren (siehe Abschnitt 4.2 und 10.1). Dabei ist der Fokus nicht nur auf die formalbezogenen Sprachmittel zu legen, sondern auf diejenigen Sprachmittel in der Unterrichtssprache, die für den Vorstellungsaufbau vonnöten sind, sogenannte bedeutungsbezogene Sprachmittel. In Abschnitt 10.2.2 wurde bereits dargelegt, dass das Identifizieren dieser Sprachmittel innerhalb der Unterrichtssprache für den Einbezug der Mehrsprachigkeit unerlässlich ist, denn diese bieten sich an, um diskursive Aufgabenstellungen zu generieren, bei denen das mehrsprachige Erklären und Begründen gefördert werden. So zeigt Analyseergebnis 1.3 (siehe Abschnitt 11.1.1), dass die mehrsprachigen Ressourcen gezielt zu aktivieren sind und gerade die gezielte Aktivierung dieser für Erklärprozesse zur Initiierung spontaner mehrsprachiger Aushandlungsprozesse führen kann.

In Übereinstimmung mit dem Ziel der epistemischen Aktivierung von Mehrsprachigkeit haben die vorigen Arbeiten im Projekt MuM-Multi I die Potenziale der Adressierung sprachbezogener Konzeptualisierungen aufgezeigt (Kuzu 2019; Prediger, Kuzu et al. 2019). Die vorliegende Arbeit belegt, dass neben den sprachengebundenen Konzeptfacetten auch mehrsprachiges diskursives Handeln an relevanten Stellen ebenfalls zu epistemischen Chancen führen kann (siehe Kapitel 11). Übersetzungsaufträge und Erkläraufträge bedeutungsbezogener Sprachmittel haben sich als Gelegenheit erwiesen, konzeptuelle Auffaltungsprozesse zu unterstützen.

In Kontexten geteilter Mehrsprachigkeit können mehrsprachige Lehrkräfte darüber hinaus auch bedeutungsbezogene Sprachmittel in anderen Sprachen der Lernenden statt nur in der Unterrichtssprache identifizieren und diese sowohl sprachlich als auch fachdidaktisch analysieren, um herauszufinden, welche Konzeptfacetten durch diese adressiert werden. Gerade Sprachmittel, die unterschiedliche sprachgebundene Konzeptualisierungen hervorrufen, bieten große Potenziale, um durch deren Einbezug den Prozess der Bedeutungskonstruktion anzureichern (siehe Abschnitt 2.3.2). Dennoch sind die Sprachenkontexte und die sprachlichen Repertoires der Lehrkräfte oft nicht von dieser Voraussetzung geprägt.

Die Studie 2 zeigt, wie selbst mehrsprachige Lehrkräfte an ihre Grenzen stoßen können, so dass sie nicht alle Potenziale des Mehrsprachigkeitseinbezugs ausschöpfen können, wenn sich die Expertise nicht auf alle Sprachen der Klasse bezieht. Wie die Entwicklung von Unterrichtsmaterialien mit Mehrsprachigkeitseinbezug diese Grenzen ausweiten könnte, wird in Abschnitt 11.2 thematisiert.

Die Erläuterungen im vorliegenden Abschnitt lassen sich in der Abbildung 12.1 darstellen.

Zielsetzung

Bedeutungskonstruktion durch den Mehrsprachigkeitseinbezug fördern

Orientierungen

Sprachbildender Unterricht als Voraussetzung und integrative Sicht auf Mehrsprachigkeit als Ressource zur Bedeutungskonstruktion

Vorbereitende Maßnahmen

Fachlich relevante sprachliche Anforderungen identifizieren

Ggf. bedeutungsbezogene Sprachmittel in den anderen Sprachen identifizieren und analysieren

Lehr-Lern-Materialien

Sprachbildende Unterrichtsmaterialien mit Koordination von Verständnis- und Sprachaufbau auswählen und hinsichtlich Mehrsprachigkeitseinbezug adaptieren

Abbildung 12.1 Teilaspekte der Unterrichtsplanung in Hinblick auf den Mehrsprachigkeitseinbezug

12.1.2 Konsequenzen für die Unterrichtsgestaltung durch Lehrkräfte

Die Unterrichtsgestaltung bezieht sich auf das konkrete Unterrichtsgeschehen bzw. auf die tatsächliche Durchführung des Unterrichts.

Der Einbezug von Mehrsprachigkeit kann im Unterricht in mehreren Komplexitätsstufen umgesetzt werden. In früheren Publikationen aus dem übergeordneten Projekt MuM-Multi II (Prediger, Uribe & Kuzu 2019; Redder, Krause et al. 2022) wurden diese auch als Schritte des Unterrichts beschrieben. Lehrkräfte können in die Unterrichtsgestaltung Mehrsprachigkeit einbeziehen, indem sie immer wieder punktuell folgende Maßnahmen zunehmender Komplexitätsstufen realisieren: (1) Mehrere Sprachen zulassen, (2) Mehrere Sprachen anregen, (3) Mehrere Sprachen anbieten. Durch diese Arbeit genauer ausdifferenziert wird (4) Sprachen vernetzen und Sprachreflexion anregen. Alle diese Schritte sind erforderlich, um Sprachenvernetzung zu unterstützen. Die didaktischen Konsequenzen für die Unterrichtsgestaltung werden entlang dieser Schritte dargestellt. Diese sind immer wieder zu realisieren und nicht chronologisch zu verstehen. Dabei wird besonders auf den Unterschied zwischen *geteilter* und *nicht-geteilter* Mehrsprachigkeit eingegangen, der entscheidend für die produktive Mobilisierung der Mehrsprachigkeit je nach Lernendengruppe ist.

Je nach Sprachenkonstellation, also ob die benutzen Sprachen von allen beherrscht werden oder nicht, ergibt sich ein relevanter methodischer Unterschied: Die Lehr-Lern-Prozesse in Kleingruppen mit geteilten Sprachen unterscheiden sich von den Lehr-Lern-Prozessen, zum Beispiel in der gesamten Klasse mit mehreren diversen Sprachen, und erfordern eine andere Art von Begleitung durch die Lehrkraft sowie andere Impulse. Studie 1 berücksichtigt Kleingruppen geteilter Mehrsprachigkeit mit Begleitung der Lehrkraft, Studie 2 Kleingruppen geteilter Mehrsprachigkeit ohne Begleitung der Lehrkraft und Klassengesprächsphasen mit nicht-geteilter Mehrsprachigkeit.

(1) Mehrere Sprachen zulassen
Die Analysen aus Kapitel 11 zeigen, dass die Nutzung der Familiensprachen im Mathematikunterricht keine Selbstverständlichkeit ist und zu Beginn eine gezielte Forcierung erfordert (Analyseergebnis 1.1 in Abschnitt 11.1.1). Denn selbst wenn die Familiensprachen Teil des außerschulischen Repertoires der Lernenden sind, können für ihre Nutzung im unterrichtlichen Rahmen zunächst Hürden in den sozialen Normen der sprachhierarchischen Sprachennutzung zu überwinden sein: Die Analysen zeigen, dass die Nutzung der Familiensprachen im Unterricht nicht automatisch erfolgt. In den Designexperiment-Zyklen 1 und 3 der Studie 2 wurde

das Lehr-Lern-Arrangement in Klassen implementiert, in denen die Mehrsprachigkeit der Lernenden für das Mathematiklernen zuvor nicht aktiviert worden
war. Die Analysen zeigen eine anfängliche Zurückhaltung der Lernenden bei der
Nutzung ihrer Familiensprachen im Unterricht, jedoch konnte ein sukzessiver
Anstieg der Nutzung festgestellt werden (Hypothese 1 in Abschnitt 11.1.1).

   Das Zulassen anderer Sprachen garantiert somit nicht ihre sofortige Aktivierung, die entsprechenden Praktiken der Aktivierung benötigen Zeit, sich zu
etablieren. Lernende empfinden es teilweise als ungewohnt, ihre Familiensprachen im unterrichtlichen Kontext zu nutzen. Daher ist es wichtig, ihre sukzessive
Nutzung durch gezielte Aufträge zu unterstützen. Selbstverständlich bleibt die
Unterrichtssprache – im deutschen Kontext Deutsch – weiterhin unerlässlich,
insbesondere in gemeinsamen Unterrichtsphasen.

   Je konsequenter die Familiensprachen im Unterricht zugelassen und in der
kommunikativen Funktion von Sprache etabliert werden, desto höher scheinen
die Chancen zu sein, dass die Mehrsprachigkeit auch eine epistemische Funktion übernehmen kann. Daher ist es gewinnbringend, alle Sprachen als legitime
Kommunikationsmittel zuzulassen (Gogolin 2008),

   Unter *Bedingungen der partiell geteilten Mehrsprachigkeit* können Lernende,
die die Unterrichtssprache und mindestens eine weitere Sprache teilen, Kleingruppen der geteilten Mehrsprachigkeit innerhalb der Klasse bilden. In den
Kleingruppen der geteilten Mehrsprachigkeit können die Lernenden ihre Mehrsprachigkeit kommunikativ in der Produktion aktivieren. Das Ziel ist dabei
nicht, die deutsche Sprache zu ersetzen, sondern diskursives Handeln in anderen Sprachen in gezielten Momenten einzufordern. In diesem Kontext kann
Mehrsprachigkeit sowohl in der kommunikativen als auch in der epistemischen
Funktion aktiviert werden. Dabei spielen die Lehr-Lern-Materialien und Aufgaben eine entscheidende Rolle, da keine Moderation durch die Lehrkraft stattfindet
(siehe Kapitel 9). Wie Analyseergebnis 1.2 (siehe Abschnitt 11.1.1) darlegt, liegt
der Schwerpunkt am Anfang hauptsächlich auf der kommunikativen Funktion von
Sprache. Die Nutzung der Familiensprache in epistemischer Funktion geschieht
nicht automatisch und erfordert gezielte Aufträge.

   Kleingruppen in den Familiensprachen sind jedoch nicht in jeder Klasse
für alle Lernenden möglich. In solchen Fällen kann den Lernenden die Möglichkeit gegeben werden, ihre schulischen Fremdsprachen oder individuell die
persönlichen sprachlichen Repertoires zu nutzen (wie z. B. im Transkript 10.12).

   Unter *Bedingungen nicht-geteilter Mehrsprachigkeit* (z. B. den Klassengesprächsphasen) werden die Sprachen seltener in der kommunikativen Funktion
aktiviert. In den Daten haben die Lernenden lediglich beispielsweise ihre Übersetzungen in ihre Familiensprachen vorgelesen. Selbst wenn der Inhalt dabei nicht

von allen Lernenden verstanden wird, war dies relevant, um den mehrsprachigen Charakter des Unterrichts zu bewahren und die jeweiligen Lernenden in ihren Sprachenvernetzungsprozessen zu unterstützen.

(2) Mehrere Sprachen anregen
Das Anregen mehrerer Sprachen geht insofern über das Zulassen hinaus, als auch die Qualität ihrer Aktivierung in Hinblick auf die Erschließung epistemischer Potenziale in den Blick genommen wird. Hierfür sind gezielte Aufträge erforderlich (Analyseergebnis 1.2 in Abschnitt 11.1.1). Die Nutzung der Familiensprache soll dabei in diskursiver Einbettung angeregt werden (Analyseergebnis 1.3 in Abschnitt 11.1.1). Die Impulse zur Anregung der Mehrsprachigkeitsnutzung sollen die zuvor in der Planung festgelegten Lernziele des sprachbildenden Fachunterrichts befördern.

Unter *Bedingungen geteilter Mehrsprachigkeit* kann dies zum Beispiel durch Lernumgebungen erreicht werden, die die Nutzung anderer Sprachen als der Unterrichtssprache einfordern. Diese können in der Unterrichtssprache formuliert sein und Aufträge enthalten, die die Sprachenaktivierung an diskursiv reichhaltigen Stellen anregen. Genau an dieser Stelle setzt das Design des erprobten Lehr-Lern-Arrangements an. Diese designbezogene Entscheidung hat sich als zielführend erwiesen:

In Unterrichtsmaterialien in der Unterrichtssprache (Deutsch) wurden mit den Designelementen DE1 und DE2 *mehrsprachigkeitseinbeziehende Aufträge* integriert, die das *diskursive mehrsprachige Handeln*, d. h. das „Erklären" und das „Übersetzen" bedeutungsbezogener Sprachmittel anregen. Solche Aufträge haben epistemische Potenziale, um den Prozess der Bedeutungskonstruktion zu fördern. Mehrsprachige Erkläraufträge, d. h. Aufgaben, bei denen die Lernenden dazu aufgefordert werden, mehrsprachig inhaltlich zu erklären, scheinen zudem auch die Sprachenvernetzung zu unterstützen. In Hypothese 2 (siehe Abschnitt 11.1.2) wurde festgehalten, dass insbesondere der Wechsel zwischen den Sprachen mit Rückgriff auf die Ausgangssprache ihre Vernetzung zu begünstigen scheint.

Unter *Bedingungen nicht-geteilter Mehrsprachigkeit* können *Impulse zum individuellen Nachdenken*, wie bestimmte Konzepte in den jeweiligen Sprachen ausgedrückt werden, die individuelle und intensivierte Nutzung der ganzheitlichen sprachlichen Repertoires unterstützen. Die Lernenden können dabei lernen, ihren eigenen Sprachen auf eine neue, reflektierende Art und Weise zu begegnen. Diese individuelle Aktivierung kann durch die Förderung metasprachlicher Kompetenzen in Hinblick auf das Ziel der Erschließung epistemischer Potenziale gestärkt werden.

Hypothese 2 (siehe Abschnitt 11.1.2) hebt hervor, dass das Anregen mehrerer Sprachen durchaus schwerpunktmäßig in der Unterrichtssprache erfolgen kann. Beispielsweise legt Analyseergebnis 2.1 nahe, dass bereits das mehrsprachige Erklären deutschsprachiger Sprachmittel die Aktivierung verschiedener Konzeptfacetten anregen kann. Dies gilt allerdings nur bei geeigneter Auswahl der Erkläraufträge. Gemäß Analyseergebnis 2.2 sollten beim mehrsprachigen Erklären nicht nur die sprachliche Darstellung aktiviert werden, sondern auch durch das Erklären gewisse Relevanzsetzungen sichtbar werden, dann kann sich das sprachliche Repertoire in größerer Ganzheitlichkeit bewähren. Analyseergebnis 4.1 (siehe Abschnitt 11.1.4) entlastet die Komplexität insofern, als mehrsprachige Beiträge andere Mitlernende nicht irritieren, wenn sie beispielsweise im Plenum eingebracht werden. Sie können vielmehr als Ausgangspunkte für inhaltliche Diskussionen im Klassengespräch dienen.

(3) Mehrere Sprachen und Darstellungen anbieten
Das Anbieten mehrerer Sprachen ist eines der langfristigen Ziele des mehrsprachigkeitseinbeziehenden Mathematikunterrichts. Im Idealfall ist sie unterfüttert durch eine spezifische Planung und forschungsbasiert entwickeltes mehrsprachigkeitseinbeziehendes Unterrichtsmaterial (siehe Abschnitt 12.2). Das Anbieten mehrerer Sprachen kann jedoch bereits niederschwellig erfolgen, zum Beispiel wie im erprobten Lehr-Lern-Arrangement, durch mehrsprachige Äußerungen im Unterrichtsmaterial, die den mehrsprachigen Austausch in den Kleingruppen anregen sollen (siehe Abbildung 10.10).

Unter *Bedingungen geteilter Mehrsprachigkeit* kann das Bereitstellen von *teil-mehrsprachigem Unterrichtsmaterial bzw. Sprachvorbildern* eine Möglichkeit sein, Sprachen anzubieten. Dies ist schwieriger zu realisieren, als „nur" mehrere Sprachen zuzulassen, muss allerdings nicht alle Sprachen der Klasse adressieren. Bereits das Vorgeben mehrsprachiger Äußerungen (im erprobten Lehr-Lern-Arrangement in Sprechblasen als Sprachvorbilder) kann die Nutzung von Mehrsprachigkeit anregen, und auch eine Richtung vorgeben, wie die Sprachen in epistemischer Funktion durch die Lernenden aktiviert werden können.

Auch unter *Bedingungen nicht-geteilter Mehrsprachigkeit* können *sprachgebundene Konzeptualisierungen* (in Originalsprache und strukturgetreuer Wort-für-Wort-Übersetzung) *gezielt in die Aufträge* eingebaut werden. Diese können auf Deutsch behandelt und reflektiert werden. In einer Klasse kann zum Beispiel über den Unterschied gesprochen werden, wie der Begriff Dreieck in der spanischen Sprache „triángulo" (`dreiwinkel` – spanisches Wort für Dreieck) konzeptualisiert wird. Dafür muss dies entweder das Lehr-Lern-Material berücksichtigen,

die Lehrkraft über ein etabliertes Repertoire über solche lerngegenstandspezifischen Konzeptualisierungen verfügen oder die Lernenden in der Lage sein, diese
feinen Unterschiede in ihren Sprachen selbst zu artikulieren und anschließend zu
reflektieren. Das metasprachliche Reflexionsvermögen der Lernenden kann dazu
vermutlich mittelfristig auf- und ausgebaut werden, schon innerhalb eines Unterrichtsgesprächs zeigten sich dazu leichte Verbesserungen (Transkript 10.15). Eine
Umsetzung unter gezieltem Einbezug verschiedener andersnuancierter Sprachmittel wurde im Rahmen der Dissertation nicht erprobt und stellt eine erwünschte
Weiterentwicklung dar.

Das Anbieten mehrerer Sprachen liegt nicht immer in den Händen der
Lehrkräfte, da hierfür eine ganz andere Expertise benötigt wird. Ein wichtiger Ansatz ist bereits das Anbieten mehrerer Darstellungen (Hypothese 3 in
Abschnitt 11.1.3). Hypothese 3 legt dar, dass das Erklären mittels graphischer
Darstellungen den Fokus auf die Mehrsprachennutzung mit graphischem Scaffolding lenkt. Die Nutzung von graphischen Darstellungen kann es Lernenden
ermöglichen, Konzepte und Zusammenhänge sprachübergreifend zu erfassen und
darüber zu diskutieren, auch wenn sie die formalbezogenen Sprachmittel in den
anderen Sprachen nicht vollständig beherrschen (Analyseergebnis 3.1).

(4) Sprachreflexion anregen
Nur weil eine Sprache Teil des außerschulischen mehrsprachigen Repertoires ist,
bedeutet das nicht automatisch, dass sie zum vertieften Nachdenken über die
Auswirkungen linguistischer Eigenschaften auf Begriffsbildungsprozesse genutzt
wird. Die Sprachreflexion muss angeregt, unterstützt und sukzessive auf- und
ausgebaut werden.

Unter *Bedingungen geteilter Mehrsprachigkeit* können Impulse zum Sprachenvergleich und zur Sprachreflexion das Bewusstmachen der Strukturen anregen.
Im Fokus steht der kontrastive Umgang mit den Familiensprachen und der Unterrichtssprache. Die Sprachreflexion setzt einerseits metasprachliche Kompetenzen
voraus, kann diese aber auch sukzessive ausbauen. Dazu sollten die Lernenden dabei unterstützt werden, ihre Familiensprachen nicht nur in der Produktion
zu nutzen, sondern auch über deren linguistische Spezifika und ihre Auswir-
kung auf die Bedeutungskonstruktion nachzudenken. Wie in Analyseergebnis
5.2 (siehe Abschnitt 11.2.1) zusammengefasst, können z. B. durch Übersetzungsprozesse zahlreiche epistemische Chancen durch Adressieren verschiedener
Konzeptfacetten entstehen, die jedoch nicht automatisch verknüpft werden.

Dazu sollten die metasprachlichen Kompetenzen sukzessive gefördert werden.
In der Analyse wurden potenzielle epistemische Wirkungen des mehrsprachigen Erklärens oder von Übersetzungsprozessen festgestellt. Die Lernenden haben

teilweise durch das Erklären oder Übersetzen in andere Sprachen verschiedene Facetten des Lerngegenstands adressiert. Es ist jedoch nicht möglich festzustellen, ob diese analytisch rekonstruierten Kategorien von den Lernenden wahrgenommen wurden. Dazu sollten metasprachliche Reflexionen über die mehrsprachigen Beiträge, beispielsweise Übersetzungen, fokussiert angeleitet und so die metasprachlichen Kompetenzen gefördert werden.

Unter *Bedingungen nicht-geteilter Mehrsprachigkeit* ist die Mitwirkung der Lernenden unerlässlich (z. B. im Klassengespräch). Die Lehrkraft kann nicht unbedingt spontan auf die Beiträge der Lernenden reagieren und inhaltlich die anderssprachigen Beiträge analysieren. Dazu sollte die Kompetenz der Lernenden ausgebaut werden, als Expertinnen und Experten für ihre Sprachen zu agieren, so dass sich die Lehrkraft auf die Funktion des Orchestrierens konzentrieren kann (Hypothese 4 in Abschnitt 11.1.4). Die dazu notwendige Expertise beinhaltet nicht nur die Beherrschung der jeweiligen Sprachen, sondern auch die Reflexion über diese, um nicht nur sinngemäße Übersetzungen zu transportieren, sondern auch inhaltlich und sprachstrukturell über die Sprachmittel zu reflektieren. Transkript 10.15 gibt einen ersten Beleg, dass die nicht nur sinngemäßen Übersetzungen durch *Impulse zum Sprachvergleich und zur Sprachreflexion* angeregt und unterstützt werden können. Durch Sprachreflexion und Sprachvergleich unter Bedingungen nicht-geteilter Mehrsprachigkeit werden die verschiedenen Sprachen auf einer übergeordneten Ebene vernetzt. Die Aufgaben sollten so gestaltet sein, dass sie die Vernetzung von Sprachen anregen und die Aktivierung metasprachlicher Kompetenzen fördern.

Unter Bedingungen der nicht-geteilten Mehrsprachigkeit ist außerdem eine *sprachenvernetzende Gesprächsführung* von Vorteil. Selbst, wenn die Lehrkraft möglicherweise nicht alle in der Klasse vertretenen Sprache beherrscht, übernimmt sie eine moderierende Rolle. Die Art und Weise der Impulse sind dabei entscheidend für die lernförderliche Orchestrierung der mehrsprachigen Lernendenbeiträge (Hypothese 6 in Abschnitt 11.2.2). Die Sprachenvernetzung sollte dabei dem Prozess der Bedeutungskonstruktion dienen.

Abbildung 12.2 fasst die verschiedenen Schritte der Mehrsprachigkeitsaktivierung zusammen und konkretisiert diese anhand exemplarischer Lernaktivitäten.

Abbildung 12.2 Handlungen der Lehrkraft im mehrsprachigkeitseinbeziehenden Unterricht und jeweilige Lehr-Lern-Aktivitäten

12.2 Forschungsbasierte Entwicklung von mehrsprachigkeitseinbeziehenden Materialien in transdisziplinärer Zusammenarbeit

Die ausgeführten didaktischen Konsequenzen und die Analysen in Kapitel 11 verdeutlichen die Herausforderungen und verpassten Gelegenheiten, die durch die Erwartung einer spontanen Anknüpfung an eine unbekannte Sprache entstehen können. Sie zeigen, dass eine gewinnbringende Anknüpfung an epistemisch relevante Stellen ohne eine angemessene Deutung der Lernendenbeiträge unwahrscheinlich ist.

Um diesen Herausforderungen zu begegnen, ist die Entwicklung von Unterrichtsmaterialien in Zusammenarbeit zwischen Fachdidaktikerinnen und Fachdidaktikern sowie Sprachexpertinnen und Sprachexperten notwendig. Darüber hinaus erscheint der Austausch von Erfahrungen, die Identifizierung von Best Practices und die gemeinsame Weiterentwicklung unterrichtlicher Maßnahmen zwischen Lehrkräften, Forschenden, Unterrichtsentwicklerinnen und -entwickler als unerlässlich in diesem Bereich.

Es ist wichtig zu betonen, dass eine reine sprachliche Analyse der Sprachen der Lernenden nicht ausreicht. Eine fundierte fachdidaktische Grundlage in zweierlei Hinsicht ist entscheidend, da zunächst die fachlich relevanten konzeptuellen Anforderungen sowie die fachlich relevanten sprachlichen Anforderungen identifiziert werden müssen. In Kapitel 10 wird diese Notwendigkeit theoretisch abgeleitet, während Kapitel 11 die Bedeutung der Identifizierung sprachlicher Anforderungen des Lerngegenstands durch empirisch gestützte Analysen hervorhebt.

Auf dieser Grundlage lassen sich die Stellen im konzeptuellen und sprachlichen Lernpfad identifizieren, an denen die Aktivierung der Mehrsprachigkeit besonders vorteilhaft sein kann. Dieser Planungsschritt erfordert interdisziplinäre Zusammenarbeit auf Planungsebene.

Zusätzlich sollte die Ausarbeitung der spezifischen Merkmale in den verschiedenen Sprachen berücksichtigt werden. Hierbei ist die Zusammenarbeit mit Sprachexpertinnen und -experten von zentraler Bedeutung. Um all diese Anforderungen zu erfüllen, sind weitere Studien und Entwicklungsmaßnahmen notwendig. Diese sollten die Identifizierung und Aufbereitung von Anknüpfungspunkten, die sowohl durch die Mehrsprachigkeit als auch durch interkulturelle Aspekte im Kontext des Lerngegenstands bedingt sind, umfassen.

Teil IV
Diskussion und Ausblick

Im abschließenden vierten Teil der Dissertation werden die Ergebnisse beider Studien theoretisch eingeordnet und aufgezeigt, welche Beiträge die vorliegende Forschungsarbeit zur Theoriebildung zum mehrsprachigkeitseinbeziehenden Mathematikunterricht leisten kann.

Beiträge der Analyseergebnisse zur Theoriebildung

13

Die Theoriebeiträge beider Studien werden jeweils nach den Designprinzipien strukturiert, also nach den grundlegenden präskriptiven Theorieelementen (Prediger 2019b). In den Abschnitten 13.1 und 13.2 wird erläutert, wie diese Designprinzipien durch ihre Konkretisierung für den nicht nur ein- und zweisprachigen, sondern mehrsprachigkeitseinbeziehenden Mathematikunterricht weiterentwickelt wurden. In Abschnitt 13.1 werden die Beiträge zur Theoriebildung aus der Studie 1 vorgestellt, bei der das Designprinzip der Darstellungs- und Sprachenvernetzung (DP1) im Vordergrund steht. In Abschnitt 13.2 wird der Fokus auf die Beiträge zur Theoriebildung aus der Studie 2 gelegt, bei der das Prinzip der reichhaltigen Diskursanregung (DP3) durch die Designelemente DE1 und DE2 (siehe Abschnitt 10.3) für den Mehrsprachigkeitseinbezug ausgearbeitet wurde. Zudem werden das Prinzip des Scaffolding mit sprachlichem und fachlichem Lernpfad (DP2) sowie das Prinzip der Formulierungsvariation und des Sprachenvergleichs (DP4) in seiner spezifischen Bedeutung für den mehrsprachigkeitseinbeziehenden Mathematikunterricht punktuell erörtert.

13.1 Beiträge der Analyseergebnisse aus Studie 1 zur Theoriebildung

Die qualitativen Analysen der jeweils zweisprachigen moderierten Kleingruppenprozesse aus Studie 1 in Kapitel 7 dienten der Rekonstruktion von Darstellungs- und Sprachenvernetzungsprozessen in Konstellationen geteilter Mehrsprachigkeit.

Sprachenvernetzung wurde dazu als „die gleichzeitige mentale Aktivierung und Nachaußensetzung von mehreren Einzelsprachen für kommunikative Zwecke" (Wagner et al. 2018, S. 20) definiert. Im ersten Teil (MuM-Multi I)

des groß angelegten Projekts MuM-Multi wurde die Sprachenvernetzung schwerpunktmäßig aus der Perspektive analysiert, wie der Umgang mit unterschiedlichen
sprachlich bedingten Bedeutungsnuancen zur Bedeutungskonstruktion beiträgt
(Prediger, Kuzu et al. 2019). Fokussiert wurde dabei das Bruchkonzept unter
Berücksichtigung deutschsprachig und türkischsprachig konnotierter Bedeutungsnuancen.

In dieser Dissertation wird das theoretische Konstrukt der *Repertoires* (siehe
Abschnitt 2.2.1) aufgegriffen. Mit ihm sind nicht nur Amtssprachen wie Türkisch,
Arabisch oder Spanisch gemeint, vielmehr werden Register und Darstellungen
ebenfalls als Teil der Lernendenrepertoires einbezogen (Uribe & Prediger 2021).
Die Sprachen tauchen dabei in der sprachlichen Darstellung auf, die zweifach prä-
zisiert wird; erstens durch Angabe der beteiligten Sprachen (Spanisch/Deutsch,
Türkisch/Deutsch, Arabisch/Deutsch) und zweitens durch die Ausdifferenzierung
der Sprachebenen über die formalbezogenen oder bedeutungsbezogenen Sprachmittel. Mit dem neu entwickelten Konstrukt des *Repertoires-in-Use* (Uribe &
Prediger 2021) konnten Vernetzungsprozesse von Darstellungen, Sprachen und
Sprachebenen als die situativ rekonstruierbare Realisierung der *Repertoires*
analysiert werden.

Als mentale Aktivität ist Sprachenvernetzung ein komplexer Prozess, der unter
den Bedingungen der durchgeführten Designexperimente nicht leicht beobachtbar
ist. Der Grund hierfür ist, dass die Vernetzung der Sprachen sich nicht notwen-
digerweise bis an die sprachliche Oberfläche umsetzt bzw. nicht vollständig an
der sprachlichen Oberfläche sichtbar und erfassbar ist. So wurde in Studie 1
nicht der Anspruch gesetzt, die *Repertoires* vollumfassend bzgl. der gedanklich-
mentalen Prozesse zu analysieren, jedoch aber den wahrnehmbaren Umgang mit
Sprachen und den angebotenen Darstellungen im Lehr-Lern-Prozess, kurz die
Repertoires-in-Use.

Die videographierten Designexperimente bieten in der Studie 1 in diesem
Sinne ein gewinnbringendes Datenkorpus, um gerade die Qualität der sichtbaren
Verknüpfungsprozesse, hier als Verknüpfungsaktivitäten bezeichnet, zu charakterisieren. Weiterhin geben die Designexperimente Einsicht in Möglichkeiten, wie
mehrsprachige Lehr-Lern-Prozesse zu gestalten sind.

Bereits Wessel (2015) betont, dass die *Darstellungs*vernetzung allgemein
die Tätigkeiten *Unterscheiden, Übersetzen, Wechseln, Zuordnen, in Beziehung
setzen* zwischen bzw. von unterschiedlichen Darstellungen umfasst. Im Rahmen der vorliegenden Arbeit wird die Ausdifferenzierung dieser Tätigkeiten
als ein wichtiger Beitrag verstanden, um mehrsprachige Lehr-Lern-Prozesse in
Verbindung mit einer sprachenvernetzenden Perspektive zu untersuchen. Mit

diesem Forschungsinteresse wird die Perspektive von Wessel (2015) um den Mehrsprachigkeitsaspekt in Hinblick auf Sprachenvernetzung erweitert.

Dieses Forschungsinteresse wurde verfolgt, um erstens die Darstellungsvernetzung in Lehr-Lern-Prozessen tiefergehend zu verstehen und zweitens, um näher zu begreifen, wie mehrsprachige Lernende ihre Repertoires für die Bedeutungskonstruktion aktivieren. Diese Tätigkeiten werden in der vorliegenden Arbeit als Bestandteil sogenannter Verknüpfungsaktivitäten konzeptualisiert. Damit werden durch diese Dissertation (und vorausgegangene Publikationen aus dem Dissertationsprojekt) folgende Beiträge zur empirisch begründeten Theoriebildung geleistet:

- Die *Vernetzungsaktivitäten* werden in dieser Arbeit durch die *Art* (die Aktivität selbst), das *Wer* (die initiierende Person) und das *Was* (die adressierten inhaltlichen Facetten) genauer charakterisiert als zuvor (etwa bei Wessel, 2015). Als Verknüpfungsarten konnten *Wechseln, Entlehnen, Übersetzen, Begründen, Präzisieren, Versprachlichen* identifiziert werden (Abschnitt 6.3). Die Vernetzungsaktivitäten dienen als eine bestimmte Art des Zusammendenkens verschiedener Verstehenselemente des Lerngegenstands (Abschnitt 6.1), die auf verschiedene Weise bzw. mittels unterschiedlicher Darstellungen beim sprachlichen Handeln umgesetzt werden können.
- Durch die empirischen Analysen in den Abschnitten 7.1–7.3 wird aufgezeigt, dass je nach Verknüpfungsart der Konnex der verknüpften Elemente von den Lernenden/Lehrkräften oder entlang der verschiedenen Sprachenkonstellationen unterschiedlich tief gehandhabt wird. Rekonstruiert wurden insbesondere zwei verschiedene Modi der Vernetzung: Die Vernetzungsarten *Wechseln, Entlehnen, Übersetzen* scheinen lokal umgesetzt zu werden. Dies bedeutet, dass maximal zwei Elemente verknüpft werden, oftmals auf einer eher oberflächlichen oder unmittelbaren Ebene. Die Vernetzungsarten *Begründen, Präzisieren, Versprachlichen* scheinen einen integrierenden Modus der Vernetzung auszulösen: Mehrere Darstellungen werden auf komplexere und umfassendere Art und Weise produktiv integriert und in einen übergeordneten Metadiskurs eingebettet.
- Die Analysen zeigen des Weiteren, dass eine Sprache über die Vernetzung selbst erforderlich ist. Diese kann als eine Art Vernetzungssprache beschrieben werden und dient dazu, Vernetzungsaktivitäten höheren Grades zu unterstützen. Die Sprache vermittelt so zwischen den Darstellungen bzw. ist das Medium, über welches die Darstellungen verknüpft werden. Sie sind eine

wichtige Voraussetzung, um das fachliche Ziel zu erreichen. Die Verknüpfungsaktivitäten und die Vernetzungssprache bilden so (neben dem fachlichen Lerngegenstand) einen Lerngegenstand für sich.

• In der Arbeit wird die Unterscheidung zwischen formal- und bedeutungsbezogenen Sprachmitteln als Kern postuliert, um das Verständnis darüber zu vertiefen, wie Mehrsprachigkeit als epistemische Ressource in der Regelklasse einzubeziehen ist. Die Analyseergebnisse deuten darauf hin, dass bei den mehrsprachigen Bildungsinländer:innen in Deutschland und in deutschen Auslandsschulen nicht die formalbezogenen Sprachmittel in den unterschiedlichen Sprachen die primär abrufbare Ressource darstellen. Stattdessen sind es die Sprachmittel, die zur Beschreibung von Bedeutungen verwendet werden, die bei der Verknüpfung bzw. bei dem in Beziehung setzen von Darstellungen und der Adressierung verschiedener Konzeptfacetten unterstützen. Bei den beobachteten mehrsprachigen Neuzugewanderten sind hingegen die formalbezogenen Sprachmittel primär abrufbar. Dies spricht für eine Flexibilisierung der Lehr-Lern-Pfade, um gezielter an die jeweiligen und höchst heterogenen Repertoires-in-Use der Lernenden anzuknüpfen.

Die genaue Untersuchung und Ausdifferenzierung der Darstellungs- und Sprachenvernetzungsprozesse waren ausschlaggebend für das Design und die Analysen in Studie 2. Das Prinzip der Darstellungs- und Sprachenvernetzung stellte dabei eine stabile Basis für die Initiierung von mehrsprachigkeitseinbeziehenden Lehr-Lern-Prozessen in sprachlich heterogenen Regelklassen dar. In der Studie 2 konnten zudem weitere Beiträge zur Theoriebildung erarbeitet und konsolidiert werden, die im folgenden Abschnitt 13.2 erläutert werden.

13.2 Beiträge der Analyseergebnisse aus Studie 2 zur Theoriebildung

Die Studie 2 trug maßgeblich zum Erreichen des zentralen Ziels des Projekts MuM-Multi II bei: einen Beitrag zur Didaktisierung des mehrsprachigen Handelns für Zwecke des fachlichen Lernens in der Regelklasse zu leisten. Ein wesentlicher Beitrag der Studie 2 ist die detaillierte Untersuchung des mehrsprachigkeitseinbeziehenden Mathematikunterrichts in Deutschland, wo ein dringender Bedarf an praktisch erprobten Konzepten besteht. Dieses Desiderat wurde bereits im Jahr 2011 von Prediger und Özdil im Sammelband „Mathematiklernen unter Bedingungen der Mehrsprachigkeit" (Prediger & Özdil 2011) formuliert. Damals wurde klar, dass ein geringer Sprachstand der Lernenden in der Unterrichtssprache einen Nachteil für Lernende mit sozial benachteiligtem Hintergrund, einschließlich derjenigen mit Migrationshintergrund, darstellen kann (siehe Abschnitt 2.1.4). Eine naheliegende Reaktion auf diese Erkenntnis war die Sprachförderung. Die Herausgebenden wiesen jedoch auch darauf hin, dass neben der Förderung der Unterrichtssprache, die Mehrsprachigkeit als Ressource genutzt und näher untersucht werden sollte. Während es international (meist unter Bedingungen geteilter Mehrsprachigkeit, vgl. Adler 2001, Setati 2005, Barwell, 2009) bereits hoch interessante Vorbilder gab, waren praktisch erprobte Förderkonzepten für den deutschen Mathematikunterricht kaum vorhanden.

Drei Jahre später, im Jahr 2014, konnte das Projekt MuM-Multi I (2014–2017) bereits einen Förderansatz unter Laborbedingungen erproben. Dabei wurden die Prozesse der Sprachenvernetzung beim mehrsprachigen Lernen durch die Versprachlichung einiger Kernkonzepte im Deutschen und im Türkischen im Bereich „Brüche" untersucht (Prediger et al. 2019, Kuzu 2019). Im Zuge dessen wurde das sprachenvernetzende Verknüpfen an unterschiedlichen sprachgebundenen Konzeptfacetten genauer betrachtet und die theoretische Weiterentwicklung der Sprachmodi nach Grosjean (2001) wurde in Hinblick auf einen *bilingualen-konnektiven Modus* weiter ausgearbeitet (Prediger et al. 2019; Redder et al. 2019). Beides stellt eine unverzichtbare Grundlage für diese Arbeit dar. Bis heute gibt es jedoch nur wenige Ansätze zum Mehrsprachigkeitseinbezug unter den regulären Bedingungen sprachlicher Vielfalt im herkömmlichen deutschen Mathematikunterricht – mit Ausnahmen von Forschungen in CLIL-Kontexten, Europaschulen oder Willkommensklassen, die jedoch einen anderen Kontext darstellen.

Vor diesem Hintergrund setzte das Projekt MuM-Multi II an, in dessen Rahmen die vorliegende Dissertation entstanden ist. Ein wichtiger Beitrag der Studie 2 ist somit die Erweiterung des Untersuchungssettings und -kontextes: Während Studie 1 unter Laborbedingungen durchgeführt wurde, ermöglichte Studie 2 konkrete Einblicke in die Umsetzung praktischer Ansätze unter „realen" Bedingungen und erweiterte den Kontext von der *geteilten* zur *nicht-geteilten Mehrsprachigkeit*. Die Dissertationsarbeit leistet so einen Beitrag zum Transfer theoretischer Ausarbeitungen bezüglich des Mehrsprachigkeitseinbezugs in den konkreten deutschen Kontext unter superdiversen Bedingungen. Dabei hat sich methodologisch die Unterscheidung zwischen *geteilter* und *nicht-geteilter Mehrsprachigkeit* (Meyer et al. 2016) als bedeutend erwiesen.

Ein wesentliches Ergebnis dieser Arbeit besteht darin, dass ein mehrsprachigkeitseinbeziehender Mathematikunterricht tatsächlich realisiert werden kann, ohne eine durchgängige mehrsprachige Aufbereitung des Lerngegenstands vornehmen zu müssen. Hier stützt sich die Arbeit auf das Prinzip des Scaffolding mit einem fachlichen und sprachlichen Lernpfad (Pöhler & Prediger

2015; Abschnitt 3.2.2 und 10.2.2). Die theoriebezogene Weiterentwicklung dieses Prinzips bezieht sich auf die Ergebnisse der Studie 1, in denen darauf hingewiesen wird, dass das Anknüpfen an die jeweiligen eigensprachlichen Ressourcen der Lernenden im sprachlich superdiversen Kontext eine Flexibilisierung der Lernpfade erfordert (Uribe & Prediger 2021). Auf diese Weise kann an gegebenenfalls vorhandene Ressourcen der Lernenden in den formalen Prozeduren oder auf der formalbezogenen Sprachebene angeknüpft werden. Genutzt wurde für die Weiterarbeit mit dem Scaffolding-Prinzip insbesondere die Unterscheidung zwischen bedeutungsbezogenen und formalbezogen Sprachmitteln und ihre lerngegenstandspezifische Aufbereitung sowie Sequenzierung in der Unterrichtssprache (Prediger & Zindel 2017). Diese bildet auch im Kontext der *nicht-geteilten Mehrsprachigkeit* einen Schlüsselaspekt für die Gestaltung des Lehr-Lern-Arrangements: In der Arbeit wird gezeigt, dass für einen lernförderlichen Mehrsprachigkeitseinbezug nicht zwingend eine mehrsprachige Aufbereitung des gesamten Lerngegenstands erforderlich ist. Stattdessen kann der Fokus auf die Erarbeitung und Konsolidierung der bedeutungsbezogenen Sprachmittel gelegt werden. Diese Erkenntnis erweitert das Verständnis eines Mehrsprachigkeitseinbezugs und eröffnet neue didaktische Möglichkeiten.

Der Schwerpunkt der theoretischen Weiterentwicklung in der Studie 2 liegt darauf, diskursives mehrsprachiges Handeln im Sinne des Designprinzips der reichhaltigen Diskursanregung anzuregen (Abschnitt 3.2.3 und 10.2.3), um den Prozess der Bedeutungskonstruktion zu unterstützen. Dieser Ansatz ist bereits gut etabliert im Bereich des sprachbildenden Mathematikunterrichts (siehe Abschnitt 2.2.3). Auf diese Weise verankert sich das Projekt nicht nur im Diskurs um Mehrsprachigkeit als Ressource (language as a resource), sondern auch im Verständnis von Mehrsprachigkeit als *„sources of meaning"* („from language as a resource to sources of meaning" Barwell 2018a, S. 155). Die Verankerung des Projekts zur Bedeutungskonstruktion steht im Einklang mit der internationalen Forschung in diesem Gebiet (Barwell 2018b; Kuzu 2019; Moschkovich 2008). Damit findet die Dissertation ihren Platz im mathematikdidaktischen Diskurs zu den epistemischen Wirkungen des Mehrsprachigkeitseinbezugs.

Die Tatsache, dass gerade die Designprinzipien des sprachbildenden Mathematikunterrichts als Grundlage für die Gestaltung eines mehrsprachigkeitseinbeziehenden Mathematikunterrichts dienen, ermöglicht die Ableitung eines weiteren theoretischen Outputs: Mehrsprachigkeitseinbeziehender Mathematikunterricht ist kein isolierter Forschungsgegenstand, sondern lässt sich am besten im Rahmen sprachbildenden Mathematikunterrichts realisieren und untersuchen.

Die Konkretisierung dieses Beitrags erfolgt durch die Konsolidierung und Analyse zweier Designelemente unter den benannten Bedingungen der sprachlichen Heterogenität und der damit verbundenen Bedingungen der nicht-geteilten Mehrsprachigkeit. Dazu wurde das Prinzip der reichhaltigen Diskursanregung konkret realisiert durch die Designelemente DE1 (Aufträge zum mehrsprachigen Erklären bedeutungsbezogener Sprachmittel) und DE2 (Aufträge zum Übersetzen zentraler bedeutungsbezogener Sprachmittel), was sich als fruchtbar für die spezifische Ressourcennutzung der mehrsprachigen Repertoires erwiesen hat. Darin liegt der zentrale Theoriebeitrag der Studie 2, der auch direkt praktisch genutzt werden kann.

Theoriebeiträge bezogen aufs Designelement 1 zum mehrsprachigen Erklären
Die theoretischen Beiträge in Bezug auf das Designelement 1 betreffen die Sprachhandlung des Erklärens. Diese spielt auch im sprachbildenden Mathematikunterricht eine wesentliche Rolle (Erath et al. 2018; Moschkovich 2015), wird jedoch in dieser Arbeit im Sinne der Sprachenvernetzung betrachtet. Hierbei ist die Besonderheit, dass das Erklären in der Familiensprache ihre kommunikative Aktivierung erfordert. Als Gelingensbedingungen haben sich dabei herausgestellt, dass Aufgaben reichhaltig und diskursiv anspruchsvoll gestaltet sein sollten (Moschkovich 2015) sowie die epistemische Aktivierung der Familiensprache anregen sollten. In diesem Zusammenhang werden folgende Beiträge zur empirisch begründeten Theoriebildung geleistet:

- Das mehrsprachige Erklären erfordert die kommunikative Aktivierung der Familiensprachen. Dies kann nicht vorausgesetzt werden und bedarf nicht nur des Zulassens, sondern insbesondere des gezielten Anregens mehrerer Sprachen (siehe Hypothese 1 sowie Kapitel 12).
- Die Analysen zeigen, dass Aufgaben, die das Erklären (als Wissensdarlegung gemäß Sachstruktur) bedeutungsbezogener Sprachmittel in der Familiensprache erfordern, besonders gewinnbringend im Lehr-Lern-Prozess sind. Dies trifft insbesondere dann zu, wenn anschließend eine Begründung (als Lieferung von Verstehenselementen gemäß Hörendenwissen) in der Unterrichtssprache verlangt wird (siehe Hypothese 2).
- Durch das mehrsprachige Erklären wird das mehrsprachige Handeln angeregt. Dabei zeigt sich eine sprachliche Auffaltung in der Familiensprache, die das fachliche Auffalten (Prediger 2018) verschiedener Konzeptfacetten im Diskurs ermöglicht.

- Aufträge in den Kleingruppen liefern eine inhaltliche Grundlage für das abschließende Gespräch im Klassengespräch. Dies geht einher mit weiteren Erkenntnissen aus der Forschung:

"[…] both intrapersonal and interpersonal dialogue could be developed to enable the pupils to rely on their own reasoning before resorting to asking the teacher who they knew would most probably reflect the question back to them" (Webb & Webb 2016, S. 207).

- Die Moderation des Klassengesprächs durch die Lehrkräfte verlangt andere Strategien und Impulse als der einsprachige Mathematikunterricht (siehe Hypothese 4). Relevant ist dabei einerseits das *Vorausplanen*, d. h. sich im Rahmen der Möglichkeiten einen Überblick über die mehrsprachigen Beiträge und ihren inhaltlichen Kern zu verschaffen. Andererseits scheint das *inhaltliche Elizitieren* wichtig, d. h. Impulse zum näheren Erläutern durch die Lernenden. Beide sind herausfordernd für die Lehrkraft, aber gleichzeitig entscheidend, um im Klassengespräch den epistemischen Nutzen aus den mehrsprachigen Arbeitsphasen zu vertiefen. Das *Paraphrasieren* durch die Lehrkräfte, ist eine Art des *inhaltlichen Elizitierens* und trägt dazu bei, die in der Familiensprache geführten Diskussionen schließlich im Unterrichtsdiskurs der eigentlichen Unterrichtssprache zu verankern.

Theoriebeiträge bezogen aufs Designelement 2 zum Übersetzen
In der Arbeit wird das Übersetzen als weitere Sprachhandlung konzeptualisiert und durch das Designelement 2 systematisch bei den Lernenden angeregt: „Translation activity is a special kind of discursive practice in which translator forms intercultural interlingual discourse" (Zaykova 2018, S. 3). Im Folgenden werden die Beiträge der Analyseergebnisse zur empirisch begründeten Theoriebildung dargestellt. Die empirischen Belege dafür erstrecken sich über die analysierten Daten, die Hypothese 5 (siehe Abschnitt 11.2.1) untermauern:

- Im Kontrast zum mehrsprachigen Erklären geht es beim Übersetzen weniger um die kommunikative Aktivierung der Familiensprachen, sondern vielmehr um deren epistemische Aktivierung, d. h. um das Wissen und Verständnis, das in diesen Sprachen verankert ist. Wie im Transkript 11.12 (siehe Abschnitt 11.2.1) sichtbar, werden Übersetzungen z. T. in die jeweilige

Familien- oder Fremdsprache in der Unterrichtssprache ausgehandelt und besprochen.

- Das Übersetzen zeigt sich als ein tiefgreifender und vielschichtiger Prozess. Während des Übersetzungsvorgangs können Lernende auf vielfältige Weise in den konzeptuellen Kern des Übersetzten eindringen, was zur Auffaltung seiner Konzeptfacetten beitragen kann. Dabei kann ein dynamisches Zusammenspiel von Sprach- und Sachwissen in den Vordergrund treten, das zur Verknüpfung und Vertiefung des sprachlichen und konzeptuellen Verständnisses führen kann (Uribe et al. 2022).

  Dieser Prozess kann z.B. beginnen mit einer fachlichen und sprachlichen Verdichtung in der Unterrichtssprache (Ausgangssatz). Dieser verdichtete Satz wird dann während des Übersetzungsprozesses im mehrsprachigen Handeln sprachlich und fachlich aufgefaltet und in der Familiensprache, der Zielsprache, erneut sprachlich und fachlich verdichtet (Zielsatz).

- Die Wechselwirkung zwischen Sprach- und Sachwissen beim Übersetzen wird bei den Lernenden besonders deutlich, wenn sie verschiedene Reproduktionen des Ausgangssatzes in der Zielsprache ausprobieren – was als Verknüpfungsaktivität *Präzisieren* rekonstruiert wird. Während dieses „Ausprobierens" greifen die Lernenden auf ihr fachliches Wissen zurück und konkretisieren dies sprachlich.

- Im Einklang mit den Ergebnissen aus Studie 1 sind es beim Übersetzen gerade die bedeutungsbezogenen Sprachmittel, die einen Zugang zu den konzeptuellen Bedeutungsfacetten ermöglichen. Sie erweisen sich somit als besonders lohnenswert für den Übersetzungsprozess, wie exemplarisch im Transkript 11.13 (siehe Abschnitt 11.2.1) gezeigt wurde.

- Die Art des Übersetzens spielt eine wichtige Rolle bei der Ausschöpfung ihrer epistemischen Potenziale. Nicht das sinngemäße Übersetzen, sondern die sprachbewusste tiefgehende Auseinandersetzung mit der sprachlichen Struktur des Übersetzten birgt die interessanten Potenziale für die Bedeutungskonstruktion.

- Die implizite Entfaltung von Konzeptfacetten lässt sich analytisch auch in nicht moderierten Arbeitsphasen der Lernenden rekonstruieren. Die explizitere Wahrnehmung dieser impliziten Facetten durch die Lernenden bedarf jedoch eines weiteren Prozesses der Sprachreflexion, der in den vorliegenden Daten (d. h. bei darin nicht geübten Jugendlichen) nicht ohne Moderation rekonstruierbar war. Die Analysen zeigen somit den Bedarf, Reflexion durch die Lehrkräfte anzuregen und über eine langfristige Arbeit mit den Lernenden entsprechende metasprachliche Kompetenzen zum sprachreflexiven Umgang mit ihren Repertoires aufzubauen.

- Das Übersetzen bedeutungsbezogener Sprachmittel verlangt die Reflexion nicht nur der sprachlichen, sondern auch der fachlichen Passung des Übersetzens.

- Das Übersetzen zeigt sich als Ansatzpunkt im Klassengespräch für eine sprachvergleichende Arbeit bis ins Konzeptverständnis hinein unter Bedingungen der nicht-geteilten Mehrsprachigkeit (Hypothese 4 und 6). Daran setzt das Prinzip der Formulierungsvariation und des Sprachenvergleichs an.

Zusammenfassend leistet die vorliegende Dissertation einen wichtigen Beitrag zur Didaktik des mehrsprachigen Mathematikunterrichts. Im Rahmen der Dissertation werden einerseits Lehr-Lern-Prozesse auf der Mikroebene (Studie 1) und andererseits die Gestaltung eines mehrsprachigkeitseinbeziehenden Mathematikunterrichts (Studie 2) eingehend untersucht. Aus den Ergebnissen der Dissertation werden praktische Implikationen für die Unterrichtsgestaltung und wichtige Anregungspunkte für die theoretische Weiterentwicklung im Feld der Didaktik des mehrsprachigen Mathematikunterrichts abgeleitet. Insbesondere tragen die Befunde zur empirisch begründeten Theoriebildung bei, indem das Verständnis für die Sprachhandlungen des Erklärens und das Übersetzen im mehrsprachigen Kontext vertieft wird. Zudem werden die mehrsprachigen Lehr-Lern-Prozesse im Rahmen des Konstrukts der *Repertoires-in-Use* weiter ausdifferenziert.

Die Ergebnisse der Dissertation beziehen sich auf zwei entscheidende mathematische Lehrinhalte, Brüche und Proportionalität. Sie eröffnen nicht nur interdisziplinäre Forschungsperspektiven, sondern beleuchten auch den Einfluss von Mehrsprachigkeit für den Erwerb von Verständnisaufbau für diese Inhalte. Die Arbeit bietet dabei sowohl unmittelbare Ansatzpunkte für die Praxis als auch eine solide Grundlage für zukünftige Untersuchungen, die darauf abzielen, den Mathematikunterricht in einer zunehmend mehrsprachigen Welt weiter zu verstehen und zu verbessern. Sie markiert einen bedeutenden Schritt vorwärts im Einbezug von Mehrsprachigkeit als Ressource im Mathematikunterricht und setzt damit ein starkes Signal für eine inklusive und weltoffene Didaktik.

Literaturverzeichnis

Adler, J. (2001). *Teaching Mathematics in Multilingual Classrooms. Mathematics Education Library: Bd. 26*. Dordrecht, Boston: Kluwer.

Allmendinger, H., Lengnink, K. & Vohns, Andreas & Wickel, Gabriele (Hrsg.). (2013). *Mathematik verständlich unterrichten. Perspektiven für Unterricht und Lehrerbildung*. Wiesbaden: Springer.

Austin. J. L. & Howson, A. G. (1979). Language and Mathematical Education. *Educational Studies in Mathematics, 2*(10), 161–197.

Bailey, A. L. (Hrsg.). (2007). *The Language Demands of School: Putting Academic English to the Test*. New Haven: Yale University Press.

Bartolini Bussi, M. G., Sun, X. & Ramploud, A. (2013). A Dialogue Between Cultures About Task Design for Primary School. In C. Margolinas (Hrsg.), *Proceedings of ICMI Study 22: Task Design in Mathematics Education*. Oxford: ICMI Study 22, S. 549–557.

Barwell, R. (2005). Working on Arithmetic Word Problems When English Is an Additional Language. *British Educational Research Journal, 31*(3), 329–348. https://doi.org/10.1080/01411920500082177

Barwell, R. (Hrsg.). (2009). *Bilingual Education & Bilingualism. Multilingualism in Mathematics Classrooms: Global Perspectives*. Bristol: Multilingual Matters. https://doi.org/10.21832/9781847692061

Barwell, R. (2014). Centripetal and Centrifugal Language Forces in One Elementary School Second Language Mathematics Classroom. *ZDM – Mathematics Education, 46*(6), 911–922. https://doi.org/10.1007/s11858-014-0611-1

Barwell, R. (2018a). From Language as a Resource to Sources of Meaning in Multilingual Mathematics Classrooms. *The Journal of Mathematical Behavior, 50*, 155–168. https://doi.org/10.1016/j.jmathb.2018.02.007

Barwell, R. (2018b). Sources of Meaning and Meaning-Making Practices in a Canadian French-Immersion Mathematics Classroom. In N. Planas & M. Schütte (Hrsg.), *Proceedings of the Fourth ERME Topic Conference: Classroom-Based Research on Mathematics and Language*. Dresden: ERME / HAL, S. 27–35.

Barwell, R. (2020). The Flows and Scales of Language When Doing Explanations in (Second Language) Mathematics Classrooms. In J. Ingram, K. Ehrat, F. Rønning, A. Schüler-Meyer & A. Chesnais (Hrsg.), *Proceedings of the Seventh ERME Topic Conference on*

© Der/die Herausgeber bzw. der/die Autor(en), exklusiv lizenziert an Springer Fachmedien Wiesbaden GmbH, ein Teil von Springer Nature 2024
Á. Uribe, *Mehrsprachigkeit im sprachbildenden Mathematikunterricht*, Dortmunder Beiträge zur Entwicklung und Erforschung des Mathematikunterrichts 53, https://doi.org/10.1007/978-3-658-46054-9

Language in the Mathematics Classroom: Conference on Language in the Mathematics Classroom. Montpellier, France: Barwell, R., Clarkson, P., Halai, A., Kazima, M., Moschkovich, J., Planas, N., Phakeng, M. S., Valero, P. & Villavicencio Ubillús, M. (Hrsg.). (2016). *Mathematics Education and Language Diversity: The 21st ICMI Study*. Cham: Springer. https://doi.org/10.1007/978-3-319-14511-2

Beacco, J.-C., Fleming, M. & Goullier, F. (2016). *The Language Dimension in All Subjects: A Handbook for Curriculum Development and Teacher Training*. Strasbourg: Council of Europe.

Becker-Mrotzek, M., Höfler, M. & Wörfel, T. (2021). Sprachsensibel unterrichten – in allen Fächern und für alle Lernenden. *Schweizerische Zeitschrift für Bildungswissenschaften*, *43*(2), 250–259. https://doi.org/10.24452/sjer.43.2.5

Behr, M. J., Harel, G., Post, T. & Lesh, R. (1992). Rational Number, Ratio, and Proportion. In D. A. Grouws (Hrsg.), *Handbook of Research on Mathematics Teaching and Learning: A Project of the National Council of Teachers of Mathematics* (S. 296–333). New York: MacMillan.

Ben-Zeev, S. (1977). The Influence of Bilingualism on Cognitive Strategy and Cognitive Development. *Child Development*, *48*(3), 1009–1018.

Berlin-Brandenburgische Akademie der Wissenschaften (Hrsg.). (o.J.). *DWDS – Digitales Wörterbuch der deutschen Sprache: Das Wortauskunftssystem zur deutschen Sprache in Geschichte und Gegenwart*. https://www.dwds.de/

Bundeszentrale für politische Bildung. (2018). *Geschichte der Migration in Deutschland* [Pressemitteilung]. https://www.bpb.de/themen/migration-integration/dossier-migration/252241/geschichte-der-migration-in-deutschland/ ·

Blommaert, J. & Rampton, B. (2011). Language and Superdiversity. *Diversities*, *13*(2), 1–21.

Bose, A. & Setati-Phakeng, M. (2017). Language Practices in Multilingual Mathematics Classrooms: Lessons From India and South Africa. In Berinderjeet Kaur, Wen Kin Ho, Tin Lam Toh & Ban Heng Choy (Hrsg.), *Proceedings of the 41st Conference of the International Group for the Psychology of Mathematics Education*. Singapore: PME, S. 177–184.

Bruner, J. (1964). The Course of Cognitive Growth. *American Psychologist*, *19*(1), 1–15. https://doi.org/10.1037/h0044160

Bruner, J. (1966). *Toward a Theory of Instruction*. Cambridge: Harvard University Press.

Bührig, K. & Rehbein, J. (2000). *Reproduzierendes Handeln: Übersetzen, simultanes und konsekutives Dolmetschen im diskursanalytischen Vergleich. Arbeiten zur Mehrsprachigkeit – Working Papers in Multilingualism*. Hamburg: Universität Hamburg.

Busch, B. (2012a). The Linguistic Repertoire Revisited. *Applied Linguistics*, *33*(5), 503–523. https://doi.org/10.1093/applin/ams056

Busch, B. (2012b). *Das sprachliche Repertoire oder Niemand ist einsprachig: Vorlesung zum Antritt der Berta-Karlik-Professur an der Universität Wien*. Klagenfurt/Celovec: Drava.

Busch, B. (2017). Expanding the Notion of the Linguistic Repertoire: On the Concept of *Spracherleben* — The Lived Experience of Language. *Applied Linguistics*, *38*(3), 340–358. https://doi.org/10.1093/applin/amv030

Chamot, A. U. & O'Malley, M. (1996). The Cognitive Academic Language Learning Approach: A Model for Linguistically Diverse Classrooms. *The Elementary School Journal*, *96*(3), 259–273.

Clarkson, P. C. (1992). Language and Mathematics: A Comparison of Bilingual and Monolingual Students of Mathematics. *Educational Studies in Mathematics, 23*, 417–429.

Clarkson, P. C. (2007). Australian Vietnamese Students Learning Mathematics: High Ability Bilinguals and Their Use of Their Languages. *Educational Studies in Mathematics, 64*(2), 191–215.

Clarkson, P. C. (2009). Mathematics Teaching in Australian Multilingual Classrooms: Developing an Approach to the Use of Classroom Languages. In R. Barwell (Hrsg.), *Bilingual Education & Bilingualism. Multilingualism in Mathematics Classrooms: Global Perspectives* (S. 145–160). Bristol: Multilingual Matters. https://doi.org/10.21832/978184 7692061-012

Cobb, P., Confrey, J., diSessa, A., Lehrer, R. & Schauble, L. (2003). Design Experiments in Educational Research. *Educational Research, 32*(1), 9–13.

Cramer, K. (2003). Using a Translation Model for Curriculum Development and Classroom Instruction. In R. Lesh & H. Doerr (Hrsg.), *Beyond Constructivism: Models and Modeling Perspectives on Mathematics* (S. 449–463). Mahwah, New Jersey: Lawrence Erlbaum.

Cummins, J. (1979). Cognitive/Academic Language Proficiency, Linguistic Interdependence, the Optimum Age Question and Some Other Matters. *Working Papers on Bilingualism, 19*, 121–129.

Cummins, J. (1980). The Construct of Language Proficiency in Bilingual Education. In J. E. Alatis (Hrsg.), *Current Issues in Bilingual Education* (S. 81–103). Washington: Georgetown University Press.

Cummins, J. (1991). Interdependence of First- and Second-Language Proficiency in Bilingual Children. In E. Bialystok (Hrsg.), *Language Processing in Bilingual Children* (S. 70–89). Cambridge: Cambridge University Press.

Cummins, J. (2000). *Language, Power and Pedagogy: Bilingual Children in the Crossfire. Ebrary online: Bd. 23.* Clevedon: Multilingual Matters. https://doi.org/10.21832/978185 3596773

Cummins, J. (2015). Language Differences that Influence Reading Development: Instructional Implications of Alternative Interpretations of the Research Evidence. In Afflerbach & Peter (Hrsg.), *Handbook of Individual Differences in Reading: Reader, Text, and Context* (S. 223–244). New York, London: Routledge. https://doi.org/10.4324/9780203075562. ch17

Dewitz, N. v., Massumi, M. & Grießbach, J. (2016). *Neu zugewanderte Kinder, Jugendliche und junge Erwachsene: Entwicklungen im Jahr 2015.* Köln: Mercator-Institut für Sprachförderung und Deutsch als Zweitsprache.

DiMe. (2007). Culture, Race, Power and Mathematics Education. In F. Lester (Hrsg.), *Second Handbook of Research on Mathematics Teaching and Learning: A Project of the National Council of Teachers of Mathematics* (S. 405–433). Charlotte, NC: National Council of Teachers of Mathematics.

Domínguez, H. (2011). Using What Matters to Students in Bilingual Mathematics Problems. *Educational Studies in Mathematics, 76*(3), 305–328. https://doi.org/10.1007/s10649-010-9284-z

Dörfler, W. (2006). Diagramme und Mathematikunterricht. *Journal für Mathematik-Didaktik, 27*(3–4), 200–219. https://doi.org/10.1007/BF03339039

Drollinger-Vetter, B. (2011). *Verstehenselemente und strukturelle Klarheit: Fachdidaktische Qualität der Anleitung von mathematischen Verstehensprozessen im Unterricht. Empirische Studien zur Didaktik der Mathematik: Band 8.* Münster: Waxmann.

Dröse, J. & Prediger, S. (2020). Enhancing Fifth Graders' Awareness of Syntactic Features in Mathematical Word Problems: A Design Research Study on the Variation Principle. *Journal für Mathematik-Didaktik, 41*(2), 391–422. https://doi.org/10.1007/s13138-019-00153-z

DSM. (2019). *Deutschlernkonzept Deutsche Schule Medellín: Stand 2019.*

Duarte, J. (2011). Migrants' Educational Success Through Innovation: The Case of the Hamburg Bilingual Schools. *International Review of Education, 57*(5–6), 631–649. https://doi.org/10.1007/s11159-011-9251-7

Duval, R. (2006). A Cognitive Analysis of Problems of Comprehension in a Learning of Mathematics. *Educational Studies in Mathematics, 61*(1–2), 103–131. https://doi.org/10.1007/s10649-006-0400-z

Erath, K., Ingram, J., Moschkovich, J. & Prediger, S. (2021). Designing and Enacting Instruction That Enhances Language for Mathematics Learning: A Review of the State of Development and Research. *ZDM – Mathematics Education, 53*(2), 245–262. https://doi.org/10.1007/s11858-020-01213-2

Erath, K., Prediger, S., Quasthoff, U. & Heller, V. (2018). Discourse Competence as Important Part of Academic Language Proficiency in Mathematics Classrooms: The Case of Explaining to Learn and Learning to Explain. *Educational Studies in Mathematics, 99*(2), 161–179. https://doi.org/10.1007/s10649-018-9830-7

Farsani, D. (2016). Complementary Functions of Learning Mathematics in Complementary Schools. In A. Halai & P. Clarkson (Hrsg.), *Teaching and Learning Mathematics in Multilingual Classrooms: Issues for Policy, Practice and Teacher Education* (S. 227–247). Rotterdam: Sense.

Freudenthal, H. (1983). *Didactical Phenomenology of Mathematical Structures. Mathematics Education Library: Bd. 1.* Dordrecht: Reidel. https://doi.org/10.1007/0-306-47235-X

Freudenthal, H. (1991). *Revisiting Mathematics Education: China Lectures. Mathematics Education Library: Bd. 9.* Dordrecht: Kluwer.

García, O. & Wei, L. (2014). *Translanguaging: Language, Bilingualism and Education.* London: Palgrave Macmillan UK. https://doi.org/10.1057/9781137385765

Gibbons, P. (2002). *Scaffolding Language, Scaffolding Learning: Teaching Second Language Learners in the Mainstream Classroom.* Portsmouth, NH: Heinemann.

Gogolin, I. (2008). *Der monolinguale Habitus der multilingualen Schule. Internationale Hochschulschriften: Bd. 101.* Münster, New York, München, Berlin: Waxmann. https://doi.org/Ingrid

Gogolin, I. (2019). Migration und sprachliche Bildung. *Frühe Kindheit, 19*(1), 6–13.

Gravemeijer, K. & Cobb, P. (2006). Design Research From a Learning Design Perspective. In J. van den Akker, K. Gravemeijer, S. McKenney & N. Nieveen (Hrsg.), *Educational Design Research* (S. 17–51). London: Routledge.

Gravemeijer, K. & Doorman, M. (1999). Context Problems in Realistic Mathematics Education: A Calculus Course as an Example. *Educational Studies in Mathematics, 39*(1), 111–129. https://doi.org/10.1023/A:1003749919816

Grosjean, F. (1982). *Life with Two Languages: An Introduction to Bilingualism.* Cambridge, Mass: Harvard University Press.

Grosjean, F. (2001). The Bilingual's Language Modes. In J. Nicol (Hrsg.), *One Mind, Two Languages: Bilingual Language Processing* (S. 1–22). Oxford: Blackwell.

Grosjean, F. (2013). Bilingual and Monolingual Language Modes. In C. A. Chapelle (Hrsg.), *The Encyclopedia of Applied Linguistics*. Oxford: Blackwell. https://doi.org/10.1002/978 1405198431.wbeal0090

Gumperz, J. J. (1964). Linguistic and Social Interaction in Two Communities. *American Anthropologist, 66*(6), 137–153.

Hache, C. & Mendonça Dias, C. (Hrsg.). (2022). *Plurilinguisme et enseignement des mathématiques*. Limoges: Lambert-Lucas.

Hahn, S. (2017). Migration aus Süd- und Südosteuropa nach Westeuropa: Kontinuitäten und Brüche. *Deutschland Archiv*. www.bpb.de/252781

Halliday, M. (1978). *Language as Social Semiotic: The Social Interpretation of Language and Meaning*. London: Edward Arnold.

Halliday, M. (2004). *The Language of Science*. London & New York: Continuum.

Heiderich, S. (2018). *Zwischen situativen und formalen Darstellungen mathematischer Begriffe: Empirische Studie zu linearen, proportionalen und antiproportionalen Funktionen*. Wiesbaden: Springer.

Heiderich, S. & Hußmann, S. (2013). „Linear, proportional, antiproportional... wie soll ich das denn alles auseinanderhalten" – Funktionen verstehen mit Merksätzen?! In H. All-mendinger, K. Lengnink & Vohns, Andreas & Wickel, Gabriele (Hrsg.), *Mathematik verständlich unterrichten. Perspektiven für Unterricht und Lehrerbildung* (S. 27–45). Wiesbaden: Springer. https://doi.org/10.1007/978-3-658-00992-2_3

Henschel, S., Heppt, B., Weirich, S., Edele, A., Schipolowski, S. & Stanat, P. (2019). Zuwanderungsbezogene Disparitäten. In P. Stanat, S. Schipolowski, N. Klein, S. Weirich & S. Henschel (Hrsg.), *IQB-Bildungstrend 2018: Mathematische und naturwissenschaftliche Kompetenzen am Ende der Sekundarstufe I im zweiten Ländervergleich* (S. 295–336). Münster: Waxmann.

Hiebert, J. & Carpenter, T. P. (1992). Learning and Teaching With Understanding. In D. A. Grouws (Hrsg.), *Handbook of Research on Mathematics Teaching and Learning: A Project of the National Council of Teachers of Mathematics* (S. 65–97). New York: MacMillan.

Hino, K. & Kato, H. (2019). Teaching Whole-Number Multiplication to Promote Children's Proportional Reasoning: A Practice-Based Perspective From Japan. *ZDM – Mathematics Education, 51*(1), 125–137. https://doi.org/10.1007/s11858-018-0993-6

Huang, R., Mok, I. A. C. & Leung, F. K. S. (2006). Repetition or Variation: Practising in the Mathematics Classrooms in China. In D. Clarke, C. Keitel & Y. Shimizu (Hrsg.), *Mathematics Classrooms in Twelve Countries: The Insider's Perspective* (S. 263–274). Rotterdam, Taipei: Brill. https://doi.org/10.1163/9789087901622_019

Hußmann, S. & Prediger, S. (2016). Specifying and Structuring Mathematical Topics: A Four-Level Approach for Combining Formal, Semantic, Concrete, and Empirical Levels Exemplified for Exponential Growth. *Journal für Mathematik-Didaktik, 37*(Suppl. 1), 33–67. https://doi.org/10.1007/s13138-016-0102-8

Hußmann, S., Thiele, J., Hinz, R., Prediger, S. & Ralle, B. (2013). Gegenstandsorientierte Unterrichtsdesigns entwickeln und erforschen: Fachdidaktische Entwicklungsforschung im Dortmunder Modell. In M. Komorek & S. Prediger (Hrsg.), *Der lange Weg zum Unterrichtsdesign: Zur Begründung und Umsetzung genuin fachdidaktischer Forschungs- und Entwicklungsprogramme* (S. 25–42). Münster: Waxmann.

Ianco-Worrall, A. D. (1972). Bilingualism and Cognitive Development. *Child Development*, *43*(4), 1390–1400. https://doi.org/10.2307/1127524

Kattmann, U., Duit, R., Gropengießer, H. & Komorek, M. (1997). Das Modell der Didaktischen Rekonstruktion — Ein Rahmen für naturwissenschaftliche Fotschung und Entwicklung. *Zeitschrift für Didaktik der Naturwissenschaften*, *3*(3), 3–18.

Kirsch, A. (1969). Eine Analyse der sogennanten Schlußrechnung. In *Beiträge zum Mathematikunterricht 1968*. Hannover: Schroedel, S. 75–84.

KMK. (2019). *Bildungssprachliche Kompetenzen in der deutschen Sprache stärken*. https://www.kmk.org/fileadmin/Dateien/veroeffentlichungen_beschluesse/2019/2019_12_05-Beschluss-Bildungssprachl-Kompetenzen.pdf

Korntreff, S. & Prediger, S. (2022). Verstehensangebote von YouTube-Erklärvideos – Konzeptualisierung und Analyse am Beispiel algebraischer Konzepte. *Journal für Mathematik-Didaktik*, *43*(2), 281–310. https://doi.org/10.1007/s13138-021-00190-7

Krause, A., Wagner, J., Redder, A. & Prediger, S. (2021). New Migrants, New Challenges? – Activating Multilingual Resources for Understanding Mathematics: Institutional and Interactional Factors. *European Journal of Applied Linguistics*, *10*(1), 1–30. https://doi.org/10.1515/eujal-2020-0017

Krause, A., Wagner, J., Uribe, Á., Redder, A. & Prediger, S. (2022). Mehrsprachige Lehrformate – Modellierung mehrsprachigen Unterrichts in sprachheterogenen Regelklassen. In J. Wagner, A. Krause, Á. Uribe, S. Prediger & A. Redder (Hrsg.), *Sprach-Vermittlungen: Bd. 22. Mehrsprachiges Mathematiklernen: Von sprachhomogenen Kleingruppen zum Regelunterricht in sprachlich heterogenen Klassen* (S. 45–76). Münster: Waxmann.

Krüger-Potratz, M. (2013). Sprachenvielfalt und Bildung: Anmerkungen zum Kern einer historisch belasteten Debatte. *DDS – Die Deutsche Schule*, *105*(2), 185–198.

Krüger-Potratz, M. (2020). Mehrsprachigkeit und Einsprachigkeit: Zur Geschichte des Streits um den „Normalfall" im deutschen Kontext. In I. Gogolin, A. Hansen, S. McMonagle & D. Rauch (Hrsg.), *Handbuch Mehrsprachigkeit und Bildung* (S. 341–346). Wiesbaden: Springer.

Küchemann, D., Hodgen, J. & Brown, M. (2011). Models and Representations for the Learning of Multiplicative Reasoning: Making Sense Using the Double Number Line. In Smith & C. (Hrsg.), *31: Bd. 1, Proceedings of the British Society for Research into Learning Mathematics* (S. 85–90). London: BSRLM.

Kuhl, J., Prediger, S., Schulze, S., Wittich, C. & Pulz, I. (2022). Inklusiver Mathematikunterricht in der Sekundarstufe: Eine Pilotstudie zur Prozentrechnung. *Unterrichtswissenschaft*, *50*(2), 309–329. https://doi.org/10.1007/s42010-021-00125-8

Kühn, S. M. & Mersch, S. (2015). Deutsche Schulen im Ausland: Strukturen – Herausforderungen – Forschungsperspektiven. *DDS – Die Deutsche Schule*, *107*(2), 193–202.

Kuzu, T. (2019). *Mehrsprachige Vorstellungsentwicklungsprozesse: Lernprozessstudie zum Anteilskonzept bei deutsch-türkischen Lernenden. Dortmunder Beiträge zur Entwicklung und Erforschung des Mathematikunterrichts: Bd. 42*. Wiesbaden: Springer Spektrum. https://doi.org/10.1007/978-3-658-25761-3

Kuzu, T. & Prediger, S. (2017). Two Languages – Separate Conceptualizations? Multilingual Students' Processes of Combining Conceptualizations of the Part-Whole Concept. In Berinderjeet Kaur, Wen Kin Ho, Tin Lam Toh & Ban Heng Choy (Hrsg.), *Proceedings of the 41st Conference of the International Group for the Psychology of Mathematics Education*. Singapore: PME.

Lamon, S. (1996). The Development of Unitizing: Its Role in Children's Partitioning Strategies. *Journal for Research in Mathematics Education, 27*(2), 170–193.

Lamon, S. (2005). *Teaching Fractions and Ratios for Understanding: Essential Content Knowledge and Instructional Strategies for Teachers.* New York: Routledge.

Lamon, S. (2007). Rational Numbers and Proportional Reasoning: Toward a Theoretical Framework for Research. In F. Lester (Hrsg.), *Second Handbook of Research on Mathematics Teaching and Learning: A Project of the National Council of Teachers of Mathematics* (S. 629–667). Charlotte, NC: National Council of Teachers of Mathematics.

Lanius, C. S. & Williams, S. E. (2003). Proportionality: A Unifying Theme for the Middle Grades. *Mathematics Teaching in the Middle School, 8*(8), 392–396. https://doi.org/10.5951/MTMS.8.8.0392

Leisen, J. (2005). Wechsel der Darstellungsformen. *Der fremdsprachliche Unterricht Englisch, 78,* 9–11.

Lesh, R. (1981). Applied Mathematical Problem Solving. *Educational Studies in Mathematics, 12,* 235–264.

Lesh, R., Post, T. & Behr, M. J. (1987). Representations and Translations Among Representations in Mathematics Learning and Problem Solving. In C. Janvier (Hrsg.), *Problems of Representation in the Teaching and Learning of Mathematics* (S. 33–40). Hillsade, New Jersey: Lawrence Erlbaum.

Lüdi, G. (2016). Multilingual Repertoires and the Consequences For Linguistic Theory. In K. Bührig & J. D. ten Thije (Hrsg.), *Beyond Misunderstanding: Linguistic Analyses of Intercultural Communication* (S. 11–42). Amsterdam, Philadelphia: John Benjamins.

Maier, H. & Schweiger, F. (1999). *Mathematik und Sprache: Zum Verstehen und Verwenden von Fachsprache im Mathematikunterricht* (1. Aufl.). *Mathematik für Schule und Praxis: Bd. 4.* Wien: ÖBV & HPT.

Malle, G. (2000). Zwei Aspekte von Funktionen: Zuordnung und Kovariation. *Mathematik lehren, 103,* 8–11.

Malle, G. (2004). Grundvorstellungen zu Bruchzahlen. *Mathematik lehren, 123,* 4–8.

Marton, F. & Pang, M. F. (2006). On Some Necessary Conditions of Learning. *Journal of the Learning Sciences, 15*(2), 193–220. https://doi.org/10.1207/s15327809jls1502_2

Mayer, M. M., Yamamura, S., Schneider, J. & Müller, A. (2012). *Zuwanderung von internationalen Studierenden aus Drittstaaten: Studie der deutschen nationalen Kontaktstelle für das Europäische Migrationsnetzwerk (EMN):* Bundesamt für Migration und Flüchtlinge (BAMF) Forschungszentrum Migration, Integration und Asyl (FZ).

Mayring, P. (2015). Qualitative Content Analysis: Theoretical Backgrounds and Procedures. In A. Bikner-Ahsbahs, C. Knipping & N. Presmeg (Hrsg.), *Approaches to Qualitative Research in Mathematics Education: Examples of Methodology and Methods* (S. 365–380). Dordrecht: Springer.

Mediendienste Integration. (April 2019). *Wie verbreitet ist herkunftssprachlicher Unterricht?* [Pressemitteilung]. https://mediendienst-integration.de/fileadmin/Dateien/Infopapier_MDI_Herkunftssprachlicher_Unterricht_2020.pdf

Meinunger, A. (2018). Je-desto-Satzgefüge als kanonische Verb-zweit-Sätze. *ZAS Papers in Linguistics, 59,* 1–20.

Melzer, F. (2013). Modellierung, Diagnose und Förderung von Sprachbewusstheit in der Sekundarstufe. In S. Gailberger & F. Wietzke (Hrsg.), *Handbuch kompetenzorientierter Deutschunterricht* (S. 300–321). Weinheim, Basel: Beltz.

Meyer, M. & Prediger, S. (2011). Vom Nutzen der Erstsprache beim Mathematiklernen. Fallstudien zu Chancen und Grenzen erstsprachlich gestützter mathematischer Arbeitsprozesse bei Lernenden mit Erstsprache Türkisch. In S. Prediger & E. Özdil (Hrsg.), *Mehrsprachigkeit: Bd. 32. Mathematiklernen unter Bedingungen der Mehrsprachigkeit: Stand und Perspektiven der Forschung und Entwicklung in Deutschland* (S. 185–204). Münster: Waxmann.

Meyer, M., Prediger, S., César, M. & Norén, E. (2016). Making Use of Multiple (Non-shared) First Languages: State of and Need for Research and Development in the European Language Context. In R. Barwell, P. Clarkson, A. Halai, M. Kazima, J. Moschkovich, N. Planas, M. S. Phakeng, P. Valero & M. Villavicencio Ubillús (Hrsg.), *Mathematics Education and Language Diversity: The 21st ICMI Study* (S. 47–66). Cham: Springer.

Möller, J., Hohenstein, F., Fleckenstein, J., Köller, O. & Baumert, J. (Hrsg.). (2017). *Erfolgreich integrieren – die Staatliche Europa-Schule Berlin*. Münster, New York: Waxmann.

Morek, M. & Heller, V. (2012). Bildungssprache – Kommunikative, epistemische, soziale und interaktive Aspekte ihres Gebrauchs. *Zeitschrift für angewandte Linguistik, 57*(1), 67–101.

Morgan, C., Craig, T., Schuette, M. & Wagner, D. (2014). Language and Communication in Mathematics Education: An Overview of Research in the Field. *ZDM – Mathematics Education, 46*(6), 843–853. https://doi.org/10.1007/s11858-014-0624-9

Moschkovich, J. (1999). Supporting the Participation of English Language Learners in Mathematical Discussions. *For the Learning of Mathematics, 19*(1), 11–19.

Moschkovich, J. (2002). A Situated and Sociocultural Perspective on Bilingual Mathematics Learners. *Mathematical Thinking and Learning, 4*(2–3), 189–212. https://doi.org/10.1207/S15327833MTL04023_5

Moschkovich, J. (2008). "I Went by Twos, He Went by One": Multiple Interpretations of Inscriptions as Resources for Mathematical Discussions. *The Journal of the Learning Sciences, 17*(4), 551–587.

Moschkovich, J. (2012). Mathematics, the Common Core, and Language: Recommendations for Mathematics Instruction for ELs Aligned with the Common Core. In K. Hakuta & M. Santos (Hrsg.), *Commissioned Papers on Language and Literacy Issues in the Common Core State Standards and Next Generation Science Standards: Proceedings of "Understanding Language" Conference*. Stanford University: Stanford University, S. 17–31.

Moschkovich, J. (2013). Principles and Guidelines for Equitable Mathematics Teaching Practices and Materials for English Language Learners. *Journal of Urban Mathematics Education, 6*(1), 45–57.

Moschkovich, J. (2015). Academic Literacy in Mathematics for English Learners. *The Journal of Mathematical Behavior, 40*, 43–62. https://doi.org/10.1016/j.jmathb.2015.01.005

MSWWF. (1999). *Förderung in der deutschen Sprache als Aufgabe des Unterrichts in allen Fächern: Empfehlungen. Schriftenreihe Schule in NRW Übergreifende Richtlinien: Bd. 5008*. Frechen: Ritterbach.

Norén, E. (2015). Agency and Positioning in a Multilingual Mathematics Classroom. *Educational Studies in Mathematics, 89*(2), 167–184.

Norén, E. & Anderson, A. (2016). Multilingual Students' Agency in Mathematics Classrooms. In A. Halai & P. Clarkson (Hrsg.), *Teaching and Learning Mathematics in*

Multilingual Classrooms: Issues for Policy, Practice and Teacher Education (S. 109–124). Rotterdam: Sense. https://doi.org/10.1007/978-94-6300-229-5_8

OECD. (2007). *PISA 2006: Science Competencies for Tomorrow's World.* Paris: OECD. https://doi.org/10.1787/19963777

Orrill, C. H. & Brown, R. E. (2012). Making Sense of Double Number Lines in Professional Development: Exploring Teachers' Understandings of Proportional Relationships. *Journal of Mathematics Teacher Education, 15*(5), 381–403. https://doi.org/10.1007/s10857-012-9218-z

Padberg, F. (2009). *Didaktik der Bruchrechnung: Für Lehrerausbildung und Lehrerfortbildung* (4 Aufl.). *Mathematik Primar- und Sekundarstufe.* Heidelberg: Springer Spektrum.

Paetsch, J., Radmann, S., Felbrich, A., Lehmann, R. & Stanat, P. (2016). Sprachkompetenz als Prädiktor mathematischer Kompetenzentwicklung von Kindern deutscher und nichtdeutscher Familiensprache. *Zeitschrift für Entwicklungspsychologie und Pädagogische Psychologie, 1*(48), 27–41. https://doi.org/10.25656/01:14989

Parvanehnezhad, Z. & Clarkson, P. (2008). Iranian Bilingual Students Reported Use of Language Switching when Doing Mathematics. *Mathematics Education Research Journal, 20*(1), 52–81.

Peal, E. & Lambert, W. E. (1962). The Relation of Bilingualism to Intelligence. *Psychological Monographs: General and Applied, 76*(27), 1–23. https://doi.org/10.1037/h0093840

Pedersen, P. L. & Bjerre, M. (2021). Two Conceptions of Fraction Equivalence. *Educational Studies in Mathematics, 107*(1), 135–157. https://doi.org/10.1007/s10649-021-10030-7

Pimm, D. (1987). *Speaking Mathematically: Communication in Mathematics Classrooms. Language, education and society.* London: Routledge & Kegan Paul.

Planas, N. (2014). One Speaker, Two Languages: Learning Opportunities in the Mathematics Classroom. *Educational Studies in Mathematics, 87*(1), 51–66. https://doi.org/10.1007/s10649-014-9553-3

Planas, N. (2018). Language as Resource: A Key Notion for Understanding the Complexity of Mathematics Learning. *Educational Studies in Mathematics, 98*(3), 215–229. https://doi.org/10.1007/s10649-018-9810-y

Planas, N., Morgan, C. & Schütte, M. (2018). Mathematics Education and Language: Lessons and Directions From Two Decades of Research. In T. Dreyfus, M. Artigue, D. Potari, S. Prediger & K. Ruthven (Hrsg.), *Developing Research in Mathematics Education: Twenty Years of Communication, Cooperation, and Collaboration in Europe* (S. 196–210). New York: Routledge.

Planas, N. & Setati-Phakeng, M. (2014). On the Process of Gaining Language as a Resource in Mathematics Education. *ZDM – Mathematics Education, 46*(6), 883–893. https://doi.org/10.1007/s11858-014-0610-2

Pöhler, B. & Prediger, S. (2015). Intertwining Lexical and Conceptual Learning Trajectories – A Design Research Study on Dual Macro-Scaffolding towards Percentages. *EURASIA Journal of Mathematics, Science & Technology Education, 71*(5), 1697–1722. https://doi.org/10.12973/eurasia.2015.1497a

Prediger, S. (2009). Inhaltliches Denken vor Kalkül – Ein didaktisches Prinzip zur Vorbeugung und Förderung bei Rechenschwierigkeiten. In A. Fritz & S. Schmidt (Hrsg.), *Fördernder Mathematikunterricht in der Sekundarstufe I* (S. 213–234). Weinheim: Beltz Verlag.

Prediger, S. (2015). Theorien und Theoriebildung in didaktischer Forschung und Entwicklung. In R. Bruder, L. Hefendehl-Hebeker, B. Schmidt-Thieme & H.-G. Weigand (Hrsg.), *Handbuch der Mathematikdidaktik* (S. 643–662). Berlin: Springer.

Prediger, S. (2017). „Kapital multiplizirt durch Faktor halt, kann ich nicht besser erklären" – Gestufte Sprachschatzarbeit im verstehensorientierten Mathematikunterricht. In B. Lütke, I. Petersen & Tajmel Tanja (Hrsg.), *Fachintegrierte Sprachbildung: Forschung, Theoriebildung und Konzepte für die Unterrichtspraxis* (S. 229–252). Berlin: De Gruyter Mouton. https://doi.org/10.1515/9783110404166-011

Prediger, S. (2018). Design-Research als fachdidaktisches Forschungsformat: Am Beispiel Auffalten und Verdichten mathematischer Strukturen. In Fachgruppe für Didaktik der Mathematik der Universität Paderborn (Hrsg.), *Beiträge zum Mathematikunterricht* (S. 33–40). Paderborn: WTM. https://doi.org/10.17877/DE290R-19589

Prediger, S. (2019a). Mathematische und sprachliche Lernschwierigkeiten: Empirische Befunde und Förderansätze am Beispiel des Multiplikationskonzepts. *Lernen und Lernstörungen, 8*(4), 247–260. https://doi.org/10.1024/2235-0977/a000268

Prediger, S. (2019b). Theorizing in Design Research: Methodological Reflections on Developing and Connecting Theory Elements for Language-Responsive Mathematics Classrooms. *Avances de Investigación en Educación Matemática*(15), 5–27. https://doi.org/10.35763/aiem.v0i15.265

Prediger, S. (2019c). Welche Forschung kann Sprachbildung im Fachunterricht empirisch fundieren? In B. Ahrenholz, S. Jeuk, B. Lütke, J. Paetsch & H. Roll (Hrsg.), *Fachunterricht, Sprachbildung und Sprachkompetenzen* (S. 19–38). Berlin: De Gruyter Mouton. https://doi.org/10.1515/9783110570380-002

Prediger, S. (Hrsg.). (2020a). *Sprachbildender Mathematikunterricht in der Sekundarstufe: Ein forschungsbasiertes Praxisbuch.* Berlin: Cornelsen.

Prediger, S. (2020b). Überblicke zu den wichtigsten Prinzipien und Kategorien der Sprach- und Fachintegration. In S. Prediger (Hrsg.), *Sprachbildender Mathematikunterricht in der Sekundarstufe: Ein forschungsbasiertes Praxisbuch* (S. 192–201). Berlin: Cornelsen.

Prediger, S. (2022). Enhancing Language for Developing Conceptual Understanding: A Research Journey Connecting Different Research Approaches. In J. Hodgen & G. Bolondi (Hrsg.), *Proceedings of Twelfth Congress of the European Society for Research in Mathematics Education.* Bozen-Bolzano: ERME, S. 8–33.

Prediger, S., Clarkson, P. & Bose, A. (2016). Purposefully Relating Multilingual Registers: Building Theory and Teaching Strategies for Bilingual Learners Based on an Integration of Three Traditions. In R. Barwell, P. Clarkson, A. Halai, M. Kazima, J. Moschkovich, N. Planas, M. S. Phakeng, P. Valero & M. Villavicencio Ubillús (Hrsg.), *Mathematics Education and Language Diversity: The 21ˢᵗ ICMI Study* (S. 193–215). Cham: Springer.

Prediger, S. & Dröse, J. (2021). Fehlerbearbeitung bei mathematischen Textaufgaben. *Lernen und Lernstörungen, 10*(3), 121–133. https://doi.org/10.1024/2235-0977/a000330

Prediger, S., Gravemeijer, K. & Confrey, J. (2015). Design Research With a Focus on Learning Processes: An Overview on Achievements and Challenges. *ZDM – Mathematics Education, 47*, 877–891. https://doi.org/10.1007/s11858-015-0722-3

Prediger, S., Krägeloh, N. & Wessel, L. (2013). Wieso ¾ von 12, und wo ist der Kreis? Brüche für Teile von Mengen handlungs- und strukturorientiert erarbeiten. *Praxis der Mathematik, 55*(52), 9–14.

Prediger, S., Kuzu, T., Schüler-Meyer, A. & Wagner, J. (2019). One Mind, Two Languages – Separate Conceptualisations? A Case Study of Students' Bilingual Modes for Dealing With Language-Related Conceptualisations of Fractions. *Research in Mathematics Education, 21*(2), 188–207. https://doi.org/10.1080/14794802.2019.1602561

Prediger, S., Link, M., Hinz, R., Hussmann, S., Ralle, B. & Thiele, J. (2012). Lehr-Lernprozesse initiieren und erforschen: Fachdidaktische Entwicklungsforschung im Dortmunder Modell. *MNU, 65*(8), 452–457.

Prediger, S. & Özdil, E. (Hrsg.). (2011). *Mehrsprachigkeit: Bd. 32. Mathematiklernen unter Bedingungen der Mehrsprachigkeit: Stand und Perspektiven der Forschung und Entwicklung in Deutschland*. Münster: Waxmann.

Prediger, S. & Uribe, Á. (2021). Exploiting the Epistemic Role of Multilingual Resources in Superdiverse Mathematics Classrooms: Design Principles and Insights Into Students' Learning Processes. In A. Fritz, E. Gürsoy & M. Herzog (Hrsg.), *DaZ-Forschung: Bd. 24. Diversity Dimensions in Mathematics and Language Learning: Perspectives on Culture, Education and Multilingualism* (S. 80–98). Berlin: De Gruyter. https://doi.org/10.1515/9783110661941-005

Prediger, S., Uribe, Á. & Kuzu, T. (2019). Mehrsprachigkeit als Ressource im Fachunterricht: Ansätze und Hintergründe aus dem Mathematikunterricht. *Lernende Schule, 22*(86), 20–25.

Prediger, S., Uribe, Á., Wagner, J., Krause, A. & Redder, A. (2021). Sieben Sprachen im Sachfachunterricht – Ansätze zum Einbezug nicht-geteilter mehrsprachiger Ressourcen zum Aufbau von Konzeptverständnis. *Zeitschrift für Interkulturellen Fremdsprachenunterricht, 26*(2), 165–194.

Prediger, S. & Wessel, L. (2011). Darstellen – Deuten – Darstellungen vernetzen: Ein fach- und sprachintegrierter Förderansatz für mehrsprachige Lernende im Mathematikunterricht. In S. Prediger & E. Özdil (Hrsg.), *Mehrsprachigkeit: Bd. 32. Mathematiklernen unter Bedingungen der Mehrsprachigkeit: Stand und Perspektiven der Forschung und Entwicklung in Deutschland* (S. 163–184). Münster: Waxmann.

Prediger, S. & Wessel, L. (2013). Fostering German-language Learners' Constructions of Meanings for Fractions: Design and Effects of a Language and Mathematics Integrated Intervention. *Mathematics Education Research Journal, 25*(3), 435–456. https://doi.org/10.1007/s13394-013-0079-2

Prediger, S. & Wessel, L. (2018). Brauchen mehrsprachige Jugendliche eine andere fach- und sprachintegrierte Förderung als einsprachige? *Zeitschrift für Erziehungswissenschaft, 21*(2), 361–382. https://doi.org/10.1007/s11618-017-0785-8

Prediger, S., Wilhelm, N., Büchter, A., Gürsoy, E. & Benholz, C. (2015). Sprachkompetenz und Mathematikleistung – Empirische Untersuchung sprachlich bedingter Hürden in den Zentralen Prüfungen 10. *Journal für Mathematik-Didaktik, 36*(1), 77–104. https://doi.org/10.1007/s13138-015-0074-0

Prediger, S. & Zindel, C. (2017). School Academic Language Demands for Understanding Functional Relationships: A Design Research Project on the Role of Language in Reading and Learning. *EURASIA Journal of Mathematics, Science & Technology Education, 13*(7b), 4157–4188. https://doi.org/10.12973/eurasia.2017.00804a

Redder, A. (2012). Rezeptive Sprachfähigkeit und Bildungssprache – Anforderungen in Unterrichtsmaterialien. In J. Doll, K. Frank, D. Fickermann & K. Schwippert (Hrsg.),

302 Literaturverzeichnis

Schulbücher im Fokus: Nutzungen, Wirkungen und Evaluation (S. 83–99). Münster: Waxmann.

Redder, A., Çelikkol, M., Krause, A. & Wagner, J. (2022). Sprachliches Denken in Bewegung – mathematisches Lernen arabisch-deutsch-türkisch. In C. Hohenstein & A. Hornung (Hrsg.), *Sprache und Sprachen in Institutionen und mehrsprachigen Gesellschaften* (S. 153–188). Münster: Waxmann.

Redder, A., Çelikkol, M., Wagner, J. & Rehbein, J. (Hrsg.). (2018). *Mehrsprachigkeit: Bd. 47. Mehrsprachiges Handeln im Mathematikunterricht*. Münster, New York: Waxmann.

Redder, A., Krause, A., Prediger, S., Uribe, Á. & Wagner, J. (2022). Mehrsprachige Ressourcen im Unterricht nutzen – worin bestehen die „Ressourcen"? *DDS – Die Deutsche Schule, 114*(3), 312–326.

Rehbein, J. (2001). Konzepte der Diskursanalyse. In Brinker K., Antons G., Heinemann W. & Sager S.F. (Hrsg.), *HSK 16/2. Text- und Gesprächsforschung: Ein internationales Handbuch zeitgenössischer Forschung* (S. 927–945). Berlin: De Gruyter.

Rehbein, J. (2011). ‚Arbeitssprache' Türkisch im mathematisch-naturwissenschaftlichen Unterricht der deustchen Schule – ein Plädoyer. In S. Prediger & E. Özdil (Hrsg.), *Mehrsprachigkeit: Bd. 32. Mathematiklernen unter Bedingungen der Mehrsprachigkeit: Stand und Perspektiven der Forschung und Entwicklung in Deutschland* (S. 205–232). Münster: Waxmann.

Rehbein, J., Schmidt, T., Meyer, B., Watzke, F. & Herkenrath, A. (2004). *Handbuch für das computergestützte Transkribieren nach HIAT. Arbeiten zur Mehrsprachigkeit – Working Papers in Multilingualism*. Hamburg: Universität Hamburg.

Reich, H. H. (2009). *Zweisprachige Kinder: Sprachenaneignung und sprachliche Fortschritte im Kindergartenalter. Interkulturelle Bildungsforschung: Bd. 16*. Münster, München, Berlin: Waxmann.

Reljić, G., Ferring, D. & Martin, R. (2015). A Meta-Analysis on the Effectiveness of Bilingual Programs in Europe. *Review of Educational Research, 85*(1), 92–128. https://doi.org/10.3102/0034654314548514

Reynold, G. (1928). Sur le bilinguisme. In *Bieler Jahrbuch = Annales biennoises*. Biel: Bibliothek Verein.

Roelcke, T. D. (2010). *Fachsprachen* (Bd. 37). Berlin: Erich Schmidt.

Ruíz, R. (1984). Orientations in Language Planning. *NABE Journal, 8*(2), 15–34. https://doi.org/10.1080/08855072.1984.10668464

Saer, D. J. (1923). The Effect of Bilingualism on Intelligence. *British Journal of Psychology, 14*(1), 25–38.

Schink, A. (2013). *Flexibler Umgang mit Brüchen: Empirische Erhebung individueller Strukturierungen zu Teil, Anteil und Ganzem. Dortmunder Beiträge zur Entwicklung und Erforschung des Mathematikunterrichts: Bd. 9*. Wiesbaden: Springer. https://doi.org/10.1007/978-3-658-00921-2

Schleppegrell, M. J. (2004). *The Language of Schooling: A Functional Linguistics Perspective*. New York: Routledge. https://doi.org/10.4324/9781410610317

Schleppegrell, M. J. (2007). The Linguistic Challenges of Mathematics Teaching and Learning: A Research Review. *Reading & Writing Quarterly, 23*(2), 139–159. https://doi.org/10.1080/10573560601158461

Schüler-Meyer, A., Prediger, S., Kuzu, T., Wessel, L. & Redder, A. (2019). Is Formal Language Proficiency in the Home Language Required to Profit From a Bilingual Teaching

Intervention in Mathematics? A Mixed Methods Study on Fostering Multilingual Students' Conceptual Understanding. *International Journal of Science and Mathematics Education, 17*(2), 317–339. https://doi.org/10.1007/s10763-017-9857-8

Schüler-Meyer, A., Prediger, S., Wagner, J. & Weinert, H. (2019). Empirische Arbeit: Bedingungen für zweisprachige Lernangebote: Videobasierte Analysen zu Nutzung und Wirksamkeit einer Förderung zu Brüchen. *Psychologie in Erziehung und Unterricht, 66*(3), 161–175. https://doi.org/10.2378/peu2019.art09d

Secada, W. G. (1992). Race, Ethnicity, Social Class, Language and Achievement in Mathematics. In D. A. Grouws (Hrsg.), *Handbook of Research on Mathematics Teaching and Learning: A Project of the National Council of Teachers of Mathematics* (S. 623–660). New York: MacMillan.

Selinker, L. (1972). Interlanguage. *International Review of Applied Linguistics in Language Teaching, 10*(3), 209–232. https://doi.org/10.1515/iral.1972.10.1-4.209

Setati, M. (2005). Teaching Mathematics in a Primary Multilingual Classroom. *Journal for Research in Mathematics Education, 36*(5), 447–466. https://doi.org/10.2307/30034945

Setati, M. (2008). Access to Mathematics Versus Access to the Language of Power: The Struggle in Multilingual Mathematics Classrooms. *South African Journal of Education*(28), 103–116.

Setati, M., Molefe, T. & Langa, M. (2008). Using Language as a Transparent Resource in the Teaching and Learning of Mathematics in a Grade 11 Multilingual Classroom. *Pythagoras, 67,* 14–25. https://doi.org/10.4102/pythagoras.v0i67.70

Setati Phakeng, M. (2016). Mathematics Education and Language Diversity: Past, Present and Future. In A. Halai & P. Clarkson (Hrsg.), *Teaching and Learning Mathematics in Multilingual Classrooms: Issues for Policy, Practice and Teacher Education* (S. 11–23). Rotterdam: Sense.

Sprütten, F. & Prediger, S. (2019). Wie hängen die Mathematikleistungen von Neuzugewanderten mit Herkunftsregion und Schulbesuchsdauer zusammen? Ergebnisse eines sprachentlasteten Tests. *Mathematica Didactica, 42*(2), 147–161.

Stanat, P. (2006). Schulleistungen von Jugendlichen mit Migrationshintergrund: Die Rolle der Zusammensetzung der Schülerschaft. In J. Baumert, P. Stanat & R. Watermann (Hrsg.), *OECD PISA. Herkunftsbedingte Disparitäten im Bildungswesen: Differenzielle Bildungsprozesse und Probleme der Verteilungsgerechtigkeit: Vertiefende Analysen im Rahmen von PISA 2000* (1 Aufl., S. 189–219). Wiesbaden: Verlag für Sozialwissenschaften. https://doi.org/10.1007/978-3-531-90082-7_5

Stanat, P., Schipolowski, S., Klein, N., Weirich, S. & Henschel, S. (Hrsg.). (2019). *IQB-Bildungstrend 2018: Mathematische und naturwissenschaftliche Kompetenzen am Ende der Sekundarstufe I im zweiten Ländervergleich.* Münster: Waxmann.

Stanat, P., Schipolowski, S., Schneider, R., Sachse, C. A., Weirich, S. & Henschel, S. (Hrsg.). (2022). *IQB-Bildungstrend 2021: Kompetenzen in den Fächern Deutsch und Mathematik am Ende der 4. Jahrgangsstufe im dritten Ländervergleich.* Münster: Waxmann.

Steffe, L. P. (1994). Children's Multiplying Schemes. In G. Harel & J. Confrey (Hrsg.), *SUNY Series, Reform in Mathematics Education. The Development of Multiplicative Reasoning in the Learning of Mathematics* (S. 3–39). Albany: State University of New York Press.

Steffe, L. P. & Thomson, P. W. (2000). Teaching Experiment Methodology: Underlying Prin-ciples and Essential Elements. In A. E. Kelly & R. A. Lesh (Hrsg.), *Handbook of Rese-arch Design in Mathematics and Science Education* (S. 267–307). Mahwah: Lawrence Erlbaum.

Sun, X. (2011). An Insider's Perspective: "Variation Problems" and Their Cultural Grounds in Chinese Curriculum Practice. *Journal of Mathematics Education, 4*(1), 101–114.

Surmont, J., Struys, E., van den Noort, M. & van de Craen, P. (2016). The Effects of CLIL on Mathematical Content Learning: A Longitudinal Study. *Studies in Second Language Learning and Teaching, 6*(2), 319–337. https://doi.org/10.14746/ssllt.2016.6.2.7

Swain, M. (1985). Three Functions of Output in Second Language Learning. In G. Cook & B. Seidelhofer (Hrsg.), *Principle and Practice in Applied Linguistics: Studies in Honor of h.g Widdowson* (S. 125–144). Oxford: Oxford University Press.

Ufer, S., Reiss, K. & Mehringer, V. (2013). Sprachstand, soziale Herkunft und Bilingualität: Effekte auf Facetten mathematischer Kompetenz. In M. Becker-Mrotzek, K. Schramm, E. Thürmann & H. J. Vollmer (Hrsg.), *Sprache im Fach: Sprachlichkeit und fachliches Lernen* (S. 185–202). Münster: Waxmann.

Uribe, Á. & Prediger, S. (2021). Students' Multilingual Repertoires-in-Use for Meaning-Making: Contrasting Case Studies in Three Multilingual Constellations. *The Journal of Mathematical Behavior, 62*, 1–23. https://doi.org/10.1016/j.jmathb.2020.100820

Uribe, Á., Wagner, J., Prediger, S., Redder, A. & Krause, A. (2022). Sprachliche und fach-liche Potenziale einer mehrsprachigen Konzeptverständigung. In J. Wagner, A. Krause, Á. Uribe, S. Prediger & A. Redder (Hrsg.), *Sprach-Vermittlungen: Bd. 22. Mehrspra-chiges Mathematiklernen: Von sprachhomogenen Kleingruppen zum Regelunterricht in sprachlich heterogenen Klassen* (S. 219–259). Münster: Waxmann.

van den Akker, J. (1999). Principles and Methods of Development Research. In J. van den Akker, R. M. Branch, K. Gustafson, N. Nieveen & T. Plomp (Hrsg.), *Design Approaches and Tools in Education and Training* (S. 1–14). Dordrecht: Springer.

van den Akker, J., Gravemeijer, K., McKenney, S. & Nieveen, N. (Hrsg.). (2006). *Educatio-nal Design Research*. London: Routledge.

van den Heuvel-Panhuizen, M. (2003). The Didactical Use of Models in Realistic Mathema-tics Education: An Example From a Longitudinal Trajectory on Percentage. *Educational Studies in Mathematics, 54*(1), 9–35. https://doi.org/10.1023/B:EDUC.0000005212.032 19.dc

Vergnaud, G. (1988). Multiplicative Structures. In J. Hiebert & M. J. Behr (Hrsg.), *Number Concepts and Operations in the Middle Grades* (S. 141–161). Hillsdale: National Council of Teachers of Mathematics.

Vergnaud, G. (1996). The Theory of Conceptual Fields. In L. P. Steffe, P. Nesher, P. Cobb, G. A. Goldin & Greer B: (Hrsg.), *Theories of Mathematical Learning* (S. 219–239). Mahwah, N.J.: Erlbaum.

Verhoeven, L. T. (1994). Transfer in Bilingual Development: The Linguistic Interdependence Hypothesis Revisited. *Language Learning, 44*(3), 381–415.

Vertovec, S. (2007). Super-Diversity and Its Implications. *Ethnic and Racial Studies, 30*(6), 1024–1054. https://doi.org/10.1080/01419870701599465

Vollrath, H.-J. (1989). Funktionales Denken. *Journal für Mathematik-Didaktik, 10*, 3–37.

vom Hofe, R. (1996). Grundvorstellungen – Basis für inhaltliches Denken. *Mathematik leh-ren*(78), 4–8.

Vygotskij, L. S. (2012). *Thought and Language* (Rev. and expanded ed.). Cambridge, Mass.: MIT Press.

Wagner, J., Krause, A. & Redder, A. (2022). ,Sprachreflexion' als Instrument des mehrsprachigen Regelunterrichts. In J. Wagner, A. Krause, Á. Uribe, S. Prediger & A. Redder (Hrsg.), *Sprach-Vermittlungen: Bd. 22. Mehrsprachiges Mathematiklernen: Von sprachhomogenen Kleingruppen zum Regelunterricht in sprachlich heterogenen Klassen* (S. 95–151). Münster: Waxmann.

Wagner, J., Krause, A., Uribe, Á., Prediger, S. & Redder, A. (Hrsg.). (2022). *Sprach-Vermittlungen: Bd. 22. Mehrsprachiges Mathematiklernen: Von sprachhomogenen Kleingruppen zum Regelunterricht in sprachlich heterogenen Klassen.* Münster: Waxmann.

Wagner, J., Kuzu, T., Redder, A. & Prediger, S. (2018). Vernetzung von Sprachen und Darstellungen in einer mehrsprachigen Matheförderung – linguistische und mathematikdidaktische Fallanalysen. *Fachsprache, 40*(1–2), 2–23. https://doi.org/10.24989/fs.v40i1-2. 1600

Wartha, S. (2009). Zur Entwicklung des Bruchzahlbegriffs – Didaktische Analysen und empirische Befunde. *Journal für Mathematik-Didaktik, 30*(1), 55–79. https://doi.org/10. 1007/BF03339073

Webb, P. & Webb, L. (2016). Developing Mathematical Reasoning in English Second-Language Classrooms Based on Dialogic Practices: A Case Study. In A. Halai & P. Clarkson (Hrsg.), *Teaching and Learning Mathematics in Multilingual Classrooms: Issues for Policy, Practice and Teacher Education* (S. 195–209). Rotterdam: Sense.

Wei, L. (2011). Moment Analysis and Translanguaging Space: Discursive Construction of Identities by Multilingual Chinese Youth in Britain. *Journal of Pragmatics, 43,* 1222–1235.

Wessel, L. (2015). *Fach- und sprachintegrierte Förderung durch Darstellungsvernetzung und Scaffolding: Ein Entwicklungsforschungsprojekt zum Anteilbegriff. Dortmunder Beiträge zur Entwicklung und Erforschung des Mathematikunterrichts: Bd. 19.* Wiesbaden: Springer. https://doi.org/10.1007/978-3-658-07063-2

Wessel, L. & Epke, P. (2019). Understanding Proportionality: Specifying and Structuring the Concept From a Content- and Language Integrated Perspective by Disentangling Discourse Practices. In L. Wessel (Hrsg.), *Sprache für den verständigen Umgang mit Brüchen und Proportionalität lernen: Entwicklungsforschung und differentielle Wirksamkeitsstudien. Kumulative Habilitationsschrift.* TU Dortmund.

Wessel, L. & Prediger, S. (2017). Differentielle Förderbedarfe je nach Sprachhintergrund? Analysen zu Unterschieden und Gemeinsamkeiten zwischen sprachlich starken und schwachen, einsprachigen und mehrsprachigen Lernenden. In D. Leiß, M. Hagena, A. Neumann & K. Schwippert (Hrsg.), *Sprachliche Bildung: Band 3. Mathematik und Sprache: Empirischer Forschungsstand und unterrichtliche Herausforderungen* (S. 165–187). Münster: Waxmann.

Zahner, W., Calleros, E. D. & Pelaez, K. (2021). Designing Learning Environments to Promote Academic Literacy in Mathematics in Multilingual Secondary Mathematics Classrooms. *ZDM – Mathematics Education, 53*(2), 359–373. https://doi.org/10.1007/s11858-021-01239-0

Zaykova, I. (2018). English Economic Discourse in Translation Studies. *SHS Web of Conferences, 50,* 1–5. https://doi.org/10.1051/shsconf/20185001214

Zindel, C. (2019). *Den Kern des Funktionsbegriffs verstehen.* Wiesbaden: Springer Spektrum. https://doi.org/10.1007/978-3-658-25054-6

Printed in the United States
by Baker & Taylor Publisher Services

Printed in the United States
by Baker & Taylor Publisher Services